王力国◎著

生态和谐的山地城市
空间格局规划研究

——以重庆主城区为例

人民日报出版社

图书在版编目（CIP）数据

生态和谐的山地城市空间格局规划研究：以重庆主
城区为例／王力国著 . —北京：人民日报出版社，
2019. 1
ISBN 978 - 7 - 5115 - 5824 - 4

Ⅰ. ①生… Ⅱ. ①王… Ⅲ. ①山区城市—城市规划—
空间规划—研究—重庆 Ⅳ. ①TU984. 271. 9

中国版本图书馆 CIP 数据核字（2019）第 019476 号

书　　　名：生态和谐的山地城市空间格局规划研究：以重庆主城区为例
作　　　者：王力国

出 版 人：董　伟
责任编辑：刘　悦
封面设计：人文在线

出版发行：人民日报出版社
社　　址：北京金台西路 2 号
邮政编码：100733
发行热线：（010）65369509　65369527　65369846　65363528
邮购热线：（010）65369530　65363527
编辑热线：（010）65369511
网　　址：www. peopledailypress. com
经　　销：新华书店
印　　刷：廊坊市海涛印刷有限公司

开　　本：710mm×1000mm　　1/16
字　　数：334 千字
印　　张：19. 75
印　　次：2019 年 4 月第 1 版　　2019 年 4 月第 1 次印刷

书　　号：ISBN 978 - 7 - 5115 - 5824 - 4
定　　价：76. 00

前　言

　　无论是昔日中国传统山水文化理念中对天人合一的追求，还是今日中国大力加强生态文明建设战略决策，人与自然和谐共生的现代化建设要求，生态和谐都是绕不开的重要语汇。本书在当前加快生态文明建设，坚持生态优先、绿色发展的大背景下，基于现行城市规划专业体系，围绕山地城市这一特定研究对象，系统地探讨了关于山地城市空间格局规划的认知、理念与方法；并以重庆主城区为案例分析对象，将规划实践与理论研究相结合，体现出城市规划科学理性、客观务实的精神，也使研究成果更具有实际意义。

　　拜大自然所赐，大山大水的自然资源赋予了重庆独特的"山城"魅力，正如钱学森先生所说，重庆体现了"城市同自然山水的融合"。本书就是要探讨城市发展与自然生态和谐共处，在推动城市现代化建设、满足城市空间拓展需求的同时，坚持打造科学合理、环境友好的城市空间格局，还自然以宁静，赋城市以美丽，同时展示历史人文之美，营造幸福生活之地。书中针对山地城市空间格局的规划方法，将理论探索与规划工作相结合，有助于山城重庆进一步迈向"城得山水而灵"的境界，与重庆当前建设"山清水秀美丽之地"的发展目标亦保持了一致，因而本书研究成果对山地城市规划研究以及未来重庆市规划建设工作都能提供一些参考。

目　录

1

图表目录

绪　论

1.1　研究背景

1.1.1　快速城镇化时期山地城市空间发展面临的问题

进入 21 世纪后，中国开始进入城镇化快速发展时期①，城镇化率由 2000 年的 36％提高到 2014 年的 54.77％，十五年间城镇化率增加了近 19 个百分点。《城市蓝皮书：中国城市发展报告 No.8》（2015）则预测，到 2030 年中国城镇化率将达到 70％左右。中国用 22 年的时间完成了英国 120 年、德国 80 年、美国 40 年所实现的城镇化率，这种快速的城镇化进程也带来了土地利用规划、资源环境保护等问题。

山地占全球陆地面积的一半以上，全世界约 1/3 的人口生活在山地区域；在中国，山地、丘陵和高原的面积更是达到了国土面积的 2/3 以上，在这些地区居住的人口约占总人口的 1/3[1]。可以说山地区域的发展是国家整体发展不可忽略的部分，国家新型城镇化战略中也必须包含山地区域城镇化的内容。山地城市是城市中的一个特殊子项，其空间载体更具敏感性，空间格局更具特殊性，其面对快速城镇化过程中城镇空间发展出现的一系列负面影响，显得更加脆弱，甚至可能放大矛盾和问题。

---

①　按照美国城市地理学家诺瑟姆（R. M. Northam）的城镇化发展 S 形曲线，城镇化水平在 30％～70％之间是城镇化加速发展阶段。

1. 城市空间无序蔓延

在快速城镇化的背景下，我国一些城市空间发展呈现出无序蔓延的趋向。近 20 年来，我国一些大城市空间扩张速度甚至已经超过历史上纽约、东京与伦敦在工业化时期城市空间的扩张速度。[2]这种快速扩张多侧重于"土地导向"①，在城市边缘类似以"摊大饼"的形式展开，从而造成城市空间发展缺乏有序的引导和控制，交通和市政基础设施配套滞后，土地空间的蔓延式开发与低效利用等问题。在山地城市中，由于地形的限制，城市空间的无序蔓延会使基础设施配置更为低效；同时，由于山地地区适宜建设用地相对平原浅丘区域更加稀少，低效的土地资源会带来更多的城市空间发展方面的负面影响。

2. 城市空间和功能结构遭到破坏

城市空间的无序蔓延往往会对城市空间结构造成一定程度的破坏。而内部空间与功能结构的不合理，又会反过来促使城市空间只能寻求以扩展的方式来暂时解决其内在的矛盾和冲突。但是，这种扩展并不能从根本上解决城市空间内部矛盾，城市空间无法通过蔓延的方式满足居民生活与经济生产的空间需求，反而会进一步激化空间结构矛盾与社会经济发展的空间诉求之间的冲突，促使新的城市蔓延，从而形成恶性循环。在山地城市中，由于环境条件的限制，城市空间多呈现一种特殊的空间形态结构，如组团状、带状、指掌状等，若这种经历了岁月沉淀与实践验证的城市空间结构遭到破坏，会对城市发展产生非常严重的影响。

3. 生态空间资源遭到侵蚀，生态环境趋于恶化

快速城镇化带来的城市蔓延使得城市生态环境的压力剧增。城市规模的拓展与房地产开发中对于环境价值的追求，使得自然环境优良的区域往往成为建设开发的首选地。在山地城市中，建设用地相对紧张，而优质景观和环境资源通常与山体紧密结合，这使得山体植被遭到破坏、自然山体水体被侵蚀的现象时有发生。加之山地区域生态敏感性与生态脆弱性更强，山地城市区域性生态资源的保护也将面临更大的压力。

---

① 此处"土地导向"包含两方面的含义：一是在 GDP 的增长作为地方政府政绩的重要标志的前提下，地方政府往往通过扩大土地空间，吸引产业项目入驻的方式刺激经济增长与城市发展；二是当前我国城市财政体现出比较突出的"土地财政"的特点，需要通过城市开发与土地出让给城市政府提供占主要比重的可以支配的财政收入。

山地城市特定的自然环境，决定了我们在城市发展中必须合理选择开发模式与建设策略，减少开发建设过程中对自然环境的破坏。城市空间拓展方向，空间结构与城市功能的规划确定，绿地系统、道路与基础设施等内容的规划布局，建筑群乃至单体构筑物空间形态的设计与布置，都需要重视自然环境条件的限制，并与之相协调。因此有必要从一种新的、本性的视野来重新审视城市—人—自然环境之间的和谐关系，并将这种和谐理论作为今后城市空间格局营造、城市人居环境建设的新契机。

1.1.2 生态文明建设视角下的山地城市空间发展

1. 国际视角下的可持续发展的要求

伴随着城镇化在全球范围的推进，城市空间中资源环境保护与社会经济发展的矛盾也日益凸显，合理解决城市空间发展存在的诸多问题已成为全球共识。从1987年联合国环境与发展委员会在《我们共同的未来》一书中首次提出的"可持续发展"理念；到1992年世界环境与发展大会通过的《21世纪议程》，倡导在全球实行可持续发展计划；再到2012年联合国可持续发展大会上围绕绿色经济在可持续发展和消除贫困方面作用的探讨，可持续发展已成为应对城市发展面临的一系列问题的最佳方案。

在针对山地城市可持续发展方面，20世纪70年代以来，国际上已展开对山地区域开发和保护的研究，其中许多对于山地城市空间理论探索和实践都具有相当的综合性和超前性。1973年，联合国教科文组织《人与生物圈计划》（MAB）把"人类活动对山地生态系统的影响"列为该计划的一项重大课题。1983年成立的国际山地综合发展中心（ICIMOD）开展了山地城镇与基础设施建设的开发与研究工作。20世纪90年代以后，结合可持续发展的要求，《21世纪议程》对"全球脆弱生态系统的管理：山区的可持续发展"做了专门论述。2002年被联合国宣布为"国际山地年"，山地城市的可持续发展被列为21世纪全球环境与发展的一项重大事件；"国际地圈与生物圈"计划（IGBP）提出研究山区变化的现象、过程及其对社会经济系统的影响等诸多世界范围内山地区域的规划建设的重要研究课题。

2. 中国视角下的生态文明建设的要求

随着中国城镇化进程的加速发展，城市文明建设也逐渐由工业文明向生态文明转变，可持续发展的理念也日益深入人心。2012年11月，党的十八大首次将生态文明建设作为"五位一体"总体布局的一个重要部分，用通俗易懂的语言总结出了生态文明建设对于国土空间开发的要义。2013年，十八届三中通过的《中共中央关于全面深化改革若干重大问题的决定》以及2015年中央城镇化工作会议公报，进一步明确了生态文明建设对于城市空间发展的要求："实现生产空间集约高效、生活空间宜居适度、生态空间山清水秀……努力把城市建设成为人与人、人与自然和谐共处的美丽家园。"山地城市空间营造要"把好山好水风光融入城市，让城市再现绿水青山"。

2014年12月，中央经济工作会议对我国进入"经济发展新常态"做出系统性阐述，指出未来经济发展将转向结构更加优化，可持续发展能力更强的一种运行状态，这种状态铸就了当下山地城市空间发展研究新的基础条件，赋予了山地城市空间格局研究新的视角。"发展必须是遵循经济规律的科学发展，必须是遵循自然规律的可持续发展，必须是遵循社会规律的包容性发展。"[3]山地城市空间建设与发展要以生态文明建设作为切入点，同时要适应新常态，增强可持续发展能力，认识生态文明建设在经济、政治、文化、社会等方面建设中的重要性，不再局限于生态维度本身。"中国生态山地城市建设必然要秉承生态文明建设的逻辑，融入中国'经济发展新常态'的全过程，增强生态城市可持续发展能力。"[4]

2015年4月中共中央国务院发布了《关于加快推进生态文明建设的意见》（以下称《意见》），《意见》提出"推进生态文明建设，加快形成人与自然和谐发展的格局关系……尊重自然，依托现有山水脉络、生态环境等，合理布局城镇各类空间，尽量减少对自然的干扰和损害……传承历史文化，提倡城镇形态多样性，保持特色风貌……科学确定城镇开发强度，提高城镇土地利用效率……推动城镇化发展由外延扩张式向内涵提升式转变……"《意见》明确表明了自然格局和城市格局在城市建设中的重要性，也提到了关于山地城市空间发展的直接要求。

1.1.3　重庆构建科学合理的山地城市空间格局的诉求

1. 城市空间快速拓展背景下的诉求

重庆是我国中西部地区唯一的国家中心城市，是长江上游地区的经济中心，直辖市域管辖面积约8.2万平方公里，其中主城区范围5473平方公里，是一座独具特色的山地特征与人文环境相结合的城市。直辖以来，尤其是进入 21 世纪以来，重庆市也进入了城市化快速发展时期；2010 年两江新区的成立，进一步加速了重庆城市空间的拓展。2005—2014 年 10 年间重庆城市建设用地规模从 370 平方公里增加到 562 平方公里，城市用地规模增长超过了 50％（图 1-1）。[5] 在这种城市发展日新月异、城市空间快速拓展的背景下，无论是前瞻性的规划引导，还是过程性的规划实施，重庆城都有着构建科学合理的城市空间格局诉求。

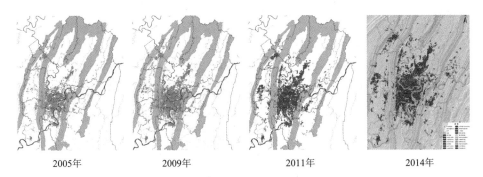

| 2005年 | 2009年 | 2011年 | 2014年 |

图 1-1 重庆市主城区 2005—2014 年建设用地扩张示意

资料来源：作者根据重庆市地理信息中心提供的城市用地现状解译图整理改绘而成

（1）"组团状"山地城市延续其空间特征的需求

重庆是典型的山地城市，山、水、城深度相融，多年来城市规划建设与自然山、水的有机结合，演变成今天"组团状"的城市空间特征，其间众多山体构成了城市中天然的组团隔离带。随着城市用地的增加与扩张，要保障并延续这种"组团状"特征，就有必要深入研究城市空间格局的发展变化，对其发展过程进行科学合理的分析以及优化引导，进而使得山地城市空间结构特征的呈现与城市空间用地扩张的趋势有机结合，顺势而成。

（2）山地城市疏密有致的城市空间开发特色需求

由于山地地形条件的限制以及历史的积累，重庆城市空间开发呈现出疏密有致，非均匀分布的特点。山水入城的自然环境、复杂多变的起伏地形，使得城市中部分区域有条件进行高强度、高密度开发，而有的区域则不宜。针对这种情况，过去两版重庆市总体规划中都提出了"节约土地资源，城市用地以紧凑的方式进行布局和发展，提高土地使用效率和产出效率，促使人口和经济相对集中"[6] 的科学要求。深入认识到疏密有致的开发对于山地城市的意义，通过城市空间格局规划的优化，引导城市空间发展适当提高适宜开发建设区域的开发强度，以满足城市社会经济发展的需求，进而适当降低部分地区的开发建设强度，保护不宜开发建设的生态空间区域，这也是当前重庆城市空间发展规划指引的重要内容。

（3）城市历史文化资源空间保护与利用的需求

作为国家历史文化名城的重庆有着丰富的历史文化资源，它们形成了城市中众多的历史文化空间节点，也成为影响山地城市空间格局的一系列重要因素。如何保护与利用这些历史文化空间，使之与城市空间格局优化发展相互促进，也是未来山城空间拓展的重要诉求。

2. 区域生态空间格局在城市层面的落实要求

2013年，重庆市在全市域层面提出了"一区两群"区域空间格局战略，将重庆整个城乡市域划分为大都市区（含主城区＋渝西片区）、渝东北城镇群和渝东南城镇群（图1-2）。根据重庆市域范围内不同地区的具体条件，从区域城乡层面明确了地区差异化发展，既保障重点开发功能区建设又兼顾生态保护区发展的需求，构建了一个主体功能明确、发展布局合理、生态可持续

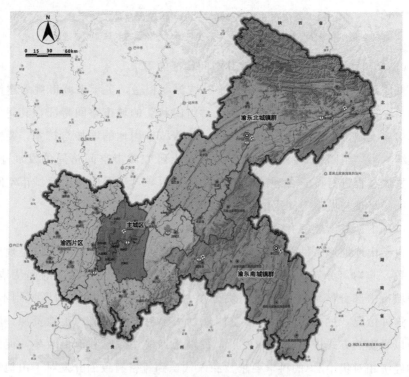

图1-2　重庆市区域空间格局区划示意

资料来源：笔者参考相关图资料改绘

6

的重庆市域生态空间格局。其中大都市区除主城区以外的渝西片区为重点开发区域，渝东北和渝东南则是遵循"面上保护，点上开发"的空间格局。而主城区本身则是构建区域生态空间格局的核心组成部分。围绕生态文明建设指导思想，结合重庆的山水地形特点，优化重庆城市空间格局，消解重庆城市空间拓展过程中产生的问题与矛盾，是区域生态空间格局在重庆主城区城市层面的落实延续，也是重庆构建科学合理的山地城市空间格局的诉求。

1.2 概念解析

1.2.1 和谐与生态和谐

1. 和谐释义

和谐，现代汉语词典有两种解释：一是配合得适当，二是和睦协调。但和谐具有丰富的内涵与外延，在不同的领域、不同的场合都有着不同的释义。

（1）中国传统哲学思想中的"和谐"范畴

在中国传统哲学中，"和谐"同"和"，寓意极为丰富，主要包括以下几个方面：

"和实生物，同则不继"。出自西周太史史伯提出的："夫和实生物，同则不继……"[7] 此处的"和"，是作为与"同"相对立的范畴提出的，包含了差异性和多样性，并希望在此基础上做到平衡与协调。

"相成相济，多元统一"。"相成相济"出自春秋晏婴在关于"和""同"之异时的观点："声亦如味，一气，二体，……八风，九歌，以相成也；清浊，大小，……高下，周疏，以相济也……"[8] 在这里，"和"是多元内容统一构成的整体，还是一种关系与秩序，各种要素在其间发挥各自的作用，使这一整体呈现和谐的状态。

"以和为贵，和而不同"。这是儒家学说提出的一种构建和谐人际关系，以及君子人格修养的道德原则。孔子还区分了"和"与"同"的不同含义：承认差异性和多样性，相互尊重与补充。比如，"君子和而不同，小人同而不和"[9]。

"无过不及"。即强调"中和"。朱熹《论语集注》注云："中者，无过、无不及之名也"[10]。儒家视"中和"为天地之间最普遍、最根本的原则，认为达到了"中和"，人与自然就具有了和谐性，适度把握做事的程度能够更好地处理人与自然的关系。

和谐以共生共长，不同以相辅相成。综合而言，中国传统思想中的"和谐"强调人们处理问题要重视协调不同方面。和而不同，是社会事物和社会关系发展要遵守的一条重要规律，是人类各种文明协调发展的真谛。

（2）当代学者对"和谐"的理解与研究

在哲学史领域，张文[11]提出儒学所谓的"和"，是以和谐为核心的综合性概念，是一个综合发散的过程。汤一介认为[12]，儒家思想中"太和"是一种普遍和谐的观念，包含人与自然的和谐、人与人的和谐等多个方面。叶秀山则提出[13]：和谐就是一种"秩序"，是一个"理想社会"。王锐生则认为[14]：和谐是一种周期性的动态平衡，事物的发展都是遵循这一规律与过程的。

西方思想史上哲学家早就把"和谐"作为哲学基本范畴；毕达哥拉斯派有句名言：什么是最美的——和谐；柏拉图提出"公正即和谐"命题；黑格尔用矛盾、差异、统一等范畴讨论对和谐的认识。赋斌在《现代西方哲学中的和谐思想》中认为[15]，现代西方哲学分别从科学主义、人本主义和宗教思辨唯心主义等方面讨论了和谐及其与其相关的人与自然、社会、上帝、宇宙等。

在马克思主义哲学研究领域，李楠明[16]在《和谐思维与辩证法理论的创新》中认为和谐意味着博弈的平衡，提出从马克思主义辩证法去指导创新性的和谐思维，从而才能够平衡协调各种利益，公平公正地处理各种问题。施德福[17]在《马克思主义辩证法与和谐思维》一文中指出，辩证法是具有和谐思维的论述，是从协调、平衡、统一的视角去观察和处理人对自然的改造、人的生产实践活动、人在社会中的关系等问题。

在社会学领域，中国矿业大学陈玉和、张幼蒂[18]教授在《可持续发展社会运行机制》一文中对可持续发展社会中和谐的语义进行了总结。中国人民大学苗东升教授[19]在《在系统思维导引下构建和谐社会》一文将和谐概念纳入系统科学对社会学问题的分析，指出和谐是一种有序。山东经济学院日月河教授[20]在《和谐就是力量——兼评培根的"知识就是力量"》一文中认为：和谐包含物我和谐、人我和谐和自我和谐，物我和谐是和谐的基础，是人与自然和谐发展的动力；人我和谐是社会关系的表现；自我和谐则是自身的升华。

在管理学领域，黄志斌教授[21]在《绿色和谐管理理论——生态时代的管理哲学》中对和谐做出了解释——事物与环境、要素与系统之间多样的统一协调；结合"绿色"哲学意蕴和中国传统和谐内核，构建了绿色和谐理念。西安交通大学席酉民教授[22]在《和谐管理理论》一书中将经济运行中的科学管理的客观性与人的主观情感联系起来，用和谐概念予以形容定性和评价，提出了"和谐"的新的理念运用。河北师范大学法政管理学院张桂芬[23]在《近年来和谐研究综述》一文中提出，社会领域的和谐需要人发挥主观能动性去追求，社会发展是以人的活动为推手的，社会规律的实现、和谐状态的维持等都是需要通过人的理论思想与具体实践来实现的。

在城市规划与建筑学领域，黄光宇、陈勇[24]在《生态城市理论与规划设计方法》一书中提出生态城市由社会、经济、自然三个子系统构成，其中自然生态标准是和谐。在这一体系中，需保证良好的区域生态环境，生物多样性及生境得到保护，合理利用城乡土地，人工环境与自然环境相融合，自然、人文景观要素相协调。曾坚提出和谐理念的绿色城市设计理论[25]，明确了基于和谐哲学的设计要求是追求城市经济增长、社会进步、环境保护等多方综合优化、协调发展，其最终目标也是可持续的。张建涛[26]将和谐理念引入地域性建筑研究，提出和谐理念下的地域建筑研究在于分析地域建筑中存在的主观与客观因素，并充分理解这些主观与客观因素对地域建筑设计过程中的影响作用。陈丽华，汪海（2002）将和谐理念用于人居环境的解读，提出人居环境需自然环境和人工环境相互依存，和谐就是这种环境关系的追求。万艳华[27]以响应构建和谐主义为切入点，提出和谐是社会转型时期城市规划的新视角，她将和谐城市规划特征归纳为城市运行的有序性、城市文化的共融性、城市管理的有效性，这些都是要依托城市规划标准的革新，城市文化规划引导和城市规划管理体系革新等策略才能实现，在她的研究中和谐城市规划要靠主动的城市文化引导和规划管理制度引导来实现。吴志强，刘朝晖[28]分析了可持续发展理论构架的不足，指出可持续发展理论对于人是发展的主体缺少陈述。基于经济、社会、自然三大系统的平衡关系分析，结合"城市发展是人的空间欲望驱动"，提出了创建和谐城市规划理论模型的初步构想。

另外，2007年中国城市规划年会的主题"面向和谐社会的城市规划"也引用了"和谐"一词，结合了构建社会主义和谐社会的提纲挈领的意义，单霁翔在主题报告之一的《城市文化建设与文化遗产保护》中提出城市文化是和谐城市的重要体现。

综合上述学者对和谐理念的阐述与探讨进行分析，我们可以这样理解："和谐"是一个人与自然的、社会的多因素动态协同过程，是多要素互动关系的升华。和谐具有明显的系统性特征，一般强调的是不同事物或事物的不同方面在某一系统或有机整体中有序的状态，这种状态包含着人的主观能动性和客观环境（自然、社会环境）之间相互适应的关系。和谐也呈现出整体性特征，即整体大于部分之和，并追求整体的优化结果。

因此，和谐理念是分析问题的一个重要切入点，其在社会、经济、管理等领域已有了非常广泛的指导作用。同样，以和谐理念为根基对我们认识城市的发展，城市当前的运行与经营，以及城市未来的规划与建设有着十分重要的意义。

（3）相关学科的延展释义

在一些相关学科领域，虽然没有直接引用和谐理念，但其理论内核与和谐理念有非常相似的地方，甚至可以同和谐理念互为延展。

第一，文化社会学领域的适应性理论。

文化社会学主要是研究社会学领域不同文化是如何起作用的。参考美国人类文化学家 L. A. 怀特的观点，文化的适应性导致了不同自然环境与社会环境下的文化差异，因为它们要适应特定的环境条件；随着适应的深入它们还会影响周边环境，这也就表现为文化对社会环境领域所起的作用。[29]

在文化社会学领域，文化适应有两种不同形式，分别被称为"治标的文化适应"和"治本的文化适应"。治标的文化适应是直接针对问题现象或事物本身，而不是针对导致病状的根本原因的反应，如运用交通指示来规范驾驶行为，而不是通过交通文明教育从根本习惯上使对象改变不良驾驶行为。治本的文化适应目的在于纠正衍生问题存在的系统环境，是消除病根的反应。如通过产业升级而不是迁走工厂来减少工业空气污染。在现实的城市发展研究中，治本的文化适应优先于治标的适应，因为治标的文化适应不仅允许不良的客观条件继续作用，而且可能引发新的进化偏离导致新的机能失调；而治本的文化适应是将文化适应完全协调于整体之中，从系统与整体优化的角度来改善问题。而这与和谐理念的本质是同本同源的。

第二，文化生态学领域的理论延展。

文化生态学是研究人类在文化生成与发展过程中同环境相互关系的学科。[30]文化生态学强调文化与环境的互动，既有与自然环境的互动影响，又有置于社会环境中的生长发展。[31]黄天其教授研究如何在城市规划建设领域引入文化生态学相关理念时，总结出两方面的含义：一是研究了不同社会文化的演化条件；二是揭示了社会人群的集体价值观构成中的文化内涵，是人群在长期实践活动中的习惯与观念主导形成的。[32] 将文化生态学相关理论与城市规划建设相结合，能够使城市空间设计与城市建筑创作更好地意识到文化内涵的作用，赋予物质空间更多显性或隐性的文化意义，也有助于城市文化的宣扬与传承。这正体现了从文化生态上对城市物质空间内容的主动协调与引导，从而优化城市这个整体系统。另外，作为文化生态学重要来源的人类生态学在 20 世纪 70 年代末重新兴起，从 20 世纪 80 年代开始，也将如何协调自然环境与人类文化生活的关系作为一项重要的研究内容。

第三，地理学领域的协调论。

英国地理学家 P. M. 罗士培于 1930 年首先在地理学领域运用适应原理研究自然环境与人类活动之间相互作用的关系，又称协调论。协调论认为适应意味着自然环境对人类活动的限制，也意味着人类社会对自然环境的利用和利用的可能性。这种协调论观点中的人类活动与客观自然环境相适应，并且通过主动利用自然的活动对自然环境及其他人群产生协调性影响的内容，与和谐理念中的动态平衡、协调统一其实十分类似。

第四，城市规划学领域的理论延展。

在城市规划学领域，通过近似和谐理念的内容来探讨城市发展机制的方式由来已久。1902 年霍华德在《明日的田园城市》一书中开创性地提出了一种规模有限、土地公有、兼具城乡优点的田园城市的理想模式，"（城市）应该在每一个阶段保持和谐。"[33] 他将动态平衡等标准引用到城市中来，并建立了城市内部的各种平衡，使城市规划理论从一开始就接纳了城市有机和谐的观念。

P. 格迪斯在《进化中的城市》一书中，将现代城市成长和变化的动力归纳为人与环境相互适应、和谐促进的结果；赖特著名的"广亩城市"所提出的自然有机秩序原则更是为人所熟知的人与自然和谐共处；E. 沙里宁认为城市作为一个有机体，其内部空间秩序要能够随时适应人类活动需求以及与自然的关系。

1969 年，伊恩·麦克哈格在《设计结合自然》一书中，通过大量实例讨论人类生存环境与自然环境之间的适应过程，从生态学角度讨论了生存环境的有机演进过程，并提出与自然和谐相处，以适应自然作为一种环境的价值标准。

理查德·罗杰斯在《一个小行星上的城市》一书中，提出城市受人文文化的影响，更应该契合生态、可持续发展。人文资源有很多潜力，允许变化和多元化。应该从整体出发，协调多方影响，去探寻城市的可持续发展之路。

另外，18、19世纪的空想社会主义也提出过关于和谐社会、和谐城市的论述，这里的和谐理念更多的是一种理想模式的概念，反映了人们对美好社会的憧憬和向往。

从和谐理念的延伸视角来看，城市规划领域中对城市合理发展的认识主要体现了三个方面的思想：城市物质空间格局上，要建立一种功能完善、结构清晰的有机整体；重视人工环境与自然环境之间的协调联系，将平衡协调的原则赋予城市的发展；重视城市空间社会意义，从社会文化角度去理解城市空间作为文化的载体以及文化影响对城市空间的协调引导。

和谐因其源自哲学概念，能够涉及并延展的学科领域极其广泛，因此我们难以完全涉及，故主要分析了与本次课题研究联系相对较近的学科。

2. 生态和谐

"生态"一词最早出现在古希腊语。1866年，生物学家E.海克尔首先提出生态学的概念，用于描述动植物与环境的影响关系。如今，"生态"一词涉及的范畴也越来越广，许多行为、事物等都可以用"生态"来形容，如农业活动、构筑物、艺术领域等；广义的生态更是包含社会、自然、经济在内的复合生态，其涵盖内容广泛而综合。"生态＋和谐"这一词汇中，生态则更多取其广义的内涵。

从字面意思来看，生态和谐是指生态对象特别是生态系统的平衡与稳定、协调与统一、有机与有序。学术领域中，生态平衡（ecological equilibrium）一词与其较为接近，但其研究领域主要集中在生态系统中的生物和环境之间、生物各个种群之间。近年来，随着国内人们对于"生态"这一广义理念认识的深入，加上学术界对"和谐"思想的探讨的增加，对于"生态和谐"概念的阐释也愈加丰富，早已超出自然生态范围，更多的成为伦理学、社会学、马克思主义哲学等人文社会学科讨论的内容。

在伦理学研究领域，李庆臻、李易通过对地球伦理学、大地伦理学、自然伦理学、动物伦理学、环境伦理学等生态伦理学内容的溯源，总结出生态和谐伦理应涉及的内容：整体开发，多样性，使用应得其宜，坚持平等公平、经济公正。苏宝梅[34]等提出了和谐伦理学这一理念，指出和谐伦理是关于调节人与人、生物、环境等所有事物之间的相互关系。黄婷[35]在《理性与生态和谐》一文中提出，生态和谐应该通过提倡道德理性、科学理性等理性伦理价值改善近现代理性所谋划的人与自然的敌对关系，该文章从伦理学理性角度出发，但其观点中生态和谐仍然局限于自然环境和谐。黄志华[36]在《"人与自然和谐共生"伦理理念的若干思考中》，对"生态和谐共生"这一概念进行了解释，指出人与自然和谐共生就是生态和谐共生，是生态人类中心主义的环境伦理，体现追求人与自然的互利共生。

在社会学研究领域，白志礼提出了生态和谐社会的概念[37]："它是一种持续的社会形态，而不是阶段性建设任务；它包括了人与自然和谐相处的内容，其中人与自然的关系应放在更加突出的位置。"在他的阐述中，生态和谐不仅仅是自然环境的和谐而是包括了政治、经济、生活等社会的方方面面。王继明[38]从探讨和谐社会的系统构成角度对生态和谐进行了阐释，他认为和谐社会系统包括相互依存的人与人和谐、人与自然和谐两个分系统，生态和谐是构建和谐社会中人与自然和谐系统中最重要的部分，也是该系统追求的目标。

在人文社会科学研究领域，还有许多学者将生态和谐视为（社会系统构建中）人与自然的和谐关系，并从该角度进行相关论述。欧阳志远[39]认为当前人与自然的关系从根本上说是自然资源滥用问题，解决社会问题，宜以自然资源利用方式的解决为中介。李明华[40]认为人是自然和谐的支撑，社会和谐又依托于人与自然的和谐。

张纯成[41]从批判人类中心论出发，指出人类中心论过分或片面强调人的作用和能动性，过于迷信工业和技术的力量；赞同回归自然为中心，才能解决当前的各种生态问题。但其观点又过于偏向朴素自然论。路日亮[42]提出构建和谐社会，就是要正确处理人与自然的关系，人需要在自然界提供的自然资源禀赋基础上发挥主观能动性，来满足自身的生存与发展的需要。

方世南[43]则从政治学维度审视人与自然的和谐关系，认为在社会主义和谐社会建设的全过程中都要从政治学的高度充分认识生态价值。包德庆[44]提出生态和谐的主客体思维，自然界是生态客体，人是对生态客体既利用和改造，又保护和建设的生态主体，人在自然界中以最小的代价获得最佳生态效益的过程就是和谐的活动，就是人与自然和谐发展的过程。

袁鼎生在《生态和谐论》一文中对生态和谐的概念、内容进行了探讨，提出生态和谐是当代生态文明研究的聚焦点，具有整体性，并且在不同的历史阶段，表现出不同发展层次。他指出"生态和谐是人类在研究生态系统时，所达到的主体认知性与客体实在性的一致。"[45]

综合上述学者对"生态和谐"的研究和理解，我们可以发现，生态和谐这一概念不仅仅局限于人类活动与自然环境的平衡、统一，还可用于理解包括社会经济活动等所有人类活动在内的和谐、最优的状态。在生态和谐的意境下，除了要尊重、适应客观环境，与其尽量协调，还应该发挥主观能动性，充分优化环境，使其更适合人类的活动需求。

同时，生态和谐还是一种整体性和谐，是事物和系统发展的目标。生态和谐状态下的事物应是与周边环境相适应，与周边事物平衡协调，共同向着更好的方向积极发展；生态和谐状态下的系统应是要素与要素之间、要素与整体之间相互作用、综合协调、利益平衡，个体要素伴随着整体进步，共同优化发展，达到整体优化。

3. 生态文明建设要求与生态和谐理念的关系

生态文明与生态和谐理念都具有广义的内涵。生态文明拥有广义的生态和文明内涵，包括自然生态、社会生态、文化生态等多方面的内容。生态和谐除了与自然生态环境和谐共生，还包括社会文化和谐、制度建设和谐等多个方面。

当前，生态文明建设已从转变观念的阶段转入加快建设步伐、改善生态环境、提高发展能力的新阶段，生态文明建设是实现永续发展的战略抉择，是提高发展质量和效益的内在要求，是坚持以人为本、促进社会和谐的必然选择。生态和谐理念是一种系统永续发展、各部分和谐共生的理念，其本质上与生态文明建设的指导思想是一致的，将其引入城乡规划也是为了更快更好地走向可持续发展之路，形成人与自然和谐发展的现代化建设新格局。

生态和谐理念是遵循生态文明建设要求的一种具体理念解析。从《中共中央国务院关于加快推进生态文明建设的意见》中关于生态文明建设的要求可以看出，生态文明建设涉及了自然生态保护、优化国土空间开发、促进资源节约循环高效利用、推进社会文化风尚建设、健全生态文明制度体系等多个方面。其中既有与客观自然环境相协调的要求，又有主动推动引导文化与制度建设的要求。有学者在研究生态文明建设要求与途径时提出："顺应自然，保护生态环境是生态文明建设的本质要求；科学开发，坚持红线划定是生态文明建设的底线；节约优先，强化生态意识是生态文明建设的核心途径；健全制度，完善考评体系是生态文明建设的根本保障。"[①] 从客观适应（前两

---

① 参见刘举科，孙伟平，胡文臻等. 中国生态城市建设发展报告（2015）［M］. 社会科学文献出版社，2015：序言 2-4. 笔者在引用时对作者观点进行了总结简化。

者）、主观促进（后两者）两大视角对生态文明建设的要求进行了总结。生态和谐作为一种广义的生态理念，既包含了人类活动与自然环境的适应、可持续，还包括社会经济文化活动等所有人类活动中主动追求和谐、可持续的状态。

所以说，依托生态和谐理念研究山地城市空间发展所面临的问题，就是基于生态文明建设要求下的山地城市空间发展探索。

1.2.2　城市空间与城市空间格局

1. 城市空间

城市空间因其研究角度不同，产生了一些二元对立概念，如绝对空间和相对空间、心理空间和显示空间、空间和实体、物质空间和社会空间等。本书拟从城市规划学科的对象性特点入手，探寻对城市规划有实际意义，城市规划能够作用并引导实现的城市空间。

空间的概念理解是可以从多学科入手的，但围绕城市规划学科的城市空间概念有其针对性。

首先，城市空间是客观存在的物质空间，城市空间整体和各要素都具有物质属性，大至区域、城市，小至建筑围合，都具备可测量的几何维度。如R. 克里尔所说"容许人们自觉地去领会这个外部空间即所谓的城市空间"[50]。其次，城市空间的构建过程中包含了复杂的政治、经济、社会活动的相互作用，此时的城市空间就是社会、经济、文化、历史以及各种活动的物质载体。最后，城市空间存在的目的是服务于人们的使用，正是人们的活动才使其具有意义，其空间范围是由使用者的心理感知而确定的。

因此，城市空间具有物质性、社会性、心理性三重属性，是包含社会、文化等内容的物质空间，是在客观环境基础上对社会、经济等人文活动做出的物质反应，是城市自然环境同社会、经济、文化、历史以及各种人类行为的物质载体，是由物质空间开发过程中自然因素和人文因素作用而成，在日常生活中被人们使用并赋予了意义（文化心理、社会意义）。

2. 城市空间格局概念辨析

城市空间形态、城市空间结构与城市空间格局三个概念释义相近，都是以城市空间涵盖的各种要素为研究对象，在许多情况下可以通用。为了更准确地界定研究对象，说明研究内容，在此特对这几个概念进行比较阐述。

（1）城市空间形态

城市空间形态（urban spatial form）概念来源于"城市形态"（urban form），在许多国内外学者的论述中二者通用。城市形态的定义有狭义和广义的区别。狭义的城市形态是指城市在自然环境、经济、社会、文化等因素的互动影响下发展构成的空间形态特征，且具有时间阶段性。如 Bourne（1982）认为城市形态是城市地域内个体城市要素（如建筑、土地利用等）的空间形式和安排。《中国大百科全书—建筑·园林·城市规划》指出：城市的形态是其内在的政治、经济、社会结构、文化传统的表现，反映在城市的平面形式和空间关系组织上，城市建筑、街道等开放空间的布局特征上等。

广义的城市空间形态不仅包括有形的物质空间和能够直接感受接触的内容，还包括经济、社会等活动过程中形成的空间关系等无形空间形态的内容。如黄亚平[51]认为城市形态是营造活动与社会经济发展等城市发展变化推动下形成的空间结构的外在体现；谷凯[52]提出城市形态研究包括社会形态和物质环境形态两个主要方面。在部分学术研究中，广义的城市形态甚至包括城市社会形态、城市的文化生活形态（如地方传统习俗、城市精神）等属于精神范畴的内容。

城市空间形态作为"城市形态"中的一个专属概念，其重点是城市空间的深层结构和发展规律的显相特征[53]，其核心内容是形式表象及其之下的影响要素[54]。不同于城市形态研究之初借助几何学方法对城市平面形状与轮廓进行的分析研究，空间形态（spatial form）这一概念显然更侧重于物质空间的三维表达与城市地景、城市风貌之间的相互关系，是在城市形状和功能组合的基础上形成的三维的概念内涵，在包含了城市空间的平面要素的同时，还要有城市建筑形成的空间高度、密度等立体内涵，以及城市构筑物、城市景观等物质实体的外在形象。

然而对比于城市形态学（urban morphology）中所提及的城市形态理念，"是处理空间形态及其形成过程的理论"[55]，"是一门关于在各种城市活动（其中包括政治、社会、经济和规划过程）作用力下的城市物质环境演变的学科"[52]，城市空间形态这一概念显然还是具体得多了。

（2）城市空间结构

西方国家空间结构理论与区位论具有紧密的关系，最早 J. H. VonThunen 提出的农业区位论、A. Weber 提出的工业区位论、W. Christaller 提出的中心地理论、"三大经典城市结构模型"、A. Loesh 的市场网构造模型等都属于空间结构。富勒和韦伯是试图建构城市空间结构概念框架的早期学者。富勒（Foley）[56]认为城市空间结构包含文化价值、功能活动和物质环境三个要素，具有空间、非空间以及时间属性。韦伯（M. Webber）[57]的论述则认为城市空间结构包含从形式到过程的系统，形式是指物质要素和活动要素的空间分布模式，过程则是指要素之间的相互作用，他把城市看作在行动中的动态系统。伯纳（Bourne）[58]提出城市空间结构既包括城市形态，又包括多个子系统按照一定的秩序关系在空间上的叠加组合，这种秩序关系进而形成一种组织规则将这些子系统关联起来形成一个城市系统。在他的定义中城市空间结构包括三个部分，即城市形态、城市相互作用、城市空间结构（组织规则），其中城市空间结构（urban spatial structure）是指城市要素的空间分布和相互作用的内在机制，使各个子系统整合成为城市系统。哈维（D. Harvey）[59]则提出城市空间结构的研究就是在城市研究的社会学科方法和地理学科方法之间建立交互联系。诺克斯（P. Knox）和马斯腾（S. Marston）[60]则将城市空间结构与土地利用的关系结合起来，提出城市空间结构反映了城市运行的方式。诺克斯（P. Knox）[61]还在其重要著作《城市地理学导论》中，从社会地理学和社会—空间的视角系统地论述了城市内部空间结构理论的框架。

国外学者更注重空间结构理论在相关学科中的基础地位和意义，对城市空间结构概念的运用更多集中在区位关系阐述、城市地域结构研究与土地利用经济理论，而国内学者对于城市空间结构概念的解释与研究主要分为四个方向。

第一，城市地理学领域，学者对城市空间结构的解释一般强调土地利用结构，关注经济、社会活动在空间上的表现。如武进[62]强调城市内部存在不同的功能分区，它们相互组合，共同构成整个城市的结构。胡俊[63]提出的城市空间结构从其内涵上看，是人类活动在城市发展过程中的物化形态，是在特定地理条件下人类各种活动和自然因素相互作用的综合反映，是城市功能组织方式在空间的具体表征。柴彦威[64]认为，城市内部空间结构是各种人类活动与功能组织在城市地域上的空间投影，是城市地域内部各种空间的组合状态。顾朝林[65]主要从空间的角度来探索城市形态和与城市之间的相互作用。冯健[66]认为，城市空间结构就是作为城市主体的人所从事的经济、社会活动在空间上表现出的格局和差异。

第二，经济学领域，学者多研究城市的经济空间，侧重于解释城市空间格局形成的经济机制。如郭鸿懋等[67]认为城市空间结构应分为城市内部空间结构和城市外部空间结构两个部分，前者是指研究对象范围内（比如城区或规划区）空间功能分区、土地利用差异以及空间活动关系等有机联系、构成整体，进而形成的一种空间用地结构；后者是指对象城市与其他城市构成一种群体空间关系。江曼琦[68]提出城市空间结构表现的是城市经济运行的内在关系。

第三，建筑学领域，学者们对于城市空间结构的阐释都专注于城市实体空间的研究。将城市空间结构作为城市存在的理性抽象，更多的是强调空间场所的概念。如夏祖华、黄伟康[69]将城市空间界定为建筑或构筑物实体围合形成的空间或实体占领形成的空间，其判断的基础是要依托物理性的物质实体组合而存在。

第四，在城市规划学科领域中，该概念主要是用于描述城市要素的空间组合关系和相互作用，经常与功能布局等相对应。如苏伟忠、杨英宝认为[70]，城市空间结构是城市各物质要素的空间组合布局。段进认为[53]，城市空间结构反映的是城市要素的相互空间位置和网络关系，但是不反映具体的城市形状。

由上述可见，作为一个跨学科的研究对象，城市空间结构（urban spatial structure）的概念：既有用于城市区位理论研究、城镇结构体系的描述，也有对于社会过程的空间属性的认识基础上的界定，还有经济地理学领域的数学模型概念以及城市土地利与城市内部经济结构关系研究的内容，但是当前并没有统一的定义。相对于以物质形态要素为研究对象、侧重于图形设计表达的城市空间形态（urban spatial form），城市空间结构涵盖的内容显然丰富得多。

（3）城市空间格局

国外学者对于城市空间格局（urban spatial pattern）的概念理解与研究主要分为两个方向。一个方向同城市空间结构（urban spatial structure）概念类似，认为城市空间格局就是各种要素的分布模式，以研究城市空间格局影响因素为主。如韦伯（M. Webber）[71]通过区位因子对经济要素流动的影响，认为经济因素是决定工业区位选择及其布局的核心机制。霍特林（Hoteling）[72]认为区位对城市空间的产生起着决定性的作用，企业都是以市场利益为导向选择区位，并往往由于经济行为的相互影响在某一区域形成集聚。斯托夫（S. A. Stouffer）提出的中介机会模型，把迁移与距离及中介机会联系在一起，该理论与吉弗（G. K. Zipf）[72]提出的"引力模型"一起对城市空间结构演变过程中的人口迁移研究起到奠基作用。另一个方向的概念则源于景观生态学的景观格局（landscape pattern）（此概念往往用来定义景观的空间结构特征），运用景观生态学的理论和方法，参考景观格局指数对城市形态与结构的相关特征进行分析度量，通过类似景观组成空间单元的类型、数目，以及空间分布与配置，应用到城市空间模型的探索。如 M. Herold[73] 等将景观格局指数应用于城市空间的研究，拓展了空间格局指数的应用范围；C. Karen 和 F. Michail[74] 利用景观指数分析了广州、深圳、中山和东莞的空间格局；K. Medley[75] 等探讨了城市中人为活动目的和自然约束之间的密切关系形成了影响城市格局发展的内在因素与梯度分异，分析这种分异特征与影响因素是把握城市空间格局特征和规律性的重要途径。

而当前国内学者关于城市空间格局的研究，主要存在两种范式。一种是把城市看成点来研究城市外部空间结构关系，内容包括城镇体系、城市群、大都市带和城市连绵区等。如张莉[76] 对改革开放以来的中国城市体系的发展变化进行了研究；曾辉[77] 对珠江三角洲的小城镇空间格局进行了分析；姜丽丽[78] 针对辽宁沿海城市带，通过对该省港口城市群的总体空间格局研究讨论了推动其整合发展的思路。另一种是把城市当成面来研究城市内部空间格局内容，包括城市居住空间、产业空间、CBD 研究、城市景观系统等，如陈浮专门针对城市快速扩张地区的城市景观空间格局进行了分析及调控机制研究；抑或以城市空间的时空演变为主线，研究城市覆盖的扩展、形态的演变、结构的变迁等方面的空间规律，探求模式化的格局特征，即城市内部空间的模式化，如邵大伟[79] 以南京主城区为例对城市开放空间格局的演变、机制等进行了研究。这两种范式当中，前者强调宏观的、区域综合层面的、整合式研究，我们简称其为宏范式；后者强调地方性、个体层面的分析，我们简称其为体范式。

在本次研究中我们选取城市空间格局的研究层面为个体城市及城市局部层面（即体范式下的研究），以城市内部空间结构和空间内容要素为对象。在本次研究中，城市空间格局是指城市中各种物质要素的空间位置关系及其变化特征，是城市发展程度、发展阶段与内容的反映，具体表现为城市的空间布局、空间形式和空间规模等，涵盖空间布局形式的各种要素对象，是土地利用与城市形态的重要内容。

（4）对比总结

从广义上来看城市空间形态、城市空间结构与城市空间格局这三个概念都有重叠和近似的内容，都包含对城市空间的内容、形式、特征、内部和外部的各种影响要素及其发展演变过程的表达与阐释，在城市经济学、城市地理学、城市土地利用、城市规划设计等方面都有运用。

而从相对狭义的概念解释以及在城市规划与相关学科领域的运用来看，对于这三个概念我们则可以做出一定的区分。城市空间形态研究主要侧重于城市空间内部的物质内容本身及其相关的环境内容，以有形的物质要素为主，如建筑群、开放空间、城市天际线、景观立面等，并且其大部分内容能构成三维的空间形态表达。在学科领域方面，城市空间形态概念主要还是运用于城市规划设计与建筑学等针对实体空间进行操作的学科。城市空间结构研究宏观上侧重于区域范围的经济、空间体系结构联系，中观上侧重于城市空间内部各种要素之间的联系，更多的是反映要素的空间布局与抽象联系，而不是城市的具体形状。在学科领域方面，也多运用于城市经济学与城市地理学等偏向于抽象空间运算的学科方向。城市空间格局研究也包含不同空间尺度层面，但更侧重于空间特征，空间与内部各要素以及各要素之间的相互关系与相互影响，以有形的空间内容来分析其与无形的空间活动之间的相互影响。在学科领域方面，城市空间格局多运用于城市生态安全、城市景观规划（较大尺度范围的）、城市规划设计等相对具体的研究方向。

（5）自然山水格局与城市空间格局辨析

在针对城市空间格局这一概念的相关理解与研究中，自然山水格局与城市空间格局有着相当的近似性，而关于山地城市空间格局的分析也与自然山水空间要素紧密相关，因此有必要对这两个概念进行辨析。

自然山水格局这一概念在空间角度主要表现在两个方面。一是在风景园林中对造园艺术模拟自然山水的阐释与分析，如周维权在《中国古典园林史》指出中国传统园林格局讲究"虽由人作，宛自天开"的艺术特色[80]。二是山水城市中其自然山水资源特征以及同城市空间关系的描述，如傅礼铭在《山水城市研究》中对南京城的描述"内聚青山绿水围城得其秀丽，外有名山大江环抱得其气势"[82]；又如重庆市规划局在重庆规划宣传册中将重庆的山水城格局形容为"大山大水"之城。基于本书的研究对象，我们将辨析的重点放在自然山水格局这一概念在城市空间领域的运用。

第一，山水文化中的自然山水格局。

中国传统山水文化中认为，山水聚合的地方是生气凝融的地点，是城镇、村落选址的佳地，山水文化中的"气""势"，以及山水景观的审美形态等都是基于自然山水格局体现出来的。在山水文化理念的引导下，城镇选址多依山傍水，"非于大山之下，必于广川之上"（参见《管子·乘马》），其空间位置也多坐北朝南、负阴抱阳、背山面水等，这可以说是山水文化观念的基本格局。

但同时，山水文化观念中的山水格局，除了山水之外，更重要的还有形势。这种形势不仅仅是依山傍水、山环水绕的形态抱负，还要与传统文化心理和审美观念相契合。如同山水为图勾勒出形势之底，图底相融方成山水文化之蕴。只有符合形势的山水之地，才是理想的营建之所，可以说从山水文化观念分析看来，我国大部分古代传统城镇选址的自然山水关系都是有空间规律可循的，这种规律也正是山水文化观念中对自然山水格局的一种认知。在传统山水文化观念引导下的城市营建中，自然山水格局是城市选址与营造的基础，但其描述又无关于城市本身的空间关系内容，此时城市更像是大的自然地理环境中的点状个体存在，山水格局则是把握空间全局。

第二，山水城市中的自然山水格局。

"山水城市"这一概念最早是钱学森先生在 1990 年 7 月同吴良镛先生的一次书信中提出的[①]，这一概念一经问世，立刻引起了学术界的关注与探讨，此后十多年间，召开了一系列以"山水城市"为主题的研讨会，我国也有多个城市提出创建山水城市的目标。时至今日，山水城市已成为我国山地城市规划与营造中的一个普遍承认的发展理念。从山水城市中关于自然山水格局阐释的内容来看，可以将其分为两个方面：一是自然山水作为景观或形态要素与城市相结合；二是山水与城的空间格局关系。

中国传统城市营建理念中，就充分体现了自然山水景观与城市的有机相融，并且将其形态作为城市营建的一部分。正如吴良镛先生所形容的，"中国传统城市把山水作为城市构图的要素，山水与城市浑然一体。"[82] 在"天人合一"的朴素自然观影响下，传统城市注重借势自然山水形态的格局，利用自然山水来进行城市空间景观组织，强化了基于自然山水要素的城市空间形势认知，也造就了众多拥有丰富山水景观特色的城市。"釜溪荡漾渔歌起，半绕青山半绕城""四面荷花三面柳，一城山色半城湖"等诗句就形象地描述出自

---

① 钱学森先生首先把它表述为："把中国的山水诗词、中国的古典园林建筑和中国的山水画，融合在一起，创造山水城市概念。"后来钱学森先生还多次强调，仅仅是搞好园林绿化与景区不是山水城市，它应是整个城市同自然山水的融合。

贡、济南城山水之景与城相融的自然山水格局。

在山水与城的空间格局关系表述方面，有学者尝试将山、水、城的空间关系进行梳理，总结提出山在城外、山在城间、山城一体、水抱城、水含于城、水穿城六种关系，并进而将三者的综合关系总结为九种类型[83]。在这种情况下，自然山水格局更多地被运用于描述山水与城的空间位置关系以及分析自然山体、水体等要素对于城市空间结构、空间形态的影响。如黄光宇先生结合自然山水地形地貌对城市空间发展的影响，总结出山地城市空间结构的 11 种类型[84]；俞孔坚在"反规划"理论中，分析自然生态要素，利用自然山水格局来奠定城市的基本骨架与格局[85]。

结合前文对于城市空间格局概念的理解认识，综合对比而言，自然山水格局与城市空间格局在空间格局这一概念内涵上可以做出相应的区分。自然山水格局侧重对自然环境本底自身空间关系特征的概括（比如山水关系），以及自然山水环境（内容要素）同城市空间位置关系的描述，其关注重点在与城市相关的山水间，是因城而意境，韵在境间。城市空间格局则侧重表述城市自身空间特征、内部各内容要素的空间关系等，尽管这种空间特征可能就是因为自然山水等要素影响产生的，但在这一概念表述下并不会将城市与山水的关系纳入其中，而是关注城市（规划建设区）自身或相互之间的空间形态、结构关系等，是意城而囿于城，视境而不意境，韵在城间。

1.2.3　山地城市空间格局规划

如前文所述，城市空间格局是城市物质空间形态、空间规模、空间结构与空间布局形式的综合体现，是城市空间中各要素相互作用的结果。从宏范式来看，拥有具象边界的城市空间就可构成一个城市空间格局系统，但其是整个宏观城乡空间格局系统中的一个构成部分，例如重庆主城区就可以视作整个重庆市域城乡宏观空间格局中的一个空间构成部分。体范式来看，这个城市空间格局本身是一个完整的对象，也有着复杂的系统内容，例如我们可以将重庆市主城区视为一个完整的城市空间格局对象。本书研究的山地城市空间格局规划就是针对体范式的研究。

城市空间格局更倾向于空间规划的结果，是空间发展过程塑造的结果。每一座城市的空间格局的表现都是城市发展历程中的一个时光截图，随着城市的向前发展，时光截图也会发生变化，这就表现为城市空间格局的演变。与城市空间格局相关的规划则伴随着这个演变过程，推动着城市的发展。

城市空间格局规划并不是要从无到有"规划"出一个新的空间格局，而是要在城市发展过程中运用科学的视角、适宜的方法规划作用于城市空间中的各项要素内容，使城市的发展、城市空间的变化更加合理，进而使当前发展阶段下形成的城市空间格局更加优化完善。可以说是对已有空间环境及其相关要素内容的优化、再创造，而不是在空白画布上的全新创作。

因此，山地城市空间格局规划并不是要在山地环境下嵌入一个新的城市空间形态和结构，而是要在现有山地空间环境与城市空间格局的基础上，对内优化更新，使其空间格局更加完善，对外科学引导城市空间拓展，以期形成更加合理的城市空间格局。

1.3 相关研究进展

1.3.1 "生态和谐"城市空间规划的相关研究

通过前文中关于"和谐"与"生态和谐"的概念认识分析，我们认识到"生态和谐"是一个含义非常丰富的概念。在城市空间规划的研究中直接运用这一概念的并不多，更多的是与其概念内涵相近的一些研究。

客观适应性是生态和谐理念中的重要内核。赵万民[86]围绕适应性理论与西南山地人居环境的特殊性，提出了西南山地城市（镇）规划适应性理论与方法研究体系。针对西南山地城镇化与区域协调发展、地域文化传承与延续、基础设施建设以及相关城市规划空间信息图谱新技术应用等学术问题，提出西南山地城市（镇）规划适应性理论与方法。徐小东[87]基于生物气候条件开展了城市生态适应性设计研究。徐坚[88]从适应性理论出发，以云南山区城镇为例，从自然生态适应性、社会生态适应性和文化生态适应性三个方面，研究了山地城镇的生态适应性设计。陈玮[89]在《特大城市生态空间体系规划与管控研究》一书中，围绕适应性理论内涵及其在城市系统运行中的特征，从城市结构、城市新区空间规划、城市空间生态规划、山地城市规划模式等多个方面讨论了客观适应性规划对于城市空间建构的作用。另外，伊恩·L. 麦克哈格的"设计结合自然"思想也是适应性理论的一种表现，在城市规划设计的自然生态基础及其与自然环境的整合方面，提出了当时时代背景下一种全新的设计理念。

苏振宇[90]在其论文《生态和谐的新城规划及实践》中，直接运用了生态和谐规划这一理念，提出生态和谐与自然、经济、社会和人的发展"四位一体"的综合效益上是一致的。论文以昆明呈贡新城为案例研究，其生态和谐规划的内容最终落实到了具体的空间用地布局上。贺善侃[91]认为，生态和谐就是人与自然的和谐，是建设生态城市的核心理念，当今强调人与自然的和谐不同于古代遵循顺从的和谐理念，而是着重强调关系的重建。这种重建不是回到人依附自然的原始状态，而是在近现代文明形成的主体意识基础上，发挥人的主体能动性，既重视一般科学技术的发展，又强调发展绿色科技，将科学技术运用到有利于人与自然和谐关系建立的方向上。吴志强，刘朝晖[28]提出了构建"和谐城市"规划理论模型，涉及了和谐城市空间规划的论述，指出城市空间发展的本质是由城市人的空间欲望所驱动的，和谐城市空间规划应平衡人与自然、社会等方面的关系。

雷诚[92]、王海天[93]提出用生态和谐理念指导道路交通规划，但他们的生态和谐理念主要体现的是道路系统设计中要遵循自然生态与环境功能一体化，步行交通要注意场所互动营造人文生态，景观与环境共生。

钟海燕等[94]将新区域规划与和谐城市空间构建联系起来，从区域层面上讨论了和谐城市社会空间的构建，进而打造中国特色和谐城市空间。与之类似的还有李秉毅[95]，将和谐城市空间构建的理念用于现代城镇体系规划理论的研究。

李赶顺等[96]从生态经济的角度看生态和谐城市，分析了循环经济对于生态和谐城市的意义，提出运用生态学原理指导人类社会的经济活动，把资源作为一个不断循环利用的系统，从而把经济活动对自然环境的负面影响降到最低。

朱春玉[97]将生态和谐城市理念与城市规划法律制度变革联系起来，提出生态和谐的城市规划法律理念，她分析了城市规划法律制度变革的趋势，建议围绕生态规划这一认识，对城市规划法律法规进行修改，并进行生态城市规划立法。文章从制度构建的角度探讨了生态和谐理念的作用影响。李浩[98]在其博士后研究工作报告《基于"生态城市"理念的城市规划工作改进研究》中，提到了生态和谐影响下的工作程序机制转变。

高艳芳等[99]将生态和谐理念引入都市非物质文化遗产保护的观念与策略，以武汉"非遗"保护为例，提出层级规划的概念，思考武汉的空间特质，建设以文化引导空间营造。

秦红岭[100]从伦理学批判的视角切入城市规划与城市空间营造，探讨了城市规划在政治过程、公共政策与伦理实践中的多重面孔。其著作《城市规划——一种伦理学批判》中有一个章节论述了生态和谐、和谐永续是环境伦理学之于城市规划的重要内容，并从该视角提出用环境伦理的理念和原则指导城市空间的规划营造，促进传统的城市规划价值观和政策目标更加符合环境伦理价值取向的方向转变，提升规划价值观体系的合理性。

另外值得一提的是，李阁魁[101]在其博士论文《城市规划与人的主体论》中，专门分析了城市规划活动中人作为主体的作用和人的主观能动性对城市空间生成的影响，这与和谐理念下主观因素的协调和主观能动性的作用认识是一致的。

1.3.2 城市空间格局规划的相关研究

在前文我们对城市空间格局的概念进行了认识分析。在此我们从其他角度简述城市空间格局规划的相关内容。

1. 宏观区域城市空间格局的关系研究

瑞典学者 T. Hagerstrand[102]提出现代空间扩散理论，揭示了空间扩散的多种形式。P. Hagget[103]提出了区域城市群空间演化的过程模式。弗里德曼（John Friedman）[104]提出的"核心—边缘"模式则反映了城市群发展的空间格局形成过程。麦克劳林（J. B. Mcloughlin）[71]强调城市群应当通过理性规划的约束来实现空间的持续平衡发展；Sehmidt Seiwert[105]从城市化进程和区域化差异等方面比较了欧洲城市群的空间格局效应。

在国内相关研究方面，崔功豪[106]结合长江三角洲城市群发展的不同阶段与水平，把城市群结构划分为三种类型，即城市区域、城市群组和巨大都市带。邓先瑞[107]等从城镇规模关系、功能结构和分布特征等方面探讨了城市群的空间格局优化。张京祥[108]研究了城镇群体空间组合以及城市群体空间发展组织调控模式。顾朝林[109]等讨论了长三角城市群发展过程及格局。李晓西[110]、柴攀峰等进一步研究了长三角城市群演进格局及协调发展。景建军[111]探讨了城市群的空间结构效益等。

2. 基于空间距离与空间范围的城市空间格局研究

古腾堡（A. Z. Guttenberg）提出了可达性影响土地使用的理论。他认为城市空间格局的形成与发展可用"可达性"（accessibility）来解释，交通可达性优劣，直接与城市空间格局形态相关。迈耶（R. L. Meier）提出"城市时间预算"与"空间预算"的观念，试图通过分析居民交通时间的利用及其空间分配，来预测未来城市空间格局的变化。[112]

在国内相关研究方面，王富臣、钱小玲[113]提出科学的发展与技术的进步在促使城市化水平提高的过程中影响了城市空间格局的变化。邱建华[114]从不同时代的交通方式与城市空间关系入手，分析了交通方式对城市道路结构、城市形态等方面的影响。张莉[115]利用时间可达性来代替空间距离，以长江三角洲为例，从空间距离与城市吸引力的关系上讨论了宏观区域范围下的城市空间格局关系。钟业喜[71]从空间可达性理论出发，构建交通基础设施与城镇空间格局的耦合模型，揭示两者的相互作用关系，分析了基于可达性和交通距离的江苏省城市空间格局关系的演变。

3. 城市景观空间格局规划研究

城市景观空间格局是城市景观生态研究的重要方面，与城市规划功能布局、土地和空间利用可持续设计紧密相关。

在国外相关规划研究方面，安托普（Antrop）[116]、梅厄斯（Meeus）[117]等分析了城市发展对其周边景观空间格局的作用。福曼（Forman）[118]等认为以景观格局整体优化为核心的景观格局规划模式对景观格局规划理论的发展有着重要意义，他提出了"不可替代格局"概念，在景观空间规划中，景观优化格局作为一个基础格局，具有不可替代性。麦克唐纳德（Macdonald）[119]研究了城市建设用地空间规模拓展增长时，与其相关联的景观空间格局的发展特征和重建特点。毛瑞尔（Maurer）[120]分析了城市景观与其周边景观要素类型之间的相互作用和相互影响，探讨了其动态变化的特点，预测了在未来城市发展走向中可能遇到的问题。

在国内相关规划研究方面，李团胜[121]以沈阳市为例，运用与自然、半自然的景观结构以及景观指数分析，对城市景观空间格局的合理性提出了建议。俞孔坚[122]在对中山市的绿地形态进行评价的基础上，把景观生态过程格局的连续性作为重要指标，对城市景观空间格局提出了改造方案，其中重要内容就是城市绿地空间格局分布。田光进[123]利用景观指数研究了城市化过程中城市及其区域景观结构的动态变化过程。赵晶[124]对上海市景观格局及其演变进行了分析，尝试建立了景观空间形态的分形结构模型。苏伟忠等[67]以景观生态学的视角对城市空间结构、功能、动态等内容进行了阐释，提出了规划构建方法与机制，并以南京市为例，分析了南京城市景观空间格局动态及对用地空间格局的影响。陈晓军[125]等人在对北京城市边缘区建设用地空间格局进行定量化研究的基础之上，分析并提出了有关北京城市边缘区景观空间格局优化的一些观点。禹沙[126]围绕景观空间格局优化规划，以杭州市为研究对象，对城市生态带的空间结构与功能布局进行了研究等。

4. 城市生态空间格局规划研究

城市生态空间格局是用于城市自然保护、生态防护等，以提供生态产品和生态服务为主，具有重要生态功能地域的空间因子和要素内容的位置布局和相互关系。城市生态空间格局是空间格局规划研究中涉及较多的一个方面。

在国外相关类似研究中，霍华德在其田园城市理论中就提出在城市外围应建设永久性绿地，并以此来抑制城市空间的蔓延扩张。[33]赖特（F. Wright）1932 年提出的广亩城市设想将城市分散理论发展到了极致，也将生态空间与城市的地位关系发挥到了极致。格迪斯（P. Geddes）在其 1915 年发表的著作《进化中的城市》中强调将自然区域作为规划空间的基本构架。英国昂温（R. Unwin）1922 年提出的"卧城"，法国勒·柯布西耶（L. Corbusier）1930 年的"光辉城市"，均探讨了城市的生态空间格局，表现出强烈的生态理念和亲近大自然的情感。伊利尔·沙里宁（E. Saarinen）提出的有机疏散的城市结构的观点，也为现代生态城市的空间格局发展研究奠定了思想基础。

法布斯（Fabos）[127]利用生态系统模型对大都市景观系统与功能空间的结构关系进行了研究。福曼（Forman）[128]认为应将生态学原理与土地规划相结合，通过空间叠加及格局关系分析来发现并解决其中的问题。文森特（Vincent）[129]从生态城市建设的角度，基于城市用地的空间和使用，探讨了城市土地的可持续利用问题。霍纳切夫斯基（Honachefsky）[130]提出生态空间格局规划应从单纯强调"保护"走向生态安全导向下的区域空间格局发展。还有部分学者从城市化所产生的生态影响的定量分析入手，进行了城市生态空间格局的研究，如惠特福德（Whitford）等[131]提出了城市生态影响量化与空间格局关系的简单模型。

在国内相关研究方面，俞孔坚、李迪华等[85]提出利用物质空间的"反规划"途径，通过先期划定并保障生态基础空间来定义城市空间发展格局。陈玮[89]从城市空间格局建构的生态规划的适应性出发，提出在刚性的城市空间功能布局中引入生态思想，将自然空间和建筑空间看成城市空间中不可分割的两个部分。落实森林资源、湿地功能保护区、基本农田、区间防护绿地等生态基底空间，理清各种用地类型结构比例关系，构建与城市协调发展的生态安全空间格局。何梅、汪云等[2]以武汉为例，依托武汉市生态用地空间布局规划，开展了特大城市生态空间格局体系的构建方法及生态空间管控策略研究。舒沐晖[132]以城市非建设用地系统规划为切入视角，探寻了城市非建设用地在重庆市区的空间格局解析，阐述了城市非建设用地系统对城市生态空间格局的影响，对城市非建设用地的布局优化策略和实施管理提出了建议。

在实际的规划实践中，一些城市的基本生态控制线划定、生态空间划定等都是从生态用地基底的视角出发的，规划并影响了城市生态空间格局。如深圳、广州、武汉等城市的控制线规划，均是为了防止城市建设无序蔓延，在区域自然环境本底与承载力的基础上，充分考虑生态敏感区分布与农业生产的空间需求等前提下划定的生态空间保护范围界线。成都非建设用地规划（2003）以具有生态功能的空间单元为基础，如具有一定规模的公园绿地、生态林地等，以自然水系、基本农田和城市通风廊道为一体，构建了"两环八斑十四廊"的开放性网络性城市生态空间格局。重庆的大都市生态空间划定研究（2015），基于生态环境敏感性、生态系统服务功能、自然灾害危险性的空间的初步划定，则是从宏观区域城镇群层面探讨了城市生态空间格局的划定。

环城绿带（Green Belts）和绿（色通）道（Greenway）规划理念也与城市生态空间格局规划有相通之处。如欧阳志云[133]认为环城绿带有控制城市发展形态与空间发展格局的功能；汪永华[134]提出环城绿带有界定城市空间功能与格局的作用。西尔斯（Searns）认为绿色通道是人们"保持和自然联系的希望所在，使城市区域内保留自然的景观格局特征"[135]。沃尔姆斯利（Walmsley）[136]更认为"绿色通道的格局决定了城市空间发展的形态格局"。

此外，在以生态安全为核心的空间格局规划研究方面，沈清基[137]认为城市景观生态安全格局指在城市中某些关键空间位置存在的、生态与景观元素内容的空间联系。俞孔坚[138]等提出城市生态安全格局是城市自然生命支持系统的关键性格局，并据此分析提出北京城市空间格局增长的边界。汪劲柏[139]综合生态安全理论与城市空间格局理论，提出城市生态空间格局理论的认识，并构建了评价研究的指标体系。许田[140]以我国西南地区纵向岭谷区生态安全评价为例，进行了空间格局分析研究。程婕[141]利用地理信息系统、SPSS统计软件等对遥感影像资料、统计资料进行分析，对天津市的生态安全格局进行了研究，并提出扩展生态安全空间格局的建议。蔡青[142]通过利用遥感解译和景观格局指数研究，分析了城市景观空间格局演变规律，提出城市景观与生态安全空间格局的构建优化建议。龙宏、王纪武等[143]提出城市生态安全格局是城市生态安全的空间存在形式，从空间规划的角度可描述为城市生态安全格局的空间模型。他们利用空间规划的途径探索了城市生态安全格局的规划方法，将城市生态安全作为应对城市空间增长和生态环境保护的整体性对策。周锐、苏海龙等[144]以平顶山新区为例，从城市生态用地出发，基于生态安全格局理论和 GIS、RS 空间技术，进行了城市生态安全空间格局的构建研究。

5. 城市文化空间与城市空间格局相关研究

（1）基于文化内容的城市发展研究

早在 1938 年，著名城市规划理论和历史学家刘易斯·芒福德（Lewis Mumford）在其关于城市文化领域研究的重要著作《城市文化》一书中就将众多城市空间要素和城市生活的各个方面涵盖于广义的城市文化中，点出了文化与这些内容的关系和影响。在其后来的著作《城市发展史——起源、演变和前景》中更是指出了城市是化力为形，化能量为文化，文化推动着城市向前发展[145]。

在基于文化与城市环境的研究中，阿莫斯·拉普卜特（Amos Rapoport）在《城市形态的人文方面》一书中，对人类与环境的相互关系进行了阐释，指出城市空间环境的营造与地域文化具有紧密的联系。[146]而奥尔特曼和切默斯则提供了一种观察城市中（存在和发生的）文化与环境之间关系的方式。[147]沙朗·佐京（Sharon Zukin）1995 年在同样名为《城市文化》的著作中，分析了文化在美国城市的转型过程中所扮演的重要角色，指出在后工业时代文化生产与文化消费对城市更新和发展的促进作用，伴随着与城市经济关系的讨论，指出文化作为城市的一种发展手段具有了商品的特征。[148]

从文化的经济性作用对城市发展的推动来看，布尔迪厄（P. Bourdieu）提出了文化资本理论[149]，从社会经济学的角度对文化做出了全新的透视，指出文化就是一种资本，是提升城市竞争力的一种有效手段。贾斯汀·奥康纳（Jusin O'Connor）则明确提出城市文化资本是城市竞争中推动城市进步、营销城市的重要资本。[150]沙朗·佐京提出了"符号经济"的概念，强调了城市空间中文化对于城市经济发展的作用与关系[151]。迈克·费瑟斯通（Mike Featherstone）则研究了城市发展对于文化的运用[152]。而在国内学者中也有一些从文化的经济性作用出发的相关理论研究。张鸿雁提出城市的文化特色和城市形象构成了城市的文化资本，是城市营销与推动城市发展的重要资源[153]；曹仿桔直接讨论了城市政府运用市场手段对城市的文化资源进行运作和管理的城市文化经营手段，并将其同城市空间规划联系起来[154]；谢植雄分析了一座城市的文化经济与城市经济发展的关系，进而与促进城市发展的关系[155]，等等。另外，值得注意的是，利用城市历史文化资源开展城市旅游，引入大型文化活动或扶持文创产业也都属于利用文化的经济性作用促进城市发展，只是前者重在自身资源特点的挖掘，而后者需要更多依托外部资源的嵌入和推动，是可以从无到有全新创造的。

文化地理学作为关注文化现象在时间上的发展演化过程与在空间上的地域布局组合的一门学科，故从文化地理学与城市空间发展相关联的研究来看，也有一系列相关理论研究。20世纪80年代，英国文化地理学者杰克森（Peter Jackson）[156]建立了文化体验意义地图的概念，提出以空间和地域作为核心内容来理解地理学的文化进程。美国学者科斯科罗夫[157]从文化地理的视角看城市空间，提出经营群体对空间和文化的支配、控制、影响等问题。米歇尔（Mitchell）[158]提出文化是社会、政治、经济等各种关系的反映，具有中介、平台等空间隐喻，将文化研究空间化。而到了20世纪90年代，"后结构主义"文化地理学者强调主体的空间认同，强调主体话语性建构对于空间的影响[159]，这也反映出主体文化性意识对城市空间的能动影响与引导作用。段义孚[160]认为空间被赋予文化意义的过程就是空间变为地方的过程，是人主观影响与引导空间的过程。另外，在国内学者的研究中，周尚意指出在强调空间、尺度、时空观的新文化地理学中，空间景观分析视角与文化的空间性是其研究分析的重点[157]；而城市是文化地方尺度转换的一个重要层级[161]。李倩菁[162]从新文化地理学视角以广州为例开展了城市公共空间分析及其影响关系探讨。孔翔[163]基于上海田子坊的研究，从文化结构视角剖析了中国当下城市空间再生产过程。张敏以快餐店为切入点，分析了城市消费文化空间形成的机制。汤茂林[164]发展了文化景观研究的主题框架，从景观感知的视角分析了与空间的关系。张捷[165]研究了中国、日本一些城市街区书法景观的空间分布，分析了空间分异和变迁。窦文章[166]、王康弘[167]在分析文化传播的空间基础和扩散模式时，讨论了其在城市中的传播及对空间发展的影响。

（2）城市文化与城市物质空间的关系研究方面

20世纪60年代，类型学（typolegical studies）与文脉研究（contextual studies）兴起从文化的角度对城市空间理论进行阐释。罗西在《城市建筑学》

一书中，就把城市空间的关键结构要素和城市结构整体联系起来研究。

而文脉研究的目的在于创造具有地域特色的环境空间。舒马什（T. L. Schumacher, 1971）提出了文脉主义理论，认为文脉是人与城市和建筑之间的关系，是整个城市与其文化背景之间的关系。在艾普亚德（Appleyard, 1981）、里克·克里尔（R. Krier, 1984）、赛尼特（Sennet, 1990）等人的著作中，文脉研究都曾被广泛讨论。挪威的诺伯格·舒尔茨充分阐明了城市空间的场所意义。他提出在城市层面上，人是人与物理、精神、社会、文化等诸对象相关联而存在的。[47]凯文·林奇对城市空间的研究也涉及了城市文化的内涵，即意向标志多与其所在空间的文化积淀相关。[168]

在国内相关规划研究方面，朱文一[169]在其专著《空间·符号·城市——一种城市设计理论》中试图运用符号学理论和方法，进行城市空间分析，并以此为切入视角来探索城市空间的文化内涵。侯鑫[112]将城市文化系统与城市空间结构联系起来，分别从文化学的角度和生态学的角度去认识城市结构，提出了城市空间的文化生态结构。王承旭[170]认为"人""活动"和"场所"是形成城市文化空间的三要素：人是主体，也是文化等非物质内容与物理空间等物质内容联系起来的媒介；活动是媒介发挥作用的必要存在；场所是活动产生的空间需要。黄瓴[168]在其博士论文《城市空间文化结构研究》中，总结出了城市空间文化结构这一概念，提出从不同尺度的空间层级解析城市空间文化结构的途径，以西南地区五个城市为例，探索了城市空间文化规划的策略。董静[171]探讨了城市文化空间的构成，包括文化资源、文化景观、文化场所、文化氛围，分析了从社会、经济以及空间规划角度的文化空间发展战略。黄鹤[172]指出文化空间资源包括历史文化空间环境、文化功能设施、文化及创意经济空间、公共开放空间等，文化空间是文化规划的空间实践。沈璐[173]以柏林市为例，分析了当代文化产业发展对城市文化空间格局的塑造。顾宗培[174]分析了北京从古代、近代到当代、现代的文化资源分布，探讨了文化资源的城市空间格局特征，讨论了从城市空间规划角度对城市文化空间的更新利用策略。包书月[175]、张宝秀[176]分别从城市文保单位的空间分布和北京中轴线出发讨论了对城市文化空间格局的影响。

6. 城市社会空间与城市空间格局的相关研究

城市社会空间是城市中人们的活动及其关系形成的城市空间，这种由活动特征或社会关系界定的空间可以是社会聚集、交往的场所空间，可以是由于人群分异而形成的不同的聚居活动空间，也可以是"对象社会群体使用并感知的空间"。[177]

在关于城市社会空间与城市空间格局的相互影响与相互关系的研究中，国内外形成了一些相关的理论成果。在国外相关研究方面，列斐伏尔（Lefebvre）[178]、哈维（D. Harvey）[179]等学者提出社会空间统一理论和社会－空间相互作用。前者认为空间是社会性的，体现了社会的生产关系；后者则从社会制度与社会关系上来解释城市空间结构变化。索加（Soja）[180]提出社会空间辩证法的理念来研究城市物质空间与社会空间的关系，指出社会活动与城市（物质）空间发展是双向互动的。诺克斯（Knox）[181]分析了城市空间与社会环境的关系，认为社会和文化力量在城市空间发展中与之不断相互作用，也直接影响了城市空间格局的演变与形成。马克·戈特迪纳（M. Gottdiener）[182]从马克思主义政治经济学的视角探讨了经济性要素引导下的社会性生产活动对于城市及其空间发展的作用。佩克万斯（Pickvance）[183]围绕社会关系对旧城更新的影响进行了研究，指出物质空间更新要解决的核心关系是围绕公共资源的社会关系平衡。简·雅各布斯（Jacobs）在《美国大城市的死与生》一书中[184]，批评了忽视社会空间组织的城市物质空间更新改造对社会关系与社会公平的破坏，指出城市空间的更新与发展应重视社会性的问题。斯克内尔（Schnell）[185]则从社会空间分异的角度，研究了社会空间结构对城市空间结构产生的影响。艾尔文（Elvin）[186]通过对社会关系结构引入因子生态分析，研究了城市空间形态。斯蒂芬（Stefan）[187]以意大利博洛尼亚为例，通过因子分析的方法研究了即使没有大规模拆迁更新情况下，城市物质空间变化依然会带来社会空间的改变，探讨了两者间的相互关系。

在国内相关研究方面，虞蔚[188]较早提出了城市社会空间与物质空间的相互关系，指出社会性内容的研究应用以指导城市空间规划。张庭伟[189]指出城市空间具有物质性和社会性，社会规划应与物质空间规划协调发展，二者是相互联系的。黄亚平[190]研究了城市社会发展目标同空间建设发展的关系，指出应重视公共利益、政策调控等社会性因素对于空间环境规划引导的积极作用，并结合相关案例研究探讨了社会发展目标引导下的规划技术性调控措施。柴彦威[191]围绕计划经济体制下形成的"单位大院"这一特殊社会空间关系，结合其变迁、发展等分析了其影响下的城市空间格局相关的变化。郭强[192]等从实体空间的对应、空间与社会的异质性、城市空间中的社会伦理关系等方面分析了城市空间与社会空间的关系，讨论了社会空间结构与城市空间结构的互动与关联。杨贵庆[193]从社会经济生活中的人群组织关系入手，分析这种

"社会生态链"对城市空间多样性的影响。金广君[194]以"社会—空间"辩证法为出发点，认为城市空间是表达社会生活与历史意义的文本，并基于此深化了对城市空间及其结构的认识。黄晓军[195]对城市物质空间与社会空间耦合机理进行了研究，分析了二者的互动与影响、空间耦合方式及引导调控。王哲[196]、黄晴[197]从社会空间公平的视角出发，提出了在这一目标指引下，城市空间规划应做出的改变，这种改变作为结果也会反映到相应空间区域的城市空间格局中。

7. 山地城市空间格局的相关研究

前文所述的城市空间格局相关的理论大多是针对一般的平地城市做出的理论研究和归纳总结，对于特殊地形状态下的山地城市空间的研究就相对薄弱。直接以山地城市空间格局为题的论述研究并不多，更多的是围绕山地城市空间结构、形态、发展、演变等相关研究的论述。

苏联的 B. P. 克罗基乌斯通过对大量山地城市实例的研究，总结出山地城市空间演变的规律，在《城市与地形》中阐述了城市与地形的关系，归纳了山地地形条件下的规划空间结构的集中结构、带状结构、组团结构等空间形态类型。[198]

20世纪80年代以前，中国山地城市规划主要是模仿和学习苏联的山地地形与城市布局、山地地貌形态与城市空间形态的研究手法，进而指导山地城市尤其是新兴工业城市的建设，实际规划建设项目众多，但理论研究与总结较少。直至20世纪80年代初，重庆大学黄光宇先生首创了"山地城市学"这一学科概念与框架，其编著的《山区城市的布局结构》一书系统阐述了山区城市的发展形式、结构形态、布局特征等；在其后《山地城市学原理》一书中系统地提出山地城市空间结构必须适应山地生态环境特征的规划原则，并就空间发展进行了深入的研究。

在黄光宇的山地城市学理论基础上，以重庆大学为主的研究方还形成了较多关于山地城市空间格局的研究成果。黄天其[199]通过对山地城市发展过程中自然、经济、社会人文等内容所发生变化的考察、对比分析，发现了山地城市发展中引发的综合生态问题，进而提出建立山地生态控制系统理论。黄耀志[200]从山地基本地形单元的自然生态特点出发，探讨了山地自然生态规划方法框架体系。王中德[201]对山地城市公共空间规划设计的适应性理论和方法进行了研究，讨论了山地城市公共空间结构的复杂性，提及了公共空间结构系统与城市空间结构的关联。吴勇[202]以西南山地中小城镇为对象，研究了山地城镇空间结构演变，提出了山地城镇空间结构图谱，分析了山地城镇空间结构的影响因素与演化机制。李云燕[203]在山地城市灾害与城市空间作用规律认识的基础上，从应对城市灾害的角度研讨了山地城市空间、城市空间形态的规划理论与方法。赵万民开拓了山地人居环境科学研究的新领域，在其主持编著的《山地人居环境七论》中[1]，以空间形态论就山地城市空间的生态格局进行了阐释，探讨了山地城市空间生态格局的要素构成、类型模式等，山地城镇化规划与设计空间格局优化研究是该理论研究的重要组成部分。

另外，我国还有其他一些学者关于山地城市空间格局开展了相关研究。徐坚[204]明确地以"山地城市空间格局"为题，从客观生态适应性入手，以滇西地区为例探讨了山地城市空间格局的构建。冯红霞[205]、孙结松[206]从山地地形下城市交通与土地利用协调入手，研究了山地城市空间格局与交通模式的关系。罗瑾[207]以重庆主城区为案例，通过多智能体（ABM）模型模拟分析，研究了山地城市空间扩展与空间格局的特征。

1.3.3　相关研究综述

1. 关于生态和谐理念的整体性研讨不完善

目前在城市规划相关领域，尤其以城市空间以及空间中要素内容为对象的规划研究领域中，对"生态和谐"理念的理解和运用大多局限在自然生态环境和谐美好，客观适应生态环境等方面，对于和谐理念中的主观能动协调探索相对较弱。部分研究则将生态和谐理念延伸到了城市规划制度建设、城市文化空间营造、城市中的社会经济活动等方面，但大多是从生态和谐理念的一个截面进行的探讨，缺少从整体性和系统性的视角来把握生态和谐理念在城市空间规划研究中的运用。

2. 关于城市空间格局的相关规划研究不足

一是城市空间格局理论研究成果大多还是基于平原城市，山地城市的研究相对还是较少。二是在城市空间格局相关规划研究中对于城市空间格局分层级的系统性研究分析并不多。三是对于山地城市空间格局相关规划内容还是以客观物质空间要素为主，而对其余如社会制度、历史文化等非物质要素对于城市空间格局最终形成的能动性影响的探讨还较少，且缺少从城市文化和社会学相关研究中抽取与城市空间格局发展相关联影响的内容。四是关于山地城市空间格局规划途径的探讨更多还是集中于空间格局构建,对城市空间格局的特征描述多,而从空间优化途径开展的论述还比较有限,未把城市空间格局的形成同其内部各个要素的运行结合起来,探究它们的相互关系和作用,并将其城市发展最终落实到城市空间地域上,落实到城市空间格局中各种要素的位置关系和协调适应上。

3. 将生态和谐理念同山地城市空间格局规划研究结合,能够弥补相关研究认识上存在的不足

从生态和谐理念的视角来探讨山地城市空间格局规划,能够全方面地分析城市空间格局构建中各因素的相互作用,加强对城市空间拓展中存在问题的认识,从而对其做出科学、合理的引导。有助于更加全面地认识山地城市空间格局问题,更科学、合理地分析山地城市空间格局各内容要素的相互联系与影响。有助于拓展山地城市空间规划研究的思路,为制订城市空间规划与规划管理的策略提供多种视角下的建议。

1.4 研究目的与意义

1. 理论研究目的

本书希望通过对相关理论文献检索、综述、归纳,围绕生态和谐理念将不同研究领域关于山地城市空间格局规划的理论方法整合在一个系统框架中。这个框架的目的是对山地城市空间格局规划研究进行一种归纳,并对其理论内涵做出一般化和系统化的解释,从而使之成为能够根据山地城市空间格局发展变化而进行规划优化的应用工具。在理论研究层面,提出生态和谐理念下的城市空间格局研究和规划思维方法;在实际操作层面,能够指导城市规划管理工作在其所能控制的范畴内实现对城市发展的引导。

因此,本书以生态和谐为目标,以城市空间为载体,对城市内部的一些城市现象及要素联系进行分析和解释,明确山地城市空间格局的理论特征完善追求整体生态和谐的机制。基于生态和谐理念对山地城市空间格局规划的研究,使我们能够从不同视角了解影响山地城市空间格局的因素,使我们能够有效地通过规划预置和过程引导,更为合理地适应客观环境,形成结果较优的山地城市空间格局;更加科学地主动引导山地城市空间格局构建与优化

方向，促使山地城市空间格局发展与社会文化相融、与经济协调、与环境共生。在城镇化加速发展阶段，为山地城市空间规划朝合理化方向发展提供思路。

2. 城市规划学科实践的意义

正如肯特所说："我们的后代更关心带给他们的是改善了还是破坏了的生活质量和环境，而不是关心带给他们的风格是后现代的还是解构的。"[208]当代城市规划生态化的实践也不再局限于物质实验性的，而是越来越重视城市综合环境内容。对于生态城市空间环境的要求也不再是绿色建筑与低碳排放，人文生态与社会生活的和谐舒适也被作为生态城市空间的重要内涵。与之对应，生态城市空间规划也提倡自然与人文统一协调，回归城市为人类发展、为生活服务的本质。

从过去以单纯的物质要素等"硬"性内容研究为主，转向社会文化及生态健康等"软"性综合内容的研究，当前城市规划学科发展方向发生了改变。基于生态和谐理念的城市空间格局规划研究的最终目的，就是要借助生态和谐的系统协调原理去调节城市内部空间的各种要素关系，通过规划领域内各种技术的、行政的和主动的、被动的引导策略去实现综合可持续发展，同时辨识并解决这一过程中产生的各种问题。把生态规划与"和谐"理念引入城市规划是从系统、动态和多维的角度研究分析城市空间格局构建的一种有效拓展。

3. 山地城市规划研究的积极意义

（1）自然生态意义

山地生态环境复杂而脆弱，人文环境独特而丰富，往往是生物多样性和文化多样性都需保护的重要地区。选取以山地城市空间格局系统为生态和谐的整体对象进行研究，修正了将对象城市范围视作一个抽象封闭单元的研究思路，注重了空间发展与环境条件间的耦合关系，这对于将环境可持续与城镇化扩展相融合，丰富山地城市规划设计理论具有一定的意义。

（2）社会文化意义

山地特殊的自然环境往往赐予了山地城镇别样的社会文化。"长期居住在山地的人们依靠其居住地创造、积累了久远的文化意义。"[209]作为特殊文化影响下的城市空间格局在山地环境下有其自有的社会文化适应特征，对其社会文化特征及文化影响的研究将为山地城市中的社会文化建设提供依据。并在

"客观适应""主动协调平衡"的原则下，讨论山地城市中的自然生态与社会文化价值，以及其特定环境中人的活动与城市空间的相互关系。

4．为解决重庆城市空间快速拓展过程中出现的问题提供建议

重庆城市规模的快速扩张，给城市空间发展带来了诸如城市生态资源遭到侵蚀、城市空间环境质量下降、历史文化空间受到损害等一系列问题。要解决这些问题，不仅需要城市物质条件的更新和改善，还需要物质环境和非物质环境的综合协调；除了需要引导对新的城市空间拓展过程，更需要对已有城市空间格局进行优化完善。生态和谐的山地城市空间格局规划研究，就是要将山地城市空间中的众多要素内容综合协调考虑，从物质空间更新、社会环境优化、空间文化塑造等方面综合推进，对内优化更新，使城市空间格局更加完善，对外科学引导，以期形成更加合理的城市空间格局。这一研究能够契合重庆当前城市空间拓展产生的一些问题，为城市规划建设提供有利的参考。同时，重庆是具有典型的山地城市特色，以重庆为案例进行研究，对其他山地城市空间格局研究也能够提供有价值的经验。

1.5　研究内容与框架

1.5.1　主要研究内容

论文在充分认识生态和谐理念内涵与山地城市空间格局特征的基础上，以生态和谐为目标，围绕客观适应与主观协调的内涵要求，结合山地城市空间格局的影响要素分析，提出适应自然环境、适应人工环境、基于文化性引导、基于社会性引导的四位一体的山地城市空间格局规划策略，旨在寻求建立一套优化山地城市空间格局、引导山地城市空间良性发展的规划方法体系。

从各个章节内容来看：

第一章是绪论。首先介绍研究背景，提出快速城镇化时代下山地城市空间发展面临的问题，以及重庆构建科学合理的山地城市空间格局的诉求，并指出了课题的主要案例研究是以重庆市主城区为对象。然后对论文提出的生态和谐、城市空间格局、山地城市空间格局规划等概念给予了界定与阐释，尤其是对城市空间格局的概念进行了不同于以往的、与相近概念的对比研究。

进而结合概念解析对"生态和谐"城市空间规划，城市空间格局规划两个方向的相关研究情况开展了研究综述。在章节的最后，指出了课题研究的目的和意义，以期为解决重庆城市空间快速拓展过程中出现的问题提供建议。

第二章是理论研究。首先是认识基础，提出山地城市空间格局与生态和谐理念的基本特征。其次是联系理论，围绕系统性的特征将生态和谐与山地城市空间格局二者统一联系起来，前者是系统的定性描述，后者是系统的对象内容。接下来在联系统一的基础上阐述了生态和谐的山地城市空间格局的规划解释以及客观适应和主观协调两大内涵。再次是构建理论，创新性地提出了生态和谐的山地城市空间格局规划的四位一体理念，即适应自然环境的规划、适应人工环境的规划、基于文化性引导的规划、基于社会性引导的规划；进而指出了理论认知，该规划理念是一种系统优化理念，是一种有限目标的规划。最后，提出了该规划理念应确定和遵循的四个原则，以人为本、整体协调、环境共生和动态发展。

第三章亦属于理论研究，是在四位一体规划理念下四个维度的规划影响要素研究，也是对山地城市空间格局规划内涵的深化认知与分析。本章从辩证唯物主义哲学观出发，依托生态和谐理念的客观适应与主观协调两个方面，结合生态和谐的山地城市空间格局规划的四个维度，将影响山地城市空间格局规划的影响要素总结为客观影响要素下的自然环境要素与人工环境要素的，主观影响要素下的文化性要素与社会性要素。进而围绕这些影响要素，分析了不同要素内容的空间层级性表现。本章对于每个要素的阐述都是围绕其在山地城市空间格局中的特点展开的，旨在为后文基于生态和谐理念从山地城市空间格局规划的四个维度展开山地城市空间格局规划策略方法的探讨奠定基础。

第四章到第七章都是规划内容与方法研究。第四章从适应自然环境的规划维度，对山地城市空间格局规划内容分别从宏观城市层级与中观片区层级进行了探讨。这种适应客观自然环境的理念下既有对自然山水、地形的保护与维系，也有在保护基础上对自然环境资源的空间利用，其最终目的都是使山地城市空间格局的形成与发展更加优化和完善。在本章的案例研究中，以整个重庆市主城区为例阐述了宏观城市层级应如何进行适应客观自然环境的山地城市空间格局优化；以重庆渝中区为例进行了中观片区层级的山地城市空间格局优化适应客观自然环境的探究。

　　第五章从适应人工环境的规划维度，对山地城市空间格局规划分别从宏观城市层级与中观片区层级进行了探讨。这种适应客观人工环境的规划需覆盖城市空间结构与发展模式的延续、当前城市空间形态与用地功能布局的优化、以及交通系统与历史文化遗存等诸多方面，其最终目的都是使山地城市空间格局的形成与发展更加完善。在本章的案例研究中，同样以整个重庆市主城区为例阐述了城市层级适应客观人工环境的山地城市空间格局优化，以重庆渝中区为例进行了中观片区层级的探究。

　　第六章从文化性引导的规划维度，通过分析文化性内容在城市物质空间中的反映，以及城市文化的物质表现对城市空间的引导作用，提出文化性引导维度下的山地城市空间格局规划。依托城市空间文化规划，指出了城市层级的规划侧重于城市空间文化结构关系，能够协调影响城市空间结构性内容的文化性空间，即城市空间文化主题区域的空间发展与结构关系；而片区层级的规划侧重于文化导向的空间营造，从而影响对象区域的城市空间功能、城市空间形态等。最后，分别以重庆主城区和渝中区为例，说明山地城市空间文化规划对于山地城市空间格局规划的协调引导作用。

　　第七章从社会性引导的规划维度，分别从社会公平、社会交往、社会安全（适灾安全）三个方面，探讨了社会性目标协调引导下的山地空间格局规划内容与方法。其中，社会公平引导对应空间公平规划，主要分析了山地城市中基本公共服务设施、基本社会活动与交往空间和居住空间关系的空间公平；社会交往引导对应公共开放空间规划，主要探讨了山地城市中公共开放空间系统规划与城市空间结构的关系，以及公共开放空间的规划引导策略；社会安全引导对应城市空间适灾规划，分别从城市层级和片区层级提出了山地城市中的空间适灾规划策略。

　　第八章是结论。在此概括总结了本书的主要研究结论，提出了论文研究的创新点，围绕生态和谐理念中客观适应与主观协调的内涵指引，构建了四位一体的山地城市空间格局规划体系框架。同时指出了研究在全面性和普适性方面还存在的不足，并从强化人的需求、进行时间维度的延展、构建山地城市空间格局规划优化理论体系、加强同现行城市规划体系结合等方面对后续研究进行了展望。

1.5.2 研究框架

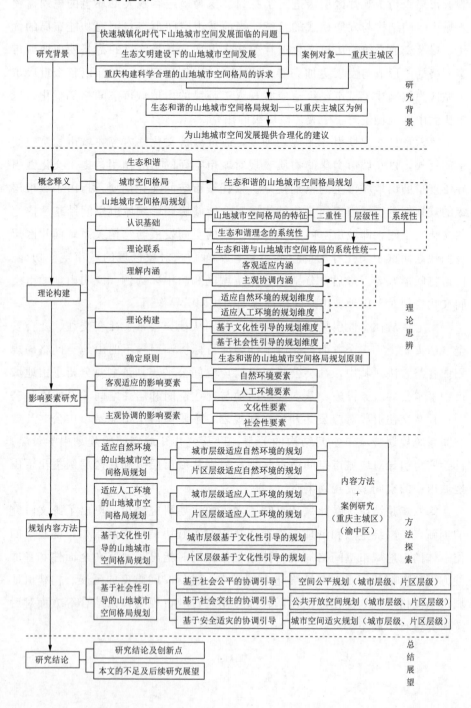

第二章

生态和谐的山地城市空间
格局规划理论构建

真正生态和谐的对象应是系统的，山地城市空间格局同样应具有系统性特征，分析探讨生态和谐理念与城市空间格局规划之间的关系，进而探寻基于生态和谐理念的山地城市空间格局规划理论，并构建其规划理论框架。

2.1 认识基础：山地城市空间格局
与生态和谐理念的基本特征

2.1.1 山地城市空间格局的二重性

城市空间格局既是空间物质要素的载体，又是空间关系的本体，具有空间的二重性。作为空间载体，它涵盖空间形式内容中的各种要素对象，是土地利用与城市形态的重要内容；作为空间本体它是城市中各种物质要素的空间位置关系及其变化形态，是城市发展程度、发展阶段与内容的反映。

1. 作为载体的山地城市空间格局

作为载体的城市空间格局就像一个容器，承载着诸多与其当前发展阶段相适应的空间内容和物质要素。随着城市的历史发展，价值观和物质空间内容的现实的价值就会发生变化，新的物质和空间要素将占领原有要素的空间，实现其承载内容的演变。

如何使容器更加合适，使城市空间格局不断满足城市发展过程中其间诸多内容要素所需求的生存和发展空间，使容器始终满足承载器物的要求，这也是当代城市发展中对空间格局规划优化的重要关注点之一。

在作为物质要素载体的城市空间格局中，如何最佳地布局其中的物质和空间内容，从而形成一种最佳的城市空间结构，是一个城市空间规划所应面对的问题。目的是使城市的用地布局更加高效、合理，城市的公共空间组织更加精彩，城市的文化设施最大效益地为市民所享受。

2. 作为本体的山地城市空间格局

作为本体的城市空间格局体现的是城市空间自身的形态结构关系，表现为城市空间结构、城市空间发展模式，以及城市中各种物质要素内容的空间位置及变化。还是用容器来打比方，作为本体它表现为容器自身的形象，比如说它究竟是圆筒状还是圆环状，是锃亮透明还是带有历史的斑斑痕迹。

当说到城市空间格局作为空间内容载体时，它就好比一个装珠宝的盒子，而当这个盒子也成为艺术品，就成了城市空间关系本体，有自己独立的价值与表现。但前提是盒子与所装的珠宝必定是内外相得益彰的高度协调。

2.1.2　山地城市空间格局的层级性

城市空间是有不同层次与尺度的，其内部各元素也有相应的层级结构。在关于城市空间设计的讨论中，对城市空间层次与尺度的讨论也非常多。例如 D. 马格文讨论了"城市设计在区域、城市、地区或地段的空间规模上作用"。[210]《不列颠百科全书》中关于城市设计的三个空间层次指："一是针对具体项目在特定地段空间上的形态设计……二是在特别界定出的一个片区空间范围内的整体系统设计……三是城市或区域设计，如区域土地利用、新城建设、旧区更新改造保护设计。"[211]这里面包括了从特定地段尺度到整个城市尺度的研究。综合而言城市空间的层次基本上可以划分为宏观城市层面、中观片区层面和微观地段层面三类。[212]

由于城市空间格局规划是基于城市空间及其要素内容开展的，故我们引用城市空间的层次划分，将城市空间格局的空间层级划分为宏观城市层级、中观片区层级和微观地段层级。宏观城市层级城市空间格局是指整个城市（或分区）的城市空间结构、空间形态及其内部各空间要素内容与空间的关系。中观片区层级城市空间格局则比宏观城市层级城市空间格局低一个层级，是指通过城市功能、行政区划或环境因素（如自然山体水体等具有强烈空间分隔作用的要素）等方面界定出的具有较明显范围特征的城市片区的空间格局。微观地段层级的城市空间格局主要围绕特定项目、地块或管理范围，并结合其周边及所属空间环境构成，其空间尺度更低。由于地段级城市空间涉及的范围有限，是围绕着较为具体的建设项目、建筑群或开放空间而界定的，难以构成相对成体系空间格局关系，所以关注点也以空间内的具体要素的空间形态和布局形式等为主。同时，这种城市空间格局层级体现出一种明显的嵌套特征。以一个城市为例，它的空间格局层级就应该是依据城市空间的尺度范围，从"城市"尺度空间格局到"片区"尺度空间格局，再到"地段"尺度空间格局的方向，由大尺度范围向小尺度范围递归，并依序嵌套存在。

在地段级这一空间层级上，再使用空间格局这一概念的意义已不大，因此本次研究所提出的城市空间格局层级主要是在城市层级和片区层级。由于地段城市空间是城市和片区空间层级下的具体组成内容，因此在对于一些具体微观空间内容的探讨时也会涉及相关内容。本书中，我们以重庆市主城区为主要研究对象，整个重庆主城区的行政范围就对应于我们宏观层级的城市空间格局，之下则是与中观片区层级相对应，片区层面的案例研究我们均以重庆市渝中区为研究对象。

2.1.3 山地城市空间格局的系统性

系统论的创造者生物学家 L. V. 贝塔朗菲认为："所谓系统，就是由一定要素组成的具有一定层次和结构，并与环境发生关系的整体。"[213] 钱学森则认为："系统是具有复杂特性的对象，是相互作用和相互依赖的若干组成部分结合成的具有特定功能的有机整体。该对象可能是一个更宏观系统的组成部分，也可能具有多个亦能够构成系统的子项。"[214]

基于前文的概念解释，可以认为山地城市空间格局就是在特定的城市发展阶段的空间和时间背景下，综合了相互联系的、主观与客观等多方面因素的有机整体，是一个复杂的系统。运用系统思维来理清城市空间格局系统要素及其构成关系，有助于更清晰地对其开展研究。

首先，山地城市空间格局系统要素由城市的环境、社会、人文、建筑等方面的内容构成，每一方面又是一个复杂的子系统，这些子系统相互联系、相互作用，构成了城市空间格局系统的整体。从其运行、可持续发展所涉及的内容看，主要分为客观要素和主观要素两类。其中客观要素包括城市所在区域的自然环境要素和内部具体的自然、人工要素；主观要素则是人对城市的认知与改造的能力，城市中人的社会意识和关系。

其次，与所有的系统一样，山地城市空间格局系统要素的构成关系是指山地城市空间格局的客观要素和主观要素之间相互作用、相互依赖所形成的比较持久、稳定的关系模式。对该系统要素的构成关系研究，在于从总体上伴随城市规划与城市发展，调整城市空间的客观要素和主观要素的关系，从而实现城市空间格局中客观条件与人的需求相协调。

山地城市空间格局的系统性，也决定了其具有整体性、开放性和复杂性等特征。

1. 整体性

系统的整体性可概括为两个方面：一是系统整体是由系统构成要素组成的，整体不能脱离系统构成要素而独立存在；二是处于系统整体中的各个构成要素之间存在着相互作用，这种相互促进或相互约束的作用会产生积极或消极的整体效应。和谐的系统的整体性就是探讨这种积极的整体效应，要素间相互作用构成的整体大于部分之和。

城市是空间格局的系统性特征决定了其是"由相互作用和相互依赖的若干部分（要素）组成的具有确定功能的有机整体"。[215]借用生态系统的整体性观点，城市空间格局也是一种"复合生态系统"，它是各种"生态因子"①，包括人工环境和自然环境的各种要素普遍联系、相互作用构成的有机整体。这个整体包含主观与客观、外部和内部的相互关联的多种要素，而这些要素内容与发展目标共同组成了城市空间格局系统的整体性。

2. 开放性

从外部空间界定上来说，城市空间格局系统在其尺度边界上是开放的，其范围在很大程度上依据人们所研究的对象、内容，以及地域范围等来确定区域的。例如几个区域组团而成的城市片区，或是一个行政边界划定的城区都可以成为一个特定的城市空间格局系统。从内部功能结构上来看，城市空间格局的发展，是内部功能与结构之间的演进，是内部内容与外部对象的交换促进。任何一个被界定的城市空间格局，其实都是一个需要与经济效益、社会效益和环境效益平衡协调的系统，并强调过程与结构的相互作用。在发展过程中，内外功能结构不断调整，功能结构的不断调整又反过来影响了过

---

① 生态系统整体性观点原本是把世界看作"人—社会—自然"复合生态系统，它是各种生态因子，包括人工生态系统和自然生态系统的各种因素，普遍联系相互作用构成的有机整体。[216]

程的变化，这种紧密的关联也决定了其开放性的必然性。

3. 复杂性

城市空间格局系统包含诸多要素与关系，这决定了其内部系统的复杂性。这些复杂的内容可分为物质性的和非物质性的两类。就物质性的内容来看，它包含：空间形态——街道、绿地、建筑群等以一定关系组成的疏与密、开放与集中的城市物质形态；空间结构——交通组织、职住关系、绿地系统结构等城市内部基于不同类型功能空间产生的结构关系；功能结构——产业空间、交往空间、流通空间、游憩空间等不同功能的相互关联；等等。非物质性内容包括：意象格局——空间环境、空间形态作用于人所形成的空间知觉及心理表象；空间意义——空间作为场所的意义，对于事件发生的承载性（如在广场的集体活动），对于人行为的限定（如空间布局限定了人的出行方向、出行距离等）；等等。这些不同层面、不同内容间的相互影响、相互作用，构成了完整的城市空间格局系统。在城市空间格局系统的复杂的构成中，任何子系统的变动都会影响其他部分发生改变，各个系统之间的协调与整合又会带动城市空间格局整体的发展变化。

由于空间格局中的物质性与非物质内容要素较为复杂，而本书主要是基于主观协调与客观适应两方面来阐述生态和谐的山地城市空间格局规划，因此研究对象的选取具有一定针对性：物质性的内容集中于城市空间格局与山地环境适应性的相互关系，非物质性的内容集中于社会文化（山城的历史人文特色）与社会公平、社会交往等对于城市空间格局的影响。

2.1.4 生态和谐理念的系统性

一般系统论的创始人贝塔朗菲借用亚里士多德的著名命题"整体大于部分之和"来阐述其理论，已被系统科学界普遍接受[217]，系统作为一种思维方式和研究方法在理论研究和工程实践中得到广泛的应用。亦如席西民教授指出的，"和谐主要指系统内部诸要素、各子系统自身以及要素与要素、要素与系统、系统与系统之间互动协同，在横向的空间意义上与纵向时间意义上的平衡，系统事物与其所处环境内在与外在关系的协调，协同是使系统（事物）整体得到一个更优的结果。"[218]这表明，和谐系统其整体功能应大于组成部分功能之和，并能适应外部环境的变化，组成整体的各部分也能获得相对优于其孤立状态的结果。

生态和谐是指对象系统的平衡与稳定、协调与统一、有机与有序、自由与自然[45]，是对其所指特定系统的定性描述，是一种状态的描述，是系统发展的理想目标。"系统的生态和谐性是描述系统是否形成了充分发挥系统成员和子系统能动性、创造性的条件及环境，以及系统成员和子系统活动的总体协调性。"[22]

所以，生态和谐描述的对象关系不再是相对于独立和整体的关系，而是系统关系中的局部与局部、局部与整体的关系，而且是整体作用大于部分之和的。虽然生态和谐本身不是具体系统对象，但其描述下的对象应具有和谐的系统性特征。

2.2 理论联系：生态和谐与山地城市空间格局的系统性相统一

通过对生态和谐理念的梳理和山地城市空间格局的认识，我们可以从系统性的主客体思维方式来看二者之间的关系。生态和谐是从认识的角度，识别其理念下不同的切入方式，山地城市空间格局则是从具体对象的角度，表现出不同的要素内容；将二者统一，用生态和谐理念去指导山地城市空间格局规划则是从实践的角度去运用其理论，实现从理论到实践，获得最佳的结果的过程。

2.2.1 统一的基础——生态和谐与山地城市空间格局的系统性关联

山地城市空间格局作为一个系统，包含主观要素与客观要素的关联与统一；生态和谐作为一种整体性的和谐理念，描述了一个涵盖客观适应与主观协调两大视角的和谐系统。我们可以在系统性的认识框架下，将生态和谐理念与山地城市空间格局相结合，将生态和谐的系统的内涵视角与山地城市空间格局的系统要素相对应，即将山地城市空间格局视为整体，从其客观要素的适应与主观要素的协调入手，促进山地城市空间格局向着和谐的系统发展，进而探索一种山地城市空间格局规划的新思路。

2.2.2 统一的结果——生态和谐的山地城市空间格局规划

生态和谐理念强调一种整体思维的系统观，也是一种现代哲学思维模式的系统世界观，表现出"从静态走向动态，从绝对走向相对，从分析走向有机综合"[219]的特征，城市空间格局的发展亦清晰地体现了这个变化过程。

生态和谐作为一种和谐系统的描述，一种系统状态的理想目标，包含了协调与适应、有机与有序、自由与自然，其理念描述下的山地城市空间格局规划应是基于人与环境和谐共存的规划，是城市空间格局中"人、居、环"不断协调、有机进化的过程。它努力协调人与环境的关系，强化自然环境的保护和再生，充分考虑环境容量，避免环境过载，发挥环境特性，优化环境景观；在尊重人工环境的基础上，继承和保护历史环境，适应城市社会经济发展的需求，科学确定不同城市空间功能性质，在设计中巧妙地融入自然要素，活化城市的自然和人文景观特色。同时，努力提炼从过去到现在的山地城市空间规划设计中有益的规划要素，充分利用适应气候、节约能源、与山地环境相协调的地域性建筑技术，做好环境协同发展，保持城市和谐发展与持续增长的动力。

生态和谐理念描述下的规划还应是基于社会公平与文化尊重的规划。应遵循社会发展规律，优化重构社会空间秩序，引导建立有效的社会管理体制，保障社会安全，消减社会矛盾，推动社会公平。同时，重视城市历史文化遗存的保护与城市文脉的延续，打造表现当代民俗文化和行为景观，塑造特定的文化氛围与场所精神，满足市民的行为心理特征和历史情感，为居民使用和社会交往提供多种可能。还应从人的生理、心理和行为需求出发，对城市生活和工作空间进行有机整合，从而使城市更加适合人类居住和发展，实现山地城市空间格局系统和谐的有机运转。

而从规划内容上看，生态和谐的山城城市空间格局规划，既有针对城市空间格局本体的规划，使城市发展更健康、城市空间组织关系更合理，比如城市空间发展模式的选择，城市空间结构关系的优化等；又有视其为载体，针对其内部要素的规划，包括城市功能用地、城市非建设用地系统、城市交通系统等。

2.3　理解内涵：生态和谐的山地城市空间格局规划释义与内涵

生态和谐理念下的山地城市空间格局规划，应是整体和系统的规划设计，并具有客观适应性与主观协调性。

2.3.1　生态和谐的山地城市空间格局规划释义

将整体设计视为一种规划理念，能够对复杂的生态环境问题与城市问题进行跨学科的综合研究，以城市与人（主观因素）、城市与环境（客观因素）相协调为目标，认识系统的整体性与层次性，明确人的活动与环境条件对于城市空间格局构建带来的影响和变化动因，并对具体的问题提出解决的方法。

生态和谐的山地城市空间格局规划作为一个整体和谐系统下的规划，就是应借助整体设计的理念，将城市空间格局所界定的系统范围视为一个整体，多要素、多视角地综合统筹，在不阻碍城市社会经济等发展诉求的同时，营造出并维系着和谐的城市空间环境格局。在宏观上体现为环境、经济、社会发展和谐，在中微观上体现为环境、空间、人的内在和谐，如麦克哈格所说："从两个方面来描述适应是有必要的；一方面环境是永远不断变动和不可能避免要改变的，同时生物的进化仍在继续着，但是这种进化不可能是自发操纵的。"[220]

从研究内容方面看，生态和谐理念下的山地城市空间格局研究关注整个城市环境中山地自然与城市的和谐以及社会与城市的和谐；城市化与自然资源、生态环境的矛盾；山地自然环境对城市空间格局的影响以及人对于城市空间格局形成的作用；从人类经济活动与自然界关系的角度，探索和解决人类的可持续发展问题；将城市视为一个整体，一个复杂的巨大的系统，综合分析多种影响要素；从主客观因素平衡协调的宏观角度，探寻一个相对较优、相对最为接近生态和谐目标的山地城市空间格局。

从研究范围方面看，生态和谐理念下的山地城市空间格局研究围绕但并不局限于传统物质性的城市空间，以更整体的视野扩大到山地城市空间中的各种关系，跳出就物质空间论空间关系的范畴，分析影响山地城市空间格局的各种要素及其关系，这也是当代山地城市规划研究的一种价值取向。况且，由于有了"生态和谐"这一定语，对山地城市空间格局的研究也必须置于生态可持续的背景下。

总之，生态和谐的山地城市空间格局规划要重视客观限制性因素与主观能动性因素在空间格局构建过程中的作用，并强调主客观要素及其关系对城市空间的影响。生态和谐，表现为城市空间发展与环境的客观要素相适应、与人的主观因素相协调。（图 2-1）

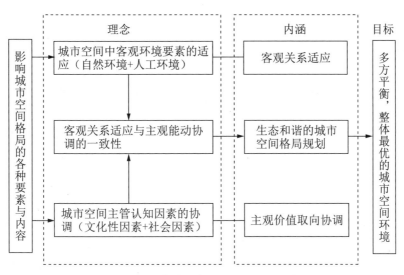

图 2-1 生态和谐的城市空间格局规划概念释义

资料来源：作者自绘

2.3.2 生态和谐的山地城市空间格局规划客观适应内涵

生态和谐理念下的山地城市空间格局规划的客观适应，就是针对山地城市空间格局系统中的客观要素适应协调，推动城市空间格局与环境的优化整合。气候、地形、水体等都是影响山地城市空间格局生态和谐的主要客观因素，其中自然地形是最根本的要素。它们对城市用地布局、城市空间形态、空间组织以及建筑单体的构筑都有重要且直接的作用，良好的城市空间格局构建是对客观要素的积极适应，同时也是对城市生态环境的整合。例如，为适应特定的气候条件，一个城市表现出的空间形态与空间环境共同形成整体的适应体系，就像湿热地区与寒带地区的城市空间格局表现必定不同。当然，客观协调不仅仅指自然环境条件等，城市空间中已有的内容与要素也是未来城市空间格局发展所需要遵循、协调与适应的。例如城市区域中的某些用地与基础设施永远或一定时期内无法改变，未来城市空间格局的优化就必须视之为客观存在并与之相协调。因此，对客观因素的利用与协调是达到生态城市空间格局目标的重要手段。

城市空间对其所处自然、人工环境的客观适应、协调，是城市生态和谐性的重要表现。一是空间性状的稳定性，即对一个变化不大的外部环境，空间总保持相对的稳定，以维持一个不变的内部环境；二是发展的适应性，在环境条件限制下，空间总是服从进化演变，即内部趋向于更好地适应外部变化。这种适应，亦是空间格局形态存在的根本，如带型城市走廊是对交通资源配置的适应；环形城市是对区域场地特点的适应。

2.3.3 生态和谐的山地城市空间格局规划主观协调内涵

生态和谐理念下的山地城市空间格局规划的主观协调，就是围绕山地城市空间格局系统中的主观要素，充分发挥其能动作用，进而推动城市空间格局的优化整合。打造一个生态和谐的城市空间格局，其最终目的是满足人的需求，包括生理需求和心理需求，这些需求将从主观上对城市产生影响。生态和谐就是要在现有环境和资源条件下使各种"条件"和"需求"之间达到平衡，实现平衡的过程就是依托主观要素如社会理念、文化认识等对人们的城市空间营造活动产生影响以及提出选择要求等。如日本建筑学界就强调城市构筑与营建活动要与城市人文环境相融合，要将融入城市和活化地域作为空间设计的相应对策。[221]城市生态学家理查德·瑞吉斯特就指出"如果生态建筑不同周边构筑物、公共开放空间以及整个社区功能融合在一起，还叫什么'生态'呢?"[222]可见，城市空间格局规划如果没有与城市人文社会环境相联系，就会失去其本身的环境意义。而城市空间格局最终的形成与优化还是人的经营（城市空间的政策制定、设计行为、建设行为、管理行为）以及在其间的各种活动的结果。

人类的定居及相应行为使其所处的环境成为聚居或其他功能的空间，空间伴随着人类营建活动而产生，同时也将社会文化特性融入其中。这个空间环境（如聚落环境、城市环境）因其与人类活动有密切而稳固的联系，而直接反映人的主观行为意图，它们所具有的功能由行为活动内容所赋予，也成了主观协调的生态和谐性表现。

2.4 理论构建：生态和谐的山地城市空间格局规划四位一体理念

生态和谐的山地城市空间格局绝不应是单纯的空间形体规划的结果，而应是人与自然环境、社会文化氛围、物质形态空间及其运作机制的复合表现，既有客观要素的物化特征，又有主观要素的精神特征。生态和谐的城市空间格局规划则是对其的适应性加以能动性优化，客观适应内涵主要对应的是山地城市空间格局中的客观要素，包括自然环境要素和人工环境要素；主观协调内涵则主要对应受主观意识引导的人类活动对城市空间环境产生能动性的影响，这些引导主要是社会性的和文化性的。为了使生态和谐的内涵更好地统一并指导山地城市空间格局规划，我们在这里提出生态和谐的山地城市空间格局规划是一种适应自然环境、适应人工环境、文化性主观引导和社会性主观引导四位（度）一体的规划理念①。具有四位一体的系统规划思维的山地城市空间格局才具有生态和谐的完整内涵。在四个维度各自向前发展动力的引导作用下，山地城市空间将在动态发展的过程中不断平衡、协调，呈现出适应当前发展形势的空间格局整体架构及其内涵要素特征（图 2-2）。

2.4.1 适应自然环境的客观适应维度

山地城市空间格局规划中的适应自然环境是指在刚性的城市空间格局营造中，注重生态自然思想，将自然空间和营建空间看作城市空间中不可分割的两个部分，认为自然空间与营建空间是一种相互促进而不是相互排斥的关系，二者在生态和谐基础上共同发展。对自然环境的客观适应维度的规划，是要将人、自然环境及其之间的生态关系体现到山地城市空间格局规划上来，而不是将自然环境作为城市空间的辅助性衬托。山地城市的基本特点在于其自然空间资源，但其自然空间资源的城市化又显现出更高的经济价值②，这是导致山地城市自然生态空间结构破坏和功能衰退的重要原因。适应自然环境，就是要把"自然优先"和"环境价值取向"落实到城市规划的过程中，充分

---

① 此处的维度概念参考了马修·卡莫那（Matthew Carmona）等在《城市设计的维度》一书中[223]针对城市空间的设计，提出从几个维度入手的概念。这里的维度不是数学与物理学中的空间维度概念，而是对于城市空间的认识、理解与引导的方向，是一种策略方法的维度。在《城市设计的维度》书中，作者提出了形态、认知、社会、视觉、功能、时间等六个维度，除时间维度外其余维度都可以通过城市规划行为直接作用于城市空间，或者得到城市空间的直接物质反馈。而在本书研究中，我们认为时间维度是贯彻于整个城市空间格局优化与发展过程中的，是包含于适应自然环境、适应人工环境、文化性主观引导和社会性主观引导四个维度中的。

② 例如重庆南山等"四山"之上开发高档住宅由于其优越的自然环境能够卖出较高的价格（土地出让价格也相应会较高），对经济利益的追求就会加剧对山体的城市化开发。

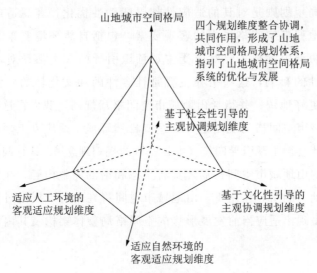

图 2-2　山地城市空间格局四个规划维度模型示意

资料来源：作者自绘

考虑山地自然生态关系，综合当地的自然禀赋特征、自然环境状况等多因素分析，形成适应自然生态的发展框架，进而使山地城市空间格局是生态和谐的，是目光长远的。

1. 传统山地城市空间选址的客观适应

（1）适应山水文化观念的选址模式

中国古代山水文化的认知中，就有关于住宅、村镇、城市等居住环境的基址选择及规划设计的理论与经验。传统山地城市选择营建之所通常都会留心"务全其自然之势，以期无违于环护之身"（《管氏地理指蒙》）的空间意念。营建空间与自然环境的契合，使传统山地城市实现外化空间形制与内在意境秩序的有机融合，如阆中城的"蟠龙障其后，锦屏列其前，锦屏恰当江水停蓄处，而城之正南恰当江水弯环出。"（参见《阆中县志》）

坐北朝南，负阴抱阳，背山面水，常常是中国传统山水文化观念中城镇、村屯选址的基本格局（图 2-3）。从今天相对"科学"的视角来看，这种传统观念模式下选址的城镇，其背山可以抵挡冬日北来寒流与强风；朝阳可以争取良好日照以及南向暖风；近水可以带来方便的水运交通及生活用水；缓坡就高可有效避免淹涝；山地环抱而易养树育林，有利于经济种植，并且能够获得较优的环境小气候。

52

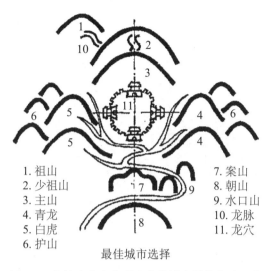

1. 祖山　　　　　　　7. 案山
2. 少祖山　　　　　　8. 朝山
3. 主山　　　　　　　9. 水口山
4. 青龙　　　　　　　10. 龙脉
5. 白虎　　　　　　　11. 龙穴
6. 护山

最佳城市选择

图 2-3　传统山水文化观念中的城市最佳选址示意

资料来源：王其亨. 风水理论研究 [M]. 天津：天津大学出版社，2005.

（2）适应地形地貌的选址类型

第一，山地城市依山筑城，开拓聚居空间，往往选择适宜建设的缓坡地形，沿等高线展开建设，既降低工程难度，省时省力，又可以避开滑坡、崩塌、洪水等灾害范围，传统城市空间格局依山就势，街道曲折环绕，房屋绵延错落，也形成了独特的传统山地城市风貌。山地城市依托山形常见的选址区位可以分为三类[197]：选址于冲（洪）积扇形地和缓山坡面（图 2-4）；选址于高阶台地、低丘山岗之上（图 2-5）；选址于低阶台地、山间谷地（图 2-6）。

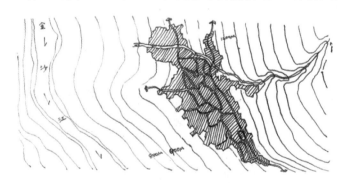

图 2-4　位于缓山坡面的城镇（云南巧家县）

资料来源：吴勇. 山地城镇空间结构演变研究——以西南地区山地城镇为主 [D]. 重庆：重庆大学，2012.

图 2-5 位于山岗台地的城镇

资料来源：吴勇. 山地城镇空间结构演变研究——以西南地区山地城镇为主［D］. 重庆：重庆大学，2012.

第二，山地城市多依山傍水，沿江河筑城，临近水源便于解决城市生活与生产用水，水运交通方便同外部的联系，也利于提供城市必要的物质基础。山地河流往往形成冲积河谷，沿河筑城的山地城市选址亦多与河谷有密切的联系[171]：选址于微湾顺直河谷的谷坡、谷底（图 2-6）；选址于曲折河谷的凸岸（图 2-7）；选址于河道的交汇处。

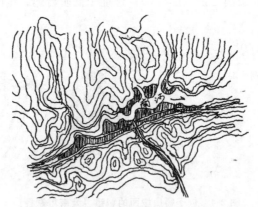

图 2-6 位于山间河谷的城镇（重庆开县）

资料来源：作者自绘

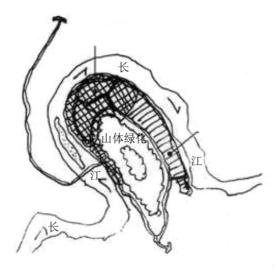

图 2-7　位于曲折河谷凸岸的城镇（重庆江津几江城区）

资料来源：作者自绘

2. 当代山地城市空间生长的客观适应

城市空间格局中的自然生态空间应受到重视，城市空间整体发展也应顺应自然山水条件。自然的山体、水系不仅能成为城市重要的景观与开敞空间，与营建空间共同形成山水相融的美好景象，还能引导城市空间格局的生长。

第一，突出生态协调发展的现实要求，构建与城市协调发展的自然生态格局。

山地环境区域的自然生态基质是维护山地城市发展长久活力的基础，是满足城市可持续发展的环境容量保障。山地城市空间发展过程中要努力保持城市空间扩张与自然生态环境之间的平衡状态，缓解日益突出的人地矛盾，遏制山地自然生态结构破坏和功能衰退。

第二，保证生态环境的调节和恢复功能，引导城市空间有序生长。

充分认识制约城市发展的各种生态因素，总体评估城市土地使用强度及城市化的生态经济性，选择生态高效的城市空间演进模式，建立综合的、联系的和动态的城市生态空间发展战略。在生态敏感性因子评价和分析的基础上，选择高质量和高效率的城市规模拓展方向，使得城市空间格局，在满足发展合力需求的前提下，适应所在的山地环境，并保留其生态规模效应。

第三，提高城市生态环境质量，将山地环境特色融入城市生活中。

山地生态环境已经成为山地城市竞争力的重要部分，山地城市对于社会经济生活的吸引很大程度上在于"碧水蓝天、山水相映"的魅力，山地城市建设发展必须重视环境资源的复合使用。如武汉众多山体、湖泊点缀城中，使城市展现出"襟江带水、山环水抱"的无穷魅力；重庆两江交汇、四山入城，使城市有了"两江四岸、大山大水"的雄浑气概。提炼这些山水自然环境特色，塑造亲切和谐的自然景观，建设宜人的城市环境，将极大地提升城市生态环境质量，突出人居环境特色。

2.4.2 适应人工环境的客观适应维度

城市空间格局的拓展过程，就是一个城市营建空间不断增加的过程。生态和谐的理念要求人们在改造城市空间时不能忽视已经存在的城市空间格局与物质空间环境。这些已经客观存在的人工环境就是城市空间格局规划客观适应维度下所必须协调平衡的内容，是城市空间格局拓展以及更新优化时所需要适应的。山地城市空间格局中对人工环境的适应既包括适应现有城市功能布局、城市空间形态、重要公共服务设施、重要基础设施等，还包括对山地城市特色的延续。

山地的地形地貌是山城最典型的特征，但是"山城"有"山"也须有"城"，山是山城特点的基础，城才是山城特色的表现，山城的卓尔不群，在于"山"的特点，更在于"城"的特色。生态和谐理念下适应人工环境的客观适应维度，就是要在强调对山地生态环境进行保育的同时，更注重对人工城市环境进行积极的适应、改良，从而形成具有鲜明特色的山地人工自然复合系统。这种山地复合系统不仅有城市空间功能特色，而且通过绿化渗透和生态补偿作用，强化特殊的山地城市肌理，恢复或强化山地城市本应具有的特色和活力，不致迷失在平原城市"平整"建设模式中。[224]

1. 适应山地城市的空间集约形态

山地城市由于用地条件的限制，往往会形成一些高度集约的城市形态，对人工环境的适应就需要充分考虑这一特征，在城市更新开发中将集聚与疏散相结合，选择合适的开发强度与空间分布。同时应适当加大适宜开发建设区域的规划建设强度，以满足城市发展对于土地和空间资源的需求，避免城市开发侵占更多的自然山体等生态空间。

山地城市中高度集约的空间布局也造就了山地城市层峦叠嶂的建筑群形态与起伏变化的天际轮廓线。天际轮廓线的变化往往也反映了一座城市的发展变化。适应人工环境就是要在新的规划建设活动中适应并进一步优化这些山地城市的形态特征，塑造更加富有魅力的立体都市。

2. 适应山地城市空间结构的发展模式

山地城市一般有组团发展模式、串联发展模式、环绿心发展模式、网络发展模式四种空间发展模式；典型的城市空间结构类型有 11 种，即集中紧凑型、组团型、带形、糖葫芦形、长藤结瓜形、绿心形、指掌形、树枝形、星座形、新旧城区分离形以及城乡融合形。[84]山地城市空间格局的客观适应维度下，新的城市空间格局规划应该因地制宜，充分结合原有城市空间发展模式与结构类型，即原有城市空间格局，延续山地生态空间对城市空间结构可变性的限定、促进城市组团跃迁式发展，在此基础上进行内涵式更新和外延式扩展，提高山地城市空间格局的适应性。

3. 适应山地城市空间特色建成区

发掘与评析山地城市空间特色资源现状、发展条件、影响范围及存在问题，通过易识别性、城市文脉、城市生活原型等理论实践，研究城市空间特色的类型，制定适应城市空间特色的规划策略。研究需要长期保留和保护的城市公共空间，如纪念广场、特色阶梯和街道、城市古迹等，进而确定远期发展与近期建设、规划控制与管理、项目策划与实施等规划工作。

2.4.3　基于文化性引导的主观协调维度

文化社会学认为城市空间中物质环境变化与文化领域之间的变化存在着关联性，在传统地域生活中，人们共同参与营建空间的活动，延续着传统的生态经验。"群体的行为和意识使传统空间聚落在整体布局上并形成了一种自觉的空间秩序，这种自组织性来源于文化的同源性和价值取向的一致性。"[225]山地聚落是人类聚居的重要方式，在山地聚居过程中，产生了丰富的山地地域文化，这也是当今各个山地城市独特的聚居文化底蕴的来源。

随着市场经济的发展与城市化的快速推进，山地城市空间格局也在经历着急剧的变化，城市更新拓展过程中，许多很有特点的地段逐渐"消逝"了，原有的山地城市空间格局也不复存在。生态和谐理念下的文化性引导就是要依托山地的聚居文化，围绕相关文化要素，充分发挥其能动作用，从而积极主动地引导山地城市空间格局的规划。这种生态和谐的山地城市空间会强化山地城市文化性的传承与发展。

当我们强调文化对城市空间的引导和影响时，也并不意味着空间形式完全处于被动地位，凭借其直观性和艺术感染力，物质空间形态同样具备对文化精神的调适能力。可以将这种调适模式理解为城市空间格局在不同历史阶段被赋予不同的意义：早期的城市空间更多是人们生活聚居和交易的地方；随着社会的发展，部分城市空间成为统治阶级用以炫耀功绩或彰显礼仪的场所，"非壮丽无以重威"成为城市空间的文化意义；礼仪性的传统空间可能成为当前城市的文化符号，那些普通的生活性的传统空间则又可能具有了传承和追忆的文化功能。严格地说，物质空间本身是不带倾向性的，但是由于历史或人为的原因，一些空间形式曾服务于某种特定目的，人们就会倾向于将它代表的意义专有化，久而久之，这种倾向就会被社会认同，这种认同使空间形态、形式及空间格局等具有了文化意义。新的物质空间形态、形式等也只有在人们从观念上接受它（定义它）以后，才具有了公认的文化意义。因此，山地城市空间格局规划中文化性的主观引导，同样也可以从塑造城市物质空间形象以及赋予物质空间文化意义上来考虑。

1. 山地城市空间中的文化特征认识

山地城市空间中的文化特征是人们在山地城市空间营建的过程中形成的，对山地城市空间区别于普通平原城市空间的独特内容做出回应的精神思想、观念意识和规则机制，包含适应性与对抗性理念、运动性与临时性思维、生活化与便捷化习惯三方面的特征。

（1）适应性与对抗性理念

山地城市中，山地地形环境对文化特征的产生和发展起着决定性的作用，从建筑单体到建筑群，再到城市空间组织布局，甚至人们的生活方式都是基于起伏的山地地形。在这种环境下人们在改造自然的各种活动中就被动或主动地形成了尊重自然地形环境的理念，表现出典型的适应性。比如道路布局方式呈现出垂直等高线、平行等高线以及"之"字斜交等高线等形态，建筑群体沿地形布局呈现出丰富的层次感等。

对抗性是人们同山地相对恶劣环境的对抗，是人们克服不便自然环境条件下的表现。地形的艰难使人们充分利用山间每一处可利用的坪坝、凿山成路、在深谷中架桥等，这种对抗的目的是获得更多的耕地、建筑用地，更大范围地拓展人们的活动空间。在对抗中适应，在适应中对抗，这种观念使山地城市展现出独特的山地城市文化特色。

（2）运动性与临时性思维

山地城市使人们身处高低起伏、层峦叠嶂的建筑空间之中，必须沿着蜿蜒曲折的道路到达不同标高的场地和建筑。地形的高差、逶迤的山形和顺应地形布局连续性的城市空间给人一种强烈的动态感，并暗示着一种运动性，使人对空间的体验也处于运动的状态。地形的起伏、道路的曲折导致人们在城市空间中行进时获得不断移步换景的视野变化以及视点变更，在连续的运动中获得动态的城市空间和界面对象感知。这种多变空间条件下产生的运动性，贯穿了生活在其间的人们的日常，影响并塑造着城市生活与环境的各个方面，并逐步形成了凝结在山地城市空间文化中的运动性思维。

运动状态中也包含静止，但在山地空间中这种静止由于地形条件限制往往呈现出一种临时性。平坦的场所有利于人们的停留与聚集，并因此而引发众多交往活动。由于山地空间中地形条件限制，平坦场地破碎且不足，而相对陡峭的坡度使得人们在行走过程需要较多的休息与驻足，于是人们便习惯了在行动与活动过程中因境就势的停留与休息，如连续梯道旁的平台、岩坎下的小平坝等。而场地空间环境的有限使得停留状态不能长时间持续，表现出运动状态中静止的临时性。

（3）生活化与便捷化习惯

生活化与便捷化的习惯是人们在山地城市空间中追求生活质量的结果。过去的山城重庆，因为技术条件和社会经济条件所限，在起伏山地城市空间中的住宅建筑面积相对狭小，带给人们的影响是生活空间不足。在这种情况下，人们便自发在有限的场地环境中利用建筑旁的各种空地拓展生活空间，如在紧邻建筑的街巷空间中搭建厨房、杂物间，利用建筑周边的阶坎、台地延伸室内空间等，还有利用地势稍低的房屋的屋顶平台作为露台，建筑以吊脚楼的形式悬出崖壁等。这些生活化的处理方式还形成了独特的建筑形态外观，丰富了街道空间界面，增加了街巷空间的趣味性。

山地地形高差的特殊性，使得水平方向上两处较近的空间点必须通过曲折绕路才能到达，这就大大增加了实际生活通行距离。而如果克服地形差距，直接在二者之间进行垂直交通，联系的便捷性就会大大增强。这使得山地城市中的人们会尽可能地强化空间交通的便捷性，比如通过台阶步道来联系山地环境中垂直方向上的各个空间，通过适合山地环境的交通工具如索道、缆车、电梯等来解决需要在水平与垂直方向上有较大空间跨度的日常交通问题。

山地地形条件对城市空间的文化特征表象产生了重要的影响，而这种文化内涵又反过来影响了城市空间的形成。在作用与反作用的过程中，山地城市空间的文化特征会得到了强化和突出。

2. 山地城市空间格局中文化性引导的发展取向

山地城市应该有其特有的文化，无论是历史悠久的还是新兴的，如果失去了文化底蕴，将那些外来的、不适合的空间文化形式毫无节制地纳入城市空间，就不可能把握山地城市空间中文化发展的时代意义。延续地域传统内核，加上对未来大众审美价值取向的把握，是山城城市文化引导的基石。随着人们文化认识和社会活动的变化，城市空间品质也面临着新要求，这将逐步溶解到山地城市的开发实践中。因此，我们可以从以下方面理解山地城市空间中的文化性引导的基本取向。

（1）文化发展的生态取向

山地自然生态的脆弱性与复杂性要求城市开发必须谨慎，应理顺空间效益与生态保护的关系，将山地城市整体环境特色理解为一种文化生态资源，确立合理可控的模式，从而提高城市空间的生态景观价值。未来山地城市中，人与环境的关系将成为识别、判断城市空间文化环境优劣的重要价值导向。

（2）城市生活丰富性要求

随着社会经济的发展，文化也成为城市生活消费的一部分，那种景观效果雷同单一的城市空间形象，不仅不能适应时代发展，也严重削弱了城市空间的可识别性。目前一些山地城市中引入的空间形式直接照搬其他城市，只看重形式，忽视城市生活的真实需要，缺少山地城市生活习惯的延续，效果就会不尽如人意。山地城市文化性的引导理应回归贴合山地空间的丰富性与生活习惯的独特性中。

（3）山地地域情感的回归

在山地城市空间格局积极发展的同时，文化性引导理应寻求与城市所在地域环境的内在结合。山地城市文化性的延续，应体现为居民对社会文化有普遍的认同感和归属感。遵循城市文化发展的脉络，使当代山地城市空间中文化的意义更加浓厚；从空间艺术到场所精神的培育，将使城市更加具有亲和感染力。

3. 山地城市中文化性动力对城市空间发展的促进

通过发掘城市文化特色与文化资源，展示城市特色，增强城市吸引力，增进城市可持续发展的动力，以及通过文化政策和文化产业带动城市空间的复兴与拓展，都属于以城市文化性内容为基础动力，促进城市发展与城市空间格局变革，也可以被视作文化性内容发挥主观协调引导作用的一种体现。

具体来看，这种文化性视野下政策与产业发展对于城市空间发展的主动引导，可以体现在以下几个方面。一是大型文化设施带动城市空间更新与发展，即通过大型展览馆、博物馆、艺术中心等"文化旗舰项目"来吸引资金和人群，带动所在区域城市用地开发，引领旧城空间更新或新城空间拓展。二是文化活动引导下的城市空间振兴，即通过举办大型文化活动包括体育赛事、节庆表演、博览会等吸引资金，促进地区经济发展，实现城市空间的改善。如从格拉斯哥 1983 年开始"格拉斯哥更好"的活动，旨在通过一系列文化活动带动城市旅游业，进而促进城市更新；伦敦通过承办 2012 年奥运会带动了伦敦东区基础设施改善与旧城复兴。这都很好地体现出城市结合文化活动带动城市空间更新发展的卓越成效。三是文化产业园区建设引导城市空间拓展变化。文化产业园区是文化生产或消费活动在城市空间内集聚的区域，往往是政策规划引导下有意识打造而成的，有产业型、消费娱乐型、艺术展示型等类型，体现了城市文化性相关政策对于城市空间开发较为直接的影响。比如，依托老旧城区、旧工业区打造的文创产业园能够成为推动城市复兴、促进旧城更新的重要动力，也直接影响着片区城市空间功能与空间形态发生改变；而在政策引导下，依托大学或开发区形成的高新技术与创新产业园区则会成为城市空间拓展的增长点，聚集人群、企业和消费市场，进而使城市在外延扩展过程中其空间格局发生改变。

而对于依托城市文化特色彰显出的文化性主观引导，针对山地城市来看，如前文所述，由于山地自然环境的影响，往往会产生丰富而独特的地域文化与时代印迹。围绕这些文化特点与历史遗存，利用市场手段的资本化运作来宣传和经营城市，能够给城市空间格局的内涵式更新与外延式拓展带来足够的动力，也能够强化山地城市特色。例如三维立体的城市特色以及抗战文化就是重庆城市空间特色营造与城市形象宣传的重点；山水城相融甲天下的山水特色则是桂林不二的城市名片，也是其城市空间格局的核心。

2.4.4　基于社会性引导的主观协调维度

如果说城市空间只是一个"潜在环境"，那么社会系统和使用者将决定其成为"有效环境"的程度（Gans，1968）。生态和谐理念主观协调维度下的社会性引导就是要使两种环境更加优化契合，通过加强对城市空间格局中社会性要素的关注，提升最终城市空间格局的社会适宜性。

这种关注与提升不仅仅强化了空间环境是社会群体使用并感知的社会空间构成，更重要的是促进了具有相应特性的社会空间与物质空间的耦合，在城市发展过程中，通过社会性的要素、功能等与物质空间内容的相互关系，实现社会性引导对城市空间格局发展的影响。

主观协调维度下社会性引导包含多方面的内容，既有从社会意识出发维护社会公共利益的社会公共性引导，也有通过政策制度管控而影响城市空间格局形成的制度性引导，还有引领城市空间格局发展的经济技术推动，而这些对于山地城市空间格局都具有主观能动的影响作用。

1. 社会性引导的公共性

社会性引导的公共性就是政府基于社会整体利益及公共利益，对城市空间环境建设进行干预，对城市空间格局的内容要素进行引导。其指导目标包括保证城市基本的物质资源，尤其是基本公共服务的供给公平，城市中公共交往活动的空间需求得到满足等。确立合理的社会发展目标，发挥积极正确的社会性引导，可以为城市规划与建设提供正确的行为导向，使山地城市空间格局发展及其内部空间要素内容的建设沿着良性轨道发展。同时，城市空间作为各类活动的载体，城市空间环境反过来又会影响居民的社会行为及社会活动，从城市空间的规划建设到城市空间格局的营建也都影响着社会性引导目标的实现。

2. 社会性引导的制度性

城市空间是具有社会性的物质空间，是政治、经济、文化等因素作用的结果，从其萌芽到成熟的过程中都受到各种管理制度的约束。[48]这使得我们必须认识到城市空间格局的形成机制在其社会制度背景之中，受到诸多政策性、制度性因素的影响。因此，城市空间格局表现出制度管理要求的维度。在一个法律法规相对完善的社会系统中，所提供的基质性环境决定了山地城市空间格局是多因素影响下不同社会主体管理与实施综合作用的结果。

从内容上讲这些制度性引导包括政策、法律、经济措施、实施管理手段等各方面，具体来说包括：制定必要的政策与法规，对山地城市空间拓展与空间格局的构建进行约束；通过经济奖惩措施促进城市空间格局中建筑群空间形态、功能用地布局等要素按要求发展；建立社会监督与参与机构，使城市空间规划结果为大众所接受；采取必要的实施管理机制保证规划过程不会出现大的偏颇。

3. 社会性引导的经济性

经济发展和技术进步是山地城市空间格局发展的推动力，也是创造新型山地城市空间格局的活跃因素。在不同的社会经济发展阶段，山地城市空间格局外在表现和内在要素内容都是不同的。

工业革命以前，由于经济活动与生产方式、生产规模有限，城市空间的演化处于缓慢的自然增长状态。工业革命后，社会生产力极大提高，工业化的大发展开始对城市空间发展产生深远的影响。伴随着社会经济的快速发展，工业化和城市化进程给城市空间格局的全部要素及其相互关系带来了深刻变化。城市经济的快速发展会促进人口和财富的聚集，而这些也反过来带动了城市空间的拓展与社会的繁荣。比如，城市人口的增长，客观上要求更大的生活与工作空间做支撑，这种对更多空间的需求则促进各种生产生活基础设施不断完善并逐步向外围延伸，也进而为城市其他功能空间拓展奠定基础，包括文化体育、物流仓储等。这种基础设施和城市功能的不断丰富完善，又会进一步增加城市吸引力，从而吸引更多的资金、人才，这些流入的资金和人口的需求又反过来推动城市空间优化扩展及其空间格局发生变化。有学者就依据社会经济与社会生产力的发展，将山地城市空间格局的发展分为四个阶段：[223]

第一阶段：依托自然的农耕时代。传统山地城市多被自然山脉水体所约束，城市规模较小，局限于固定的城垣范围内，城市形态呈"点聚"状，周围地形因素的制约力较强。

第二阶段：商贸活跃、进入初级工业时代。由于工商业进步带来的社会经济发展，传统山地城市空间不得不突破城垣的限制向外延伸。但由于山地地形的影响，城市空间格局往往呈现出较显著的中心与生长方向性。

第三阶段：工业化时代。随着第三产业的发展、人口的膨胀、城市规模的扩大，城市的部分职能开始向周边地区疏散，原来受地形限制隔山或隔江的空间被纳入城市发展范围，城市扩展方式由单一的渐进式转化为渐进与跳跃共同作用，城市空间格局的形式趋向于串珠状和组团状。

第四阶段：快速工业化时代到后工业化时代。如果城市经济活力进一步推动城市空间向外拓展，山地城市空间格局就可能出现两种变化。一是城市的蔓延扩张将围绕山体或湖泊等城市建设实在难以利用的区域，形成"环状"结构，如遵义、綦江的"绿心城市"（图2-8）；二是城市规模再进一步拓展，城市用地空间向更广范围的高程发展，逐渐形成城区延绵、分片集中的"多中心，组团式"空间格局，如重庆主城区（图2-9）。当然，如果任由城市无序地蔓延，城市建设用地不断侵占山体自然空间，山地城市也可能最终会形成"连片聚集"，而失去山地城市空间的特色。

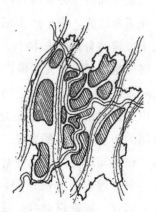

图2-8　环状绿心城市（遵义）　　　　图2-9　组团状城市（重庆）

资料来源：作者自绘　　　　　　　　　资料来源：作者自绘

另外，经济的发展伴随着技术的进步，工程技术的发展打破了许多山地自然条件的限制。城市建设遇山开路、逢水架桥，天堑变通途，众多山地城市脱离原有的建成区，向外围跳跃式扩展，形成多中心的环形、串联型、星座型组团式发展模式。山地城市空间不仅平面高速拓展，城市内部也开始集约化、立体化，城市建筑出现高层、超高层积聚布局的形态，地下空间也得到充分的利用。经济技术的发展，为城市空间格局的发展变化提供了物质条件，从这个角度也可以说经济技术引导了城市空间的发展。

需要注意的是，经济发展是城市空间格局发展的根本，经济性引导是城市空间格局发展的主要推动力和基础因素。不同于主观协调维度中的文化性引导和社会性引导的其他内容，经济性引导主观能动地影响城市空间格局的构建与内容，城市空间又会反向强化它们自身。同时，经济性的引导更多被社会经济发展的具体情况所左右，受城市空间规划行为的主观能动影响较少，也是城市空间规划难以直接作用的。因此，在本书后文基于社会性引导主观协调的规划策略方法研究中，不再论述涉及经济性引导的规划策略方法。

4. 社会性引导与城市空间格局的适应性

社会性引导的公共性、制度性、经济性内容根本上还是随着社会经济发展水平的提高而提高的，城市空间中社会群体的需求不断增长与变化，不同需求会对城市物质空间要素施加不同的压力和影响，促使城市空间格局及其要素内容的更新优化。当城市空间格局（物质空间内容）的发展无法满足其空间群体的（社会要求）需求时，社会群体的需求愿望就会迫使城市空间格局及其内容要素向有利于社会需要的方向发展。而这种发展就使城市空间格局能够不断进化以实现对社会群体要求的支撑，这种支撑也是社会发展的重要基础和保证。比如城市中合理的公共服务设施布局是满足城市生活正常运行的基本条件，如果这些基本内容都无法满足，城市生活发展必将受到限制；而合理的城市开发边界与空间结构关系，能够支撑和约束社会经济增量发展的用地空间需求和可持续发展。

所以从本质上看，社会性引导与城市空间格局及其要素内容在空间上表现出了适应性。在城市空间格局系统内部不同的空间区域中，城市空间的表现形式及其内部物质性内容的供给与社会需求相互适应，进而达到一种动态平衡的状态。比如一定时期内能够促进城市空间良性发展的制度政策，可能随着城市发展而变得不再合适，反而约束了城市空间进一步优化，此时的制度性引导内容往往会做出适于城市空间发展的调整；或者出于空间公平引导下布局的一些超前的公共服务设施，初期可能会显得浪费，但随着城市的发展，其社会公共效益可能会逐渐带动其所在城市地段的发展，进而在一定时期内逐渐达到一个相对适宜的城市空间状态。

2.4.5 四位一体理念的规划理论框架

1. 山地城市空间格局规划四位一体理念的关联性

系统要素的结构是系统内部组成要素之间形成的相对稳定的内在表现形式。各要素内容依托这个结构产生了相互关系，要素的有机组合促成了这个系统结构的诞生，而其一旦产生也会不自觉地成为串联各部分组成要素的骨架。在这个骨架中，不同要素之间的关联产生不同性质的功能（促进或制约），从而对系统骨架起不同的作用。

生态和谐的山地城市空间格局围绕客观适应与主观协调两大内涵，各要素之间通过相互作用而形成相互促进、相互制约的关联方式，形成了系统的骨架。第一，系统客观要素的关联方式表现为对自然的适应，对现有城市环境的协调，造就了和谐城市空间的营造方式。第二，系统主观要素之间的关联方式是城市空间内部文化性与社会性的反映，以及"人的行为"对城市空间发展与变化的影响。第三，系统主观要素和客观要素相互联系、相互作用，体现出系统结构的深层关系，形成山地城市空间格局自然性与社会性（客观与主观）的统一。

适应自然环境与适应人工环境，基于文化性协调与基于社会性协调，四个维度下虽然适应与协调的内容各不相同，但其作用必须是关联而统一的。山地城市空间格局本就是由自然、社会文化、人工环境共同组成的复杂系统，如果只是让某一维度单独发挥作用，而忽视了其余维度，显然无法实现生态和谐的目标。要使山地城市空间格局系统优化提高，使城市空间获得更为平衡与协调的发展方式，必须关联生态和谐理念下的四个维度：通过对社会环境的协调，把握时代脉搏和公共需求；通过围绕地域文化脉络的协同，传承文化风俗与历史记忆；通过适应自然环境，创造适合城市环境和资源条件的舒适空间；通过对人工环境的适应，强化城市空间特色与功能梳理。

2. 山地城市空间格局规划四位一体理念的动态性

城市空间格局一旦形成，将与所在环境及其内部要素不断相互作用，直到整个物质生命过程的结束（假设我们把一个地段、一个城市片区组团、一个城镇的消失看作一种物质生命的结束）。就山地城市空间格局规划而言，不能把城市空间环境看作静态不变的系统，应当预计和把握城市空间格局构建过程中的影响范围与产生结果，甚至有必要将其视为具有自身生命周期的系统。而根据生态学的观点，任何有机生命体在面临环境变化时都具备动态适应性。

内外环境与城市空间都是在不断发展的，不存在一个最终版的"完美生态和谐"的规划设计，不同历史时期、地域范围、自然生态差别下的目标规划应具有适合对象的个体性差异、匹配有时段和地段特性的发展特征。所以以生态和谐为总体导向的客观适应与主观协调的目标不是僵化的，四个维度下的适应与协调因素也是动态变化的。没有固定的规划，只有不停地优化完善，在动态中发展提高才符合生态和谐的城市空间格局规划的本质。

而从时间上看，任何系统都处于或快或慢的动态变化之中，要想促进山地城市空间格局的优化，需要客观环境变化与主观协调作用形成合力，通过相关要素促进下的不断动态演化，使系统整体内容与内部结构关系不断扩充和增加。

3. 生态和谐理念内涵与四个规划维度的整合释义

如前文所述，生态和谐的山地城市空间格局规划既要针对城市空间格局整体，又要考虑空间格局中的各要素，还要规划具有客观适应与主观协调两大内涵。客观适应的对象是对山地城市空间格局整体及其承载内容产生影响的诸多要素，如自然气候、地形地貌条件、现状城市建成环境等。主观协调是判断和协调城市空间中具有主观能动意识的人类活动对城市空间格局产生的影响，这种主观意识引导下的价值取向主要受文化观念、历史习俗、社会制度以及人们对于社会公平和社会交往的诉求等方面的影响。因此，从客观适应和主观协调的内容来看，可以用自然环境内容、人工环境内容、文化性内容和社会性内容四大类来概括。当我们将"城市空间格局的发展变化"视作主体对象时①，前两者内容是其发展过程中需要适应并面对的客观外部环境，具有客体适应特征；而后两者则是其发展过程中从内部诞生的动力，具有主体能动性特征。在服务于"城市空间格局的发展变化"的规划方法整合中，本书将基于自然环境和人工环境两方面的规划视角定义为客观适应的维度；而文化性和社会性两方面体现了城市空间格局发展过程中人类活动在主观认知下的引导性作用，因此基于该视角下的规划可以定义为主观协调维度。总体而言，客观适应与主观协调的内涵界定了影响要素的分析判断，进而梳理出规划维度与途径，规划途径与方法的梳理也是为了更好地服务于山地城市空间格局的发展。（图 2-10）

---

①　城市空间格局的发展变化最终还是由人的各种活动带来的，在这里我们也可以将"促使城市空间格局发展变化的各种人类活动"这一个整体概念描述视为主体对象。

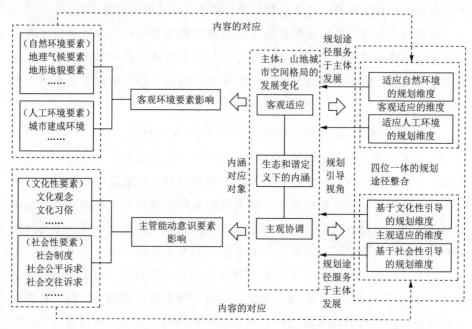

图 2-10 内涵、影响要素与规划维度的关系

资料来源：作者自绘

4. 基于二重性特征的四位一体规划理念

如前文所述，山地城市空间格局具有本体性和载体性的二重性特征。在面对山地城市空间格局本体时，四个规划维度的规划策略更加关注城市空间格局自身空间关系的组织联系与优化安排，研究侧重将目标城市空间格局系统作为一个整体对象进行解析、梳理；在面对山地城市空间格局作为载体时，四个维度的规划策略将局限在承载内容所在的局部空间区域，研究的侧重点将落到相对具体的空间环境营造中。

5. 基于层级性特征的四位一体规划理念

如前文所述，山地城市空间格局具有层级性特征，在不同的空间尺度层级下，四个维度的规划都有着相应的体现。

第一，规划内容的侧重点不同。城市层级下四个规划维度的指导方向更多关注城市整体性、结构性、系统性的内容，如城市空间结构的优化、功能布局的宏观统筹、城市空间拓展方向、城市总体自然环境与规划建设活动相适应等，范围相对开放；片区层级下四个规划维度的指导方向可能是城市层级研究内容更小范围的缩放聚焦，但更多的是关注系统中具体空间内容的优化与营造，对象与范围也更加具体。当我们以某个山地城市空间格局为对象时，结合其二重性特征来看，城市层级整体性、结构性、系统性的研究正是针对山地城市空间格局本体，片区层级下的具体内容就是其作为载体时包含的各个内容要素中的一部分。

第二，在规划维度的影响要素方面，不同影响要素在不同的空间层级中表现出不同的显著性。比如自然环境要素在城市层级和片区层级都是客观自然对象，区别仅在于对象空间尺度的差异；人工环境要素在城市层级主要是人工物质环境的宏观空间结构与功能关系表现出影响作用，在片区层级则主要是具体的物质空间环境内容的影响；文化性要素在城市层级和片区层级的影响来源是相同的（历史文化、社会习俗、文化观念等），区别体现在不同层级尺度视角下对于文化性人工营造所表现出的关注点的差异；社会性要素中的社会公共性内容在城市层级侧重公共资源规模、等级、配置等体系性内容的公平，在片区层级则侧重于共享、可达等使用性的公平。该部分内容在后文关于山地城市空间格局影响要素的研究章节中还将进一步阐释，这里不再具体展开论述。

6. 山地城市空间格局四位一体规划理念框架

生态和谐"既需要遵循各种自然社会规律，按客观规律办事，也需要主体从自身及其自然社会实际状况出发树立现代科学自然观合理改造客观自然。"[226]围绕生态和谐理念的客观适应与主观协调内涵，结合城市空间格局的层级性特征，以山地城市环境为基础，将适应自然环境、适应人工环境、文化性引导、社会性引导四个规划维度贯彻于城市层级、片区层级两个空间格局层级，我们可以勾勒出横向以规划理念维度为切入点，纵向以不同的空间格局层级为承载对象的生态和谐的城市空间格局规划思想框架。（图 2-11）

生态和谐的山地城市空间格局规划理论必将涉及多个学科，工作范围不仅涉及城市的物质环境设计和控制，还包括城市社会、文化和政策管理等方面。其理论框架体系的使用范围包括山地城市规划建设的各个阶段和地区。在此理论框架下城市规划研究就需要从自身学科发展的特点出发，围绕城市规划行为能够发挥作用的领域，把握不同空间格局下不同重点的要素内容，从双视角多维度思考问题，进而寻求山地城市空间格局的规划优化。

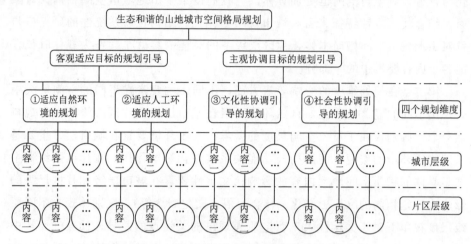

图 2-11　生态和谐的山地城市空间格局规划理念框架

资料来源：作者自绘

2.5　理论认知：生态和谐的山地城市空间 格局规划系统优化理念

生态和谐的山地城市空间格局规划的理论目标认知包含两方面，一是认识到该规划理念是一种系统优化理念，是一种寻求整体相对最优而非局部绝对最优的规划方法；二是认识到在这种优化理念下，规划追求的目标是一种有限的目标。

2.5.1　系统优化理念

山地城市空间格局作为一个整体性的系统，拥有多样化的问题与要素内容，系统内外环境，各个要素以及整体与局部间的联系、互动与影响，使得系统内部及其相关问题的处理具有矛盾性和复杂性，哪怕在同一局部空间内，诸多要素与环境的关联互动也会衍生出足够复杂与多样的问题。无论在何种空间尺度与层级下，生态和谐的山地城市空间格局规划所面对的问题都可能具有复杂性与矛盾性，对于各种矛盾的处理很难面面俱到，因此，应追求整体结果的较优解决。这使得从宏观整体系统视角下，处理各要素间的相互关联时要针对主要目标的优化问题，"达到次优而非最优即是现实的操作目标"①。同时通过逐渐的控制和改善趋向较优的结果，"在不使城市整体发展受影响的情况下，使城市格局本体及其承载内容逐渐优化"②。生态和谐的山地城市空间格局规划理念就是建立在这样的整体系统优化理论基础之上，其城市空间规划与空间格局控制与传统的城市相比，既有相同之处，更有着鲜明的个性，要结合它的特点遵循其特有的构建原则。

2.5.2　规划的有限目标

城市空间格局的规划同城市发展过程一样，并不是一个独立的阶段，而是一个不断完善的过程，需要我们通过城市发展的资源环境、结构容量、开发价值取向等多方面的动态平衡，来引导、控制寻求整体最优的空间结果。生态和谐的山地城市空间格局规划就是要在城市发展的整体背景下，把握山地城市的特点，通过分析城市的内在动因和外部诱因，为城市发展确定方向，在城市发展所面临的生态环境与资源再配置过程中寻找整体优化的平衡点，体现城市系统中的整体协调职能，最终达到保证城市环境特色，提高城市空间质量的目的。整体优化、相对较优，而非绝对最优的认识，决定了生态和谐的山地城市空间格局规划不能追求一个完美的目标，而应寻求一个有限目标。

2.6　确定原则：生态和谐的山地城市空间格局规划原则

山地城市空间格局是一个复杂的整体性的开放系统，是由各种相互联系、相互制约的因素构成的，是由自然空间环境、城市社会人文等空间功能整合形成的。在这个空间格局关系中，人始终是系统的主体，城市空间则是环境与社会功能关系的物质表达，这种物质实体空间就成为整个空间格局变化的

---

①　参照经济学家帕累托的优化理论，对于多目标、多对象的系统整体优化问题，需要各方都做出一些让步，达到一个多方都能够基本接受的结果，从而使整体问题得到解决。生态和谐就是一种多目标的综合，需要综合协调来获取次优亦是相对较优的结果。

②　参照帕累托的改进理论，放到山地城市空间格局中来看，就是在保证城市整体环境质量不下降，整体社会发展不受到阻碍的前提下，通过空间格局规划引导下的空间资源优化配置整合，使得整体或者某一方面变得更优。

直接表象。山地城市空间格局规划要在"生态和谐"这个总原则的基础上，针对不同环境和不同情况进行有效分析、调查、调适，面对规划与运行的种种问题，不断调整对城市空间环境和社会现状发展要求的适应性，进而围绕客观适应与主观协调的两大内涵视角，以及其下四个维度的规划理念，明确规划与遵循的具体原则。

2.6.1　以人为本原则

以人为本一方面是要发挥人在平衡自然、社会、经济等关系中的作用，以人的能动为主导推动事物的向前发展，这是以人为本的实现途径；另一方面是任何发展目标都要最终实现为人服务，而不能为经济而牺牲生态环境或是为了单纯的保护生态环境而损伤了人的持续发展要求，这是以人为本的实现目标。正如托姆所提出的，人才是价值的根源；只有人的发展，才应该成为所有计划目标的标准。[227]

人类造物终究是为人服务的，城市的诞生与发展终究也是为人的活动所服务的。城市规划的本质就是在空间上为人的发展提供支持，并服务于人向更优发展。[98]生态和谐的山地城市空间格局规划本质是要从人的角度出发去规划设计、研究城市空间格局，使其反映、包容、支持人的活动，并最终满足人的需求。发挥并强调人的主观能动性对空间优化的作用，注重人的生理、心理与所处空间环境的协调、平衡关系。

同时，生态和谐的山地城市空间格局规划作为一项公共策略，还应考虑公共的参与，充分体现当地居民的权利和价值。这样，才能清楚辨别不同使用者的环境需求，公正评价环境发挥作用的程度，并从专业的角度适应、整合、落实居民对空间、环境的要求。

2.6.2　整体协调原则

整体协调的主旨原则是促进城市空间格局系统内各个子系统协调运行，实现综合高效。借鉴"木桶理论"的形象比喻：一个水桶到底能装多少水，取决于箍桶最短的那块木板的长度。城市总体运行过程中，某一要素的问题就会制约整个系统效率。因此，在生态和谐的山地城市空间格局系统中，要特别注意全面协调和综合高效，避免出现这样的"短板"。

山地城市空间格局系统虽然包含一系列空间功能与要素内容关系，但所有关系都是要整合在相对完整的物质空间中才能发挥其具体功能作用的。这种整合与物质空间格局体系的层级尺度相对应，不同尺度的空间层级下，其整合重点也有所不同，例如城市层级下侧重空间发展模式与空间结构关系的整合，片区层级下侧重于空间形态与功能联系的整合。这种整合是否协调，是否有效率，直接影响了整个城市空间格局系统组织运行的和谐性。

另外，我国当前城市规划建设的设想往往是基于以往发展规律和技术经验的总结，难免具有一定的局限性，而由于规划者的时代属性，这种局限性也难以避免。就像曾流行于规划行业的一句戏谑："我们是在用今天的技术与想象规划十年、二十年之后的城市。"这种对客观规律认识的局限性，会造成空间格局系统设想的发展方式与实际建成运作模式之间存在较大差异，而这种差异在当时又会被忽视，直到一定时间后才会被意识到，而整个系统的运行已经受到影响。因此，"生态和谐的城市空间格局规划"的整体协调要尽量以系统实际发展的客观规律为基础，突破常规的思维惯性，选择真正适时适地、最利于实现空间系统内在组织协调与高效运作的整合模式。

2.6.3 环境共生原则

山地城市是以人工环境为主、人工环境与自然环境紧密结合的复合系统。从城市空间格局构建的角度来看，环境共生除了遵循与自然环境共生、与人工环境共生外，还应遵循与人文环境共生。与自然环境、人工环境共生就是要在空间格局规划营建中做好同自然和人工环境的客观适应，遵循城市的客观发展条件，保持和改善城市的自然环境生态。在前文关于客观适应维度理念的论述中已涉及相关内容，这里就不再复述。

与人文环境共生则是文化性与社会性主观协调的基础，主要体现在社会文化多元共生和尊重历史文脉两个方面。

从社会文化多元共生来讲，山地城市空间格局涵盖社会、文化、经济等内容的复杂性决定了其作为载体的城市空间中，社会文化必定是多元化的。现代商业文化、传统市井文化很可能会在同一个城市片区中存在，交相辉映，共生共荣，熙攘而嘈杂的现代化摩天高楼后面，很可能就掩映着一处生活祥和的老街旧巷。在生态和谐的城市空间格局中，其作为物质载体空间的构建必须能够体现这种多元的包容，营造出能够满足各种社会文化存在的空间土壤。

从尊重历史文脉来讲，城市空间的规划设计，以及其中包含的要素内容，就是要在面向未来的发展中表现出对城市文化的传承和对历史印迹的保留。而这种尊重的共生不仅仅在于物质空间实体及其格局的保护与维系，还有对居民传统社会生活的继承与尊重，从而使城市生活能够伴随着社会的发展而进步，却又不失去其特色文化与传统习惯。这在城市局部（片区、地段尺度）具体的空间规划营建中尤其需要重视。例如在澳大利亚悉尼岩石区的旧城更新中，不仅仅保留了历史风貌，使得这些建筑与街道能够向人们展示那段拓荒历史的痕迹，还留下了在这一地区生活的人们，他们在享受着现代化便利的都市生活的同时，也向人们讲述着昔日城市的故事与风俗。（图 2-12）

图 2-12　悉尼岩石区
资料来源：携程旅行网

2.6.4　动态发展原则

复杂系统的内部始终存在动态变化的过程与结构，结构是阶段性的，但过程是动态持续性的；这种变化的过程决定了结构的形成及随时可能的变化调整，而结构的不断调整也反过来影响了过程的变化。[216] 山地城市空间格局作为整体的复杂开放系统，除了系统内部持续存在的动态变化，系统及内部各要素与外部环境间同样保持着不间断的动态相互作用。动态发展就要求生态和谐的山地城市空间格局规划中要具有前瞻性，立足长期和渐进目标，避免短期行为。

1. 基于生态学观点的进化适应性

"物竞天择，适者生存"。自然生态的进化中，从种群到群落都始终存在着这样一个适应、进化、演替的过程。这种类似生态进化的适应与演进在城市空间中同样存在。在城市空间格局优化中引入生态进化适应的观点，就是要认识到伴随着社会、经济、环境的发展变化，城市空间格局系统也是会发生动态演变的，而非确定了就不变的，在城市规划设计中应当预判这些变化可能带来的影响和导致的结果，为未来城市的拓展变化留下充足的预备空间与发展可能。

所以说，在生态和谐的山地城市空间格局规划中，"规划都不应是最后的规划"，需要多因素、多视角，并结合当前社会经济与城市发展的历史阶段综合分析，认识到这是一个动态、连续的过程，每一阶段的规划与优化工作都是在前一阶段的基础上适应并延续的，并且考虑到未来发展的衔接与协调。

2. 城市物质空间发展的预见性

物质空间发展的预见性主要体现在基于土地利用的建设活动，比如过于紧凑而忽略留白的城市空间建设，就会给未来城市更新升级与环境优化带来不便，提高城市空间更新改造的成本；若能在城市规划设计引导中预先考虑留白，采用灵活、适应性强的规划布局形式，就能为未来城市空间的拓展提供较充足的备用地。在山地城市空间格局构建与优化中，结合自然山体的保护与地形地貌利用限制而打造或保留的组团间隔离绿地，就能够起到为城市未来发展提供一定规模的预留空间的作用。

3. 人文生态传承与发展

在人文生态传承方面，动态发展首先就是要用向前发展的思路来彰显历史文化传承，在新时代的城市空间中，保护、继承和发扬城市文脉。这种发展传承体现在物质空间表象上就是要挖掘原有历史与文化元素，使之与当今设计理念与营建技术相融合，体现在新的物质空间设计与营建上，理解过去，用于现代。比如在北京菊儿胡同危房改建中，吴良镛先生设计了一种"类四合院"的形态，在形式上与北京旧城胡同中的四合院保持一致，更重要的是在空间尺度上延续了老北京胡同街巷的肌理，将历史的形式与现代的功能相结合，能够有效保持城市空间中对于城市文脉传承的积极动力。在重庆凯旋路白象街更新改造项目中，建筑设计与街道尺度也延续着原有的旧城肌理，环境与功能动态更新的同时不忘历史文化的传承（具体可见后文 5.2.3 章节）。

"对于传统空间的更新继承不仅仅是物质要素的延续，同时也是社会生活与历史文化内容的发展。"[228]所以说，这种动态传承还体现在社会文化的内涵上，在城市更新改造，人民生活环境改善的同时，还要寻求更加贴近人民日常生活的空间规划引导，促进传统文化内涵融入新的社会生活方式，使其文化内核不会随时代的发展而消亡，始终具有向前演变的生命力。

2.7 小结

本章是论文的理论研究章节。首先，基于山地城市空间格局与生态和谐的系统性基础认识，分析了生态和谐理念与山地城市空间格局规划在系统性观点下是如何统一的。其次，对生态和谐的山地城市空间格局规划进行了理解与释义，指出了生态和谐理念下山地城市空间格局规划包含的客观适应与主观协调两大内涵。再次，本章进行了理论构建，提出了适应自然环境、人工环境，基于文化性引导、社会性引导的四位一体的规划理念，结合城市空间格局的层级性特征，分别落实到城市层级和片区层级，从规划维度和空间层级两个坐标方向构建出山地城市空间格局规划的理念框架；并明确了生态和谐的山地城市空间格局规划是一种整体优化理念，寻求整体优化、局部相对较优，而非绝对最优，是有限目标的规划。最后，提出了该规划理念应确定和遵循的四个原则，以人为本、整体协调、环境共生以及动态发展。

第 三 章

生态和谐的山地城市
空间格局规划影响要素

山地城市空间格局是自然环境、政治经济、社会文化等多种因素，通过相互组合、相互作用的方式，从不同方面、不同程度影响山地城市空间格局的形成和发展。不同的山地城市，其空间格局发展的影响因素也不尽相同，即使是同一个城市，在不同时期，在不同空间局部，影响因素的类型和数量也会有所差异。

影响城市空间格局发展变化的因素虽错综复杂，但总的来说，均可归为客观要素和主观要素两大类。客观要素，即来自城市内部固有的禀赋要素，分为山地城市的自然环境要素，包括环境容量、地形地貌、地理气候、用地条件等，以及人工环境要素，山地城市不同发展阶段人类建设经营活动的物质结果，包括各功能用地、基础设施、城市建筑等。客观要素是山地城市空间格局生成和发展的基础。主观要素，即山地城市的非自然力因素，是外部嵌入并能影响山地城市空间格局形成的要素，分为文化性要素，包括精神理念、地域习俗、文化观念等，以及社会性要素，包括社会制度、社会经济发展、社会公共环境等。主观要素是山地城市空间发展、形成的促因。

3.1 生态和谐的山地城市空间格局规划的客观影响要素

客观要素以潜在的方式影响城市空间格局，可能会因外部力量的嵌入或是其所在城市空间本体的变化而减弱，但不会消亡（无论自然环境要素还是人工环境要素，在局部变化中可能会消失，但在整个城市空间格局中不会完全消失），因此具有永久性，贯穿城市空间格局形成的全过程，它规定了城市空间格局发展的基本趋势和方向。

3.1.1 自然环境要素

自然环境要素是山地城市所固有的禀赋因素。比如不同的地理区位有着不同的自然资源与气候条件，这些是古代影响农业生产与发展的重要条件，进而影响了山地聚落的空间布局与区域分布；虽然对当今的约束力远远小于过去，但也影响着建筑形式、用地功能布局和组群形态。城市与河流、山体等特殊地形及环境相结合，多易形成独特的城市格局特征，如威尼斯的水网做路，遵义的青山入城，重庆的大山大水等。自然环境也很容易被我们理解为规划的客观先决条件。在山区的城市，很难建成一片开阔的中心广场；在沙漠地区的城市，很难做到全城绿意盎然。正是这些自然条件的限制，带来了不同客观适应性规划的可能性。

1. 地理气候要素

规划只有尊重客观的自然气候条件，才能在城市空间格局构建中做出合适的反应。正如建筑师米歇尔所说"一个处于热风、灰沙和灼热太阳下的国家（相对于大广场和大草坪）宁可要窄的街道，而不要别的"，不同气候条件下形成的城市空间格局特点是不同的。如湿热地区的城市空间多采用分散式结构，而寒冷地区的城市空间形态则多为紧凑式结构。气候对城市空间格局的影响是极其重要的，包括日照、气温、风、湿度、降水量等。其中，日照与风环境对城市空间的影响最为明显。

日照会对城市空间形态产生重要影响，不同地区对日照需求的差异使得城市空间形态、建筑群体组合都有所不同。比如从传统城镇街道形态来看，寒冷地区的城市以最大限度地获取阳光为出发点，重要城市开放空间都要争取朝阳；而炎热地区则以减少太阳辐射为目标，需要建筑之间直接更多的相互遮挡。风则对城市功能空间布局产生影响。例如，为了减少工业区对城市空气环境质量带来的负面影响，德国学者施马斯在1914年提出了根据主导风向将生活区布置在工业区的上风向的原则。另外，风对城市总体形态也有较大影响，静风频率高和多强风地区的城市建筑群形态表现也有所不同，前者需要有助于通风，后者则需要适当规避大风对城市带来的影响。

从气候条件的影响空间范围来看，可以分为三个层次[229]：地域气候（宏观地区大气候）、局地气候和微气候。从城市空间格局的范畴来看，地域气候是由客观自然决定的，是后两者的决定性因素，也是城市空间中气候问题的基础。整体城市的气候属于一种局地气候，城市范围内的微气候则指的是特定空间环境内的小气候。除了自然性的地域气候外它们还都与城市功能的空间布局、城市三维空间形态、城市空间开发强度等紧密相关。

山地城市区域往往因高度和地形起伏的影响而形成特殊的局地气候。以重庆为例，重庆位于四川盆地东部平行岭谷地区，地域气候属于北亚热带季风气候，气候比较柔和，湿度较大，多云雾。城市局地气候则表现为降水多，日照时间少，静风频率高。城市空间规划中对日照考虑就较少，而更多关注城市空间的通风效应。另外，在山地局地气候中，由于山岭与河谷等地形关系，山顶与山谷、迎风坡与背风坡，受气候影响也都不尽相同，这也造就了山地城市中微气候丰富的特点。重庆夏日闷热，被称为"火炉"，很大原因就是山地河谷气候造成的。

同时，城市局地气候除了自然地理原因，还有很大程度是由于有限的空间环境下大量聚集的人类活动及集中的城市建设人工环境而形成的。比如城市"热岛效应""峡谷效应"、通风不良、雾霾增多等就是集中城市化产生的各种城市气候现象。山地城市规划中对于地理气候要素的适应就需要充分结合自然地理气候，合理组织城市空间格局，尽量减少不良城市气候的产生。

2. 地形地貌要素

山地地貌类型是山地城市空格局规划、形成以及发展的基础。山地城市正是在不同的地形地貌基础之上形成自己独特的城市空间格局，城市空间格局明显受到地形地貌类型的控制和影响。例如重庆地貌以山地丘陵为主，主要沿江呈断续节地和缓丘平坝，城市扩展具有不均衡性、跳跃性和立体性等特征，城区跨河成两江四岸之势，江河地形既是城市发展的基础，又是城市发展的障碍；兰州地处陇中皋兰山北麓，黄河流经市区，城市空间格局沿黄河两岸发展呈带状。

山地地形地貌对城市空间格局的影响，多表现为四个方面：一是山地区域地形的海拔高度对城市空间格局生成的限制；二是地貌形态对城市空间格局生长、拓展的约束；三是地形空间三维性导致视觉距离与实际空间距离差异感对城市空间格局发展的影响；四是坡度地形环境对山地城市空间建设的限制，进而影响城市空间形态的塑造。这些影响因素相互交错共同影响山地城市空间格局的形成与发展。

（1）地形海拔高度对城市空间格局生成的限制

地形海拔越高，空气越稀薄，高到一定程度气候环境就会变得非常恶劣，因此人类生存活动的山地区域的海拔高度是有要求的。据道萨迪斯人类聚居学的研究：海拔3000米以上的地区不适宜人类居住，海拔1000～3000米高度可以居住，但居住条件差，世界上绝大多数人是居住在海拔500米以下的丘陵、平原地区。[230]这种地形海拔的限制决定了山地城市空间格局不可能无限制地在纵向海拔上扩张。

（2）地形地貌形态对城市空间格局拓展的约束

在山地城市中，地形地貌形态对城市空间格局影响最大，也是自然环境要素最重要的体现。地势高低起伏、地貌形态样式、山水空间关系等都直接影响城市空间格局拓展的形态表现及结构关系。它不仅从外部轮廓限制城市空间成长的形态，而且从内部结构和功能形态限定城市与环境的关系。"地形地貌对人居环境具有限制与聚合、限制与引导以及空间分隔的作用"[231]，这种山地地形的限制、引导及分隔约束和影响了山地城市空间格局的形成发展。

第一，限制与聚合作用。盆地、谷地等地形周边的山脉形成了天然地貌屏障，限制了位于其间的城市空间绵延式向外扩散的可能。而位于山顶平坝的城市则往往因为四周的陡崖而使城市空间被迫聚合向上和向内紧凑生长，平行向外拓展同样严重受限。因此，这种地形条件的限制和聚合作用促使城市空间具有较明显的边界，而这个边界就是山地地貌下对象空间单元的形态限定（图3-1）。

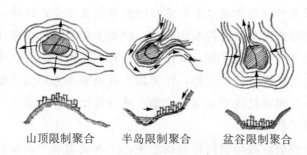

山顶限制聚合　　半岛限制聚合　　盆谷限制聚合

图3-1　地形地貌对山地城市空间格局限制与聚合作用示意

资料来源：吴勇. 山地城镇空间结构演变研究——以西南地区山地城镇为主 [D]. 重庆：重庆大学，2012.

第二，限制与引导作用。狭长谷地、坡地以及山脊等地形，一般具有宽度（两侧长边）方向的限制，这种限制也造成了在长度（两侧短边）方向显示出延伸趋势。比如河谷的谷地虽两面受山体限制，但随河流流向的方向则呈现出空间延伸态势。因此，带状地形的具体特征决定了城市平面几何形式，如单线型河谷城市，有的形态为"L"形，有的是"C"形等，交叉型的河谷地貌则形成放射形城市形态等（图3-2）。

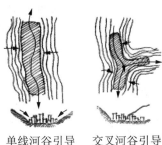

单线河谷引导　　交叉河谷引导

图 3-2　地形地貌对山地城市空间格局限制与引导示意

资料来源：吴勇. 山地城镇空间结构演变研究——以西南地区山地城镇为主［D］. 重庆：重庆大学，2012.

第三，空间分隔作用。由于山地地貌的特殊性，山地区域中适宜城市建设的用地会由于河流、峡谷、高山、崖壁等地形的存在被分隔开来，不易形成连续完整的空间。从平面上看，多呈现出多块散布的状态或带形、树枝形、三角形等不规则形态。在纵向空间上，山脊到山底、陡坡与台地的不同，使山地城市有了立体分隔的表现。

（3）地形空间三维性导致视觉距离与实际空间距离差异感的影响

山地地貌空间的三维性，将不同程度地影响山地区域的城镇之间和城市内部之间联系的时空距离。这种地形的阻隔，使得城镇之间或者城市各组团之间的交通联系不再近似直线，而是与地形走向密切相关的非直线（无视地形直接穿越的桥梁和隧道暂且不论），空间距离的判断也不能以平原地区的直线半径和两点之间最短的直线距离来确定，甚至可能出现视近实远，直线距离虽近但交通联系耗时最长的情况。这种空间联系的非直线性，影响了城镇或组团间联系的便捷性，也影响到区域城镇空间集聚效应，进而影响区域城镇体系结构的关系。例如在平原地区，假设一定区域范围内所有的城镇之间的相互联系都能以最短的直线距离联系在一起，在追求最便捷和最经济的情况下，将形成围绕城镇 G 为圆心，以 CG 之间的距离为半径的集聚效应辐射圈，构成以 G 为中心的圆形圈层空间结构体系。而在山地区域，由于地形地貌带来空间上的阻隔，城镇之间的相互联系则可能变成数条相对独立的线性

81

空间，而不是平原地区的中心型网络空间。这种情况下，联系城镇最多的那个城镇 C 则最可能成为该区域的中心城市，但 C 城对于其线性串联的城镇的辐射影响就会随着距离变远而减弱，其辐射范围内影响的城镇数量也会低于同样规模和区位的平原地区城市（图 3-3）。[202]许多山地城市不像平原城市那样有一个相对明显的城市中心，而是在不同组团中形成各自的组团中心，城市中心对各组团的辐射影响较弱，一定程度上也是这种地形空间三维性导致视觉距离与实际空间距离差异感的影响反映。

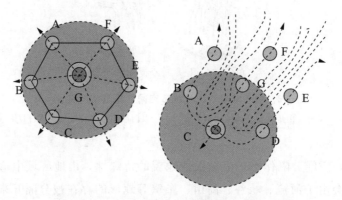

图 3-3　平原地区与山地地区城镇间的联系示意

资料来源：吴勇. 山地城镇空间结构演变研究——以西南地区山地城镇为主 [D]. 重庆：重庆大学，2012.

（4）地形坡度对城市空间格局建设的影响

山地地形坡度带来了城市建设的经济性问题，也影响了城市空间中的可达性，而且还因山坡地形服务半径椭圆化的特征而影响山地城镇公共服务设施的布局和服务半径。有相关研究指出，城市场地坡度过大，建筑物和交通道路的布置将受到限制，如坡度大于 8%，车行城市道路的便利性与安全性都会受很大影响；在 10%～50% 坡地上建设住宅的造价一般要比平地高出 4%～25%。[84]

B. P. 克罗基乌斯通在山地城市的研究中提出，山地复杂地形下的步行速度较平原城市更慢，且会给人带来更多的疲劳感，因此应充分考虑垂直高差及纵向坡度情况下的步行距离和步行环境，进而评价城市服务设施步行可达性的覆盖范围，以及步行道路的规划设计。[193]有学者研究了坡地地形条件下设施步行可达半径与城市道路坡度的关系，指出山地城市起伏地形条件下的设施步行可达性覆盖范围不是圆形而是椭圆形。设施的步行可达半径随着坡度的变化，由步行出发点至设施的方向与等高线方向的夹角也随之发生变化，随着坡度的增大圆形就逐渐变为椭圆形（图3-4）。[198]

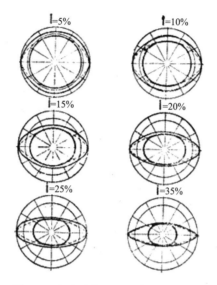

图3-4　山地城市可达性范围的椭圆化

资料来源：（苏）B. P. 克罗斯乌斯著，钱治国等译，城镇与地形［M］. 北京：中国建筑工业出版社，1982.

3. 环境容量要素

山地环境承载容量要素限制了山地城市的发展规模，进而限制了城市空间格局形成的规模。山地自然环境承载量对城市发展规模的限制主要体现在两个方面。

其一，在生产能力水平较低的条件下，自然环境可提供的人口生活资料的容量对城市聚落发展规模的限制。比如水资源容量是城市聚落人口规模的重要保障；对于农耕聚落，聚居范围内耕地的多少和耕地土壤肥力的优劣将控制其规模的发展；以矿产资源开采为主的城镇，其发展受到资源的储藏量的限制。对资源的有效利用和充分利用会使自然环境承载容量得到某种程度的提升，但不可能无限制地提高。

其二，自然环境提供可建设的城市用地容量决定了山地城市规模及空间格局发展方向。如盆地、湖盆、平坝中的土地，其用地平整广阔，可供城镇建设用地规模较大，而峡谷或山顶高地的土地，其可供城镇建设规模则较小。山地城市中可建设用地连片大面积集中分布较少，多呈现不规则形态与跨越

83

式组团散布，这也导致了山地城市多样化的空间模式与形态。因此，不同的自然环境条件下的可供建设的土地容量限制着城镇空间发展的规模。

4. 非建设用地要素

"非建设用地"主要是相对于高强度人工无机建材覆盖建设行为而言的，是强调自然特色为主的区域，[132] 而不是完全针对"城市建设用地"覆盖范围以外的非建设用地。山地城市中的非建设用地主要就是对城市建设行为产生限制和约束的山体、水体等，山地城市中大量非建设用地的存在，是青山入城、山水之城等特色的基底，也是山地城市空间格局之所以形成的保证。随着城市化的快速发展，许多山地城市中的非建设用地不断遭到侵蚀，指掌状、树枝状、组团状等城市空间结构特征日趋消失，山地城市空间特色受到极大影响。对于非建设用地，规划的客观适应很大程度上是要关注非建设用地的保护，保护城市绿色走廊，城市边缘的乡村田野，城市中的自然山体、水体、生态林地等，把城市建设对自然环境的破坏降到最低，使城市建设不影响山地空间特色，使城市空间格局的构建与优化是将非建设用地统筹在内的。

当然，对于非建设用地的自然保护并不是完全排斥"建设"，其中可以存在某些建设行为，但要注意以下方面：其一，这样的行为不是开发建设，而是以维护自然环境为目标的构筑活动；其二，这种建设行为是公共性的建设活动，但其能够尊重原有环境特征，不会对区域内的自然生态环境产生不可逆的破坏。

3.1.2 人工环境要素

无论从唯物主义哲学还是人文社会学的角度去看，自然环境作为客观对象要素都容易理解。而在本次研究中将人工环境视作客观影响要素主要是基于城市空间格局规划与发展的动态性，人们在针对城市空间的各种行为与改造活动都不能忽视已经建成的城市空间格局与物质空间环境。这些已经客观存在的物质环境应是城市空间格局规划所需要适应平衡的内容，新的人工环境的产生也是建立在充分适应并考虑旧有环境基础上的。

1. 城市空间结构要素

顾朝林先生曾指出，城市空间发展是一个历史沉淀的过程，城市空间结构的生长变化都不会脱离其原有基础，并且是渐进变化演进的。[232] 随着城市发展的历史演变，以及山地自然环境条件的客观限制，当前的山地城市往往都已形成结合自身特点的城市空间结构，比如重庆的组团状、乐山的环状绿心型、广元的带状、丽江的新旧分离型等。随着城市化的推进和经济的发展，城市空间还会有继续扩张的需求，此时的城市空间格局规划就必须充分考虑山地城市现有的空间结构特点，并在此基础上推进、引导城市空间的优化和完善，以形成更为科学合理的山地城市空间格局。例如绿心型城市应遵循原有环状结构，保护好城市绿心；新旧分离的城市继续走发展新城、保护老城的道路（图3-5）；组团状城市的拓展应以延续跨越式为佳，避免向内拓展侵占组团之间的生态空间（图3-6）。

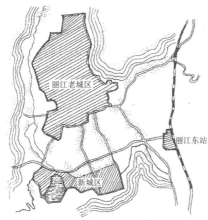

图 3-5 新旧分离型城市结构（云南丽江）

资料来源：赵万民等. 山地人居环境七论［M］. 北京：中国建筑工业出版社，2015.

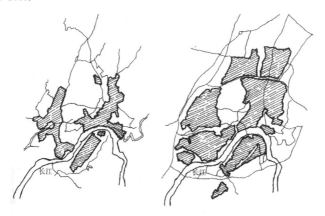

图 3-6 组团状城市拓展示意（重庆长寿）

资料来源：赵万民等. 山地人居环境七论［M］. 北京：中国建筑工业出版社，2015.

可以说山地城市空间格局的生长总是建立在已有的空间格局基础之上，是一个不断打破原有空间结构，建立新城市空间关系的过程，也就是说城市空间是一个基于原有形态结构渐进演化发展的过程。在这个过程当中，每一种空间形态与结构的产生，必然受到原有建成环境的影响和制约。

2. 城市空间形态要素

此处的城市空间形态要素是相对狭义的物质空间形态概念，是人们能够直接感知的客观存在，这种客观存在的现实条件必然会对其所在环境的未来发展产生影响。山地城市发展往往根据其自身情况、依托不同的自然环境、社会文化和经济技术条件，而产生不同的物质空间内容的组合形式与空间关系，从而形成千姿百态的山地城市空间形态。

"城市空间形态就是从城市空间的角度研究其形式与状态，其研究的内容是物质形态及其影响要素。"[54]山地城市空间格局规划的一部分就是对其内部要素城市空间形态的优化与塑造。从城市空间格局是城市物质空间形态、空间布局形式的体现这一视角出发，对山地城市空间格局产生客观影响的城市空间形态要素主要是建筑群空间形态和公共开放空间形态两方面。

（1）建筑群空间形态

在我国古代以农耕为主的社会发展时期，由于社会经济发展相对缓慢，城镇建筑群空间形态的发展也是一个漫长而持续的自然演化过程。山地城镇建筑无论是在城镇局部空间中的空间形态组合还是从建筑群体到单体的形态与风格的变化，都是长期适应山地地形与自然环境条件而做出的循序优化的选择。建筑技术与建筑材料的发展，建筑外形及细节装饰的变化也都反映出不同历史时期的特点。这种相对缓慢的发展进程使得一些建筑布局、建筑构造中的文化内涵容易延续，新建建筑与自然环境、既存建筑的协调融合也更加有机，这样有利于保证其整体风格的完整性，也有助于山地建筑中地域文化特点的传承。一是城镇空间拓展的需求受到自然地形限制，被迫依据场地条件生长，自然场地条件的多变造就了传统城镇建筑群体形态的丰富多样；二是由于地形地貌具有长期不可变性（尤其在古代改造自然能力有限的时期），故依托其而成的建筑群体风格在漫长的演变过程中，体现出相当的延续性。

随着经济水平的提高与工业化的进步，当代城市空间建设中商品化的集中开发模式代替了传统城镇以个人需求和经验为主体的个体自发性建设模式，山地城市的城市空间和建筑形态呈现加速发展的现象，大量不同类型的建筑物在相对短的时间内迅速被建造出来。当代山地城市建筑群空间形态要素的特征主要体现在建筑密度和建筑群形态两方面。

在建筑密度方面，由于山地地形条件的限制，适宜建设用地大面积连续分布较少，呈现出一定的破碎化。这就使得山地城市中的适宜建设用地上多呈现紧凑高密度开发，在部分区域则相对有机松散，形成"有机松散，片区集中"的形式。这种高密度集中在一些旧城中心区尤为明显，例如山城重庆，几个旧城核心组团的建筑密度相对整个主城区平均来看显著偏高[①]（图 3-7）。分片集中开发能够更好地宏观控制城市空间集聚程度，但集中区域的开

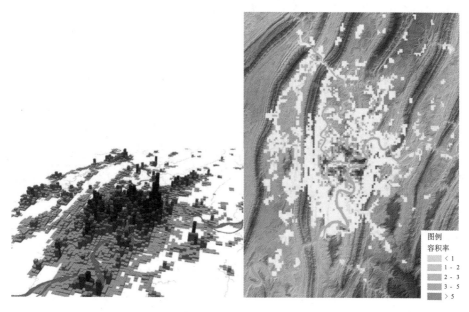

图例
容积率
<1
1 - 2
2 - 3
3 - 5
>5

图 3-7　重庆主城区建筑密度空间分布

资料来源：扈万泰，王力国. 重庆市总体生态城市格局构建及其发展规划策略［J］. 规划师，2014（05）.

发密度过高也容易产生空间环境品质下降、交通压力增大等问题。这就要求集中开发要最大限度地立体化集约利用土地，同时为了提高生态环境质量，应减轻城市空间资源恶性竞争和重复建设。

在建筑群形态方面，山地城市建筑群往往结合山地地形坡度形成层层叠

---

① 有研究表明，从整个重庆主城区（2008 年）建设用地范围来看，毛容积率不足1.0，而各个旧城组团中心区的毛容积率均在 2.5 以上。[233]

叠的退台式建筑群形态，并更多体现出点状垂直生长的特征。同时，局部高密度开发与纵向空间的利用也造就了山地城市变化丰富的天际轮廓线，这也是山地城市建筑群形态要素的重要特征。山地城市天际线一般有三种形式：一是"V"形波谷形态天际线，多为中小型的山地城市，常出现在盆地、谷地，新城在老城外围拓展，老城区被大量新型高层建筑包围，从而形成周边高、中间低的城镇天际线；二是"M"字形态的天际线，一般为双中心组团结构的山地城镇或者是双中心的带状城市，多为大中型山地城市；三是起伏的波浪形态，在大型山地城市中较为常见，由于山地地形中山体河流的阻隔，山地城市多出现组团格局，各组团发展形成各自的中心，并在中心区域出现高层建筑的集聚，整体来看就形成连续起伏的波浪形天际线。香港、重庆等大型山地城市都是典型的波浪形天际线。（图3-8，图3-9）

图3-8　重庆城市天际线

资料来源：重庆市规划展览馆资料图片．王正坤摄．

图3-9　香港城市天际线

资料来源：全景图片网（www.quanjing.com）

（2）公共开放空间形态

山地城市中的公共开放空间可分为节点性空间、线性空间和区域性空间，其中节点性空间主要是广场、小公园等交通性节点，线性空间主要指线性交通空间，区域性空间主要是绿地、公园等。其实，在没有限定范围的情况下，节点性点状空间与"面"状区域性空间是很难区分的，我们在这里简单认为面积较小的如街边绿地公园是点状公共开放空间，大型如城市公园是面状公共开放空间。

节点性空间的关注多集中在中观片区层面。从建设用地上看，自然环境的制约使得山地城市中的广场形态多变，呈现出不规则的几何形状，同时在边界上与周边界面呈现出错落相依；从地势处理上看，为了尽可能获得更大的使用空间，并减少工程土方量，山地城市中的广场一般会依形就势多台处理，一方面能借助地势形成的空间层次，另一方面形成丰富的空间序列。

线性空间尤其是主要交通线路的空间线性结构影响了城市空间结构的基本骨架，在城市空间拓展中，它也是率先伸向新空间的触角之一。许多城市在形成初期就是沿铁路或重要干道线性布局，有的城市则沿轨道交通形成"点—轴"式空间发展结构。而如巴西库里蒂巴市沿快速公交系统的轴线形成了城市主要的五条空间发展轴（图 3-10）。山地城市中线性交通空间的特点在于干道交通空间多平行于等高线延伸，支道交通间适应地形发展成自由的网络状，线性空间的交接大多自然而然形成。

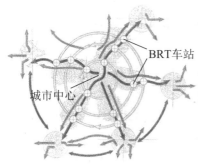

图 3-10 库里蒂巴快速公交系统

资料来源：［美］Robert Cervero. TOD 与可持续发展［J］. 城市交通，2011（1）.

由于山地地形环境的特殊性，在宏观空间格局中山地城市中绿地、公园等区域性的公共开放空间多呈斑块状分布。除了部分后期规划形成的公共绿地外，许多山地城市中的绿地和公园都体现了原生自然空间环境在城市建成区相对完整或部分的留存（因为伴随着城市的开发建设，绝对的原生态留存是不可能的）。例如重庆的鹅岭公园、贵阳的黔灵山公园等，或因为自然景观条件，或因为生态环境敏感，或因为坡度地形、地质等原因不能成为城市建设用地，所以刻意保留而形成的。在早期，这些自然空间的保留是因为技术条件的限制，而今则是城市发展和规划有意识地保留甚至是培育。随着城市历史发展的进程，它们往往被赋予历史人文价值，这也从另一方面强化其保留存在的必要。这样的格局构成是一种自组织演化与人为规划调控下相互适应的结果，所以我们将其定义为人工要素，生态和谐规划的客观适应目的就是要使这样的空间格局持续下去。

值得注意的是，由于用地条件的限制，在山地城市中不易拥有多处连续大面积的开放空间，而且"从微气候调节的视角来看，在一定的城市空间范围中，网络状散布的小型开放空间，要比几个（总面积均等的）大型开放空间的效果好得多".[234]山地城市空间格局规划中关于公共开放空间要素系统的客观适应还应注重将点、线、面空间系统优化梳理，形成合理的开放空间体系。如点线面结合的城市绿地系统，既能丰富城市生态环境，还能有效改善城市微气候。

3. 城市功能布局要素

城市一旦客观形成，空间格局中的各个组成区域就具有了相应的功能。随着城市的发展，生活、工业制造、商业购物、娱乐康体、公共服务等功能也日渐繁复，城市功能的综合性日趋明显。功能布局是随着城市空间演进在多方因素作用下逐渐形成的，而其形成又会对城市未来的规划、建设和发展产生客观影响。

由于山地城市生态敏感脆弱、适宜建设用地较少等原因，土地资源往往非常紧张，因此土地利用的高效与否非常重要。

其一，要科学控制城市用地扩张，保护城市周边的基本农田、生态绿地等非建设用地不被占用，避免粗放型使用土地的情况出现。

其二，追求城市土地的功能复合，通过"精明增长"式的内部挖潜来满足城市空间发展对土地的需求。一方面要在规划功能布局时注意山地城市物质空间的特点，对地上、地面、地下的隔层空间综合开发，对特定地段的各种功能进行合理综合，以充分提高土地、空间利用率，特别是重视地下空间与高层开发，这已成为高密度山地城市空间发展趋势。另一方面要从人的社会生活习惯、行为特征等出发以适应社会需要，尽量减少城市空间用地出现低效的时间段，塑造"二十四小时活力城区"。就如凯文·林奇所说，"一条现有城市空间中的街道设计，应是一种对于不同空间与时间条件下，对于其间可能存在活动需求的重新适应的探寻，我们可以将这种街道设计成适合游憩与交往的场地，重新注意开发利用屋顶、废旧建筑、街角边缘的零星用地等，也可以找到新的转换方式。"[235]

其三，合理梳理功能组团之间的关系。由于山地地貌的破碎性，山地区域的多数建设用地处于大小不一的相对孤立状态，山地城市中也往往形成一些空间边界清晰的功能组团。山地城市空间格局优化的过程中，需要处理好这些功能组团的空间结构关系。比如，新建的工业园区组团同现有城市综合生活组团的空间距离最好要在合适的通勤时间之内，污染工业不要位于生活组团的上风上水位置等。

4. 交通系统要素

交通方式与交通条件的发展，是引起城市空间变化的重要动力。古腾堡提出了可达性影响土地使用的理论，他认为城镇结构与成长发展可用"可达性"来解释，并很好地解析了交通发展在城镇空间演化中的作用。同时，他把活动的空间使用分为"分散性设施"与"非分散性设施"。如果运输条件好，城镇中生产与消费空间、公共服务设施等倾向于较集中的模式；若运输条件不好，则倾向于分散模式。[71]

（1）交通系统引发空间结构的集聚与扩散

城市内部空间结构演变起源于城市内部人类活动作用下的物质空间要素的变化以及各种物质流的转移。而这些人的活动以及物质流的转移都与空间的交通系统紧密相关。城市内部固有的空间中存在着各种活动，这些活动的空间分布往往与空间结构关系保持一致，并在该空间结构下的交通系统内产生交通流。交通系统的发展直接影响不同区位空间中活动发生的积极性，通常交通便捷、通达性高的区位会吸引更多的开发（图 3-11）。随着新开发的增多，新的城市空间活动也增强了，城市用地功能也随之发生变化，进而促进交通的发展变化。[236]

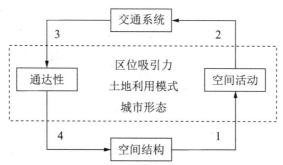

图 3-11 交通系统与城市空间结构关系

资料来源：参考郭鸿懋.《城市空间经济学》（2002）相关内容改绘.

（2）交通组织与技术促进城市空间格局的发展变化

交通组织与交通技术在城市规模和城市空间格局形成与发展的过程中发挥着重要的作用。山地城市空间结构形态在交通技术创新的背景下，遵循着团块状—放射状—环状—组团状的增长方式。[51]在步行和马车时代，山地城市空间格局的形成与发展取决于步行和马车的到达距离，城市空间紧凑而密集，城市规模较小，呈团块积聚状。工业革命后，随着铁路、公路等新型交通运输方式的出现，交通运量相较以前大幅提升、运输速度更加便捷，这就带动了工业、商业、居住等沿交通线聚集分布，城市空间发展呈现沿交通线路的态势，形成多条发展轴的放射状格局（图3-12）。在山地城市区域，由于山地地形条件的限制，这种沿轴向线性发展也呈现出不均匀的分布，并且产生一些聚集程度相对较高的发展节点，进而形成初步的组团状结构。随着城市化的拓展，城市不断向外生长，城市边缘区的道路网会不断完善，各组团间的联系通道也会不断增多，原有相对边缘的区域也会逐渐得到开发，在空间上表现为放射状逐渐消失，同心环状又得以重建，以及组团状特征减弱，空间逐渐粘连。山地特征下这种填充式发展到一定程度，城市可建设用地将无法满足城市的发展需要，就会以交通线为先导或沿交通线跃迁发展新的组团，此时组团状又得以重建。20世纪后，随着科学技术进步及交通工程技术的发

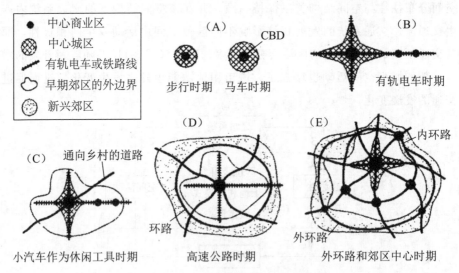

图3-12　城市交通与城市空间结构形态

资料来源：黄亚平. 城市空间理论与空间分析［M］. 南京：东南大学出版社，2002.

展，快速轨道交通、高速公路的建设，使出行频率、方向、距离有了巨大的变化，同时穿山隧道和大跨度桥梁的建设，也使得山地城市可以突破原有的地形地貌的限制，在原有的基础上实现跳跃式发展。原来几个相对独立发展的城镇就可能因为交通的通而成为一个城市的数个组团，整个城市的空间格局就发生了变化。

5. 历史文化遗存要素

历史文化遗存要素是指在城市空间中已经客观存在的文化遗迹、历史建筑、历史街区等，这些都是城市兴衰的印记，是城市文脉延续的重要内容。城市空间格局规划对于人工环境的客观适应中就包含对这些历史文化遗存的认可及适应。新的空间规划或优化必须与其相适应，配合其开展建设。

许多山地城市中的分离式结构就是在充分结合老城历史文化保护和山地用地条件限制下形成的，一方面最大限度地保护了历史文化空间，另一方面让新城的空间发展最低限度地受到老城保护的影响。这种老城以独立组团形式发展的做法主要是宏观城市层级客观适应规划，而更多的历史文化遗存要素是以历史街区、历史保护建筑等形式存在的，故在中观片区层级和微观地段层级中的城市空间格局规划要更多注意这一人工环境要素。例如在山地区域中，我国古代结合山地险要地势形成了许多军事防御的城寨、屯堡，尤其以西南地区为多。[①] 其中一些城寨遗址在城市发展的历史中被保留了下来，并且成为今日山地城市中的特色空间，如合川的钓鱼城、云阳的磐石城等。这些山地城寨是山地城市空间格局中的独有元素，也是所在山地城市的历史文化特色，因此，在山地城市空间格局规划关于人工环境要素的客观适应中需要特别的关注。

3.2　生态和谐的山地城市空间格局规划的主观影响要素

主观要素显性地作用于城市空间格局系统，是城市发展变化不可缺少的条件，有时甚至对城市空间格局的发展变化起着重大的作用。但主观要素会

---

① 例如，自余玠入蜀主事四川防御体系起，四川历年所筑的山城要塞有八十余处。（中国国家地理，2007 第 9 期）明代洪武年间起在贵州广设屯堡，围绕居中二卫、上六卫、下六卫、边六卫、西四卫共 24 卫形成大量屯堡。（《贵州通史》）

随着外部能动环境的变化而改变或者消失，因此具有阶段性。比如不同历史时期的同一个城市，由于文化观念的不同城市空间的特点可能会有所差异；不同时期的城市经济条件和城市政策实施同样会对城市发展产生不同的影响。

3.2.1 文化性要素

每个地区、每个城市都存在着深层次的历史与文化差异，它们的空间结构关系、形态等物质特征都蕴含着人们在此长期生活的行为方式和文化积淀。正如沙里宁所说"让我看看你的城市，我就能知道这里的人们在文化上追求什么。"[237]这一方面表明了城市是人类文化观念的物化表现，另一方面说明了人类集体意识对城市的巨大影响。比如传统西方宗教精神赋予城市宗教路径、空间和仪式广场等特征，而"天人合一"的朴素自然观念赋予了中国传统山地城市顺应自然的特征。城市自其诞生，就成为人类文化信念的物质载体。山地城市空间的深层结构也是精神文化传统、文化价值观念、地域文化习俗、城市历史文脉等文化的核心体系在城市空间格局中的物化表现，正是这只看不见的手为人类丰富多彩的城市空间安排了千丝万缕的连续和秩序。[146]这种存在于人们意识中的文化性通过人们的行为影响着城市空间的发展，生态和谐的山地城市空间格局规划必须遵循当地人群的文化观念，融合地域文化特点并不断调整，达到同步互动的良性循环，并能够借助这种文化的力量去实现引导城市空间格局规划优化的目的。

1. 精神文化要素

不同的精神文化要素是民族之间、地域之间、文化之间和人的生活方式之间的本质区别，是人们信念与地域特征相结合的产物，"所谓一方水土养一方人"，城市精神就是这种综合体。它既表达了人的价值取向和精神状态，也体现了物质文明的综合水平。城市精神代表了城市居民的整体价值观，是在长期的城市发展与社会经济发展，以及城市人群追求自身需求过程中提炼形成并持续演化的，并且因其具有群体性而表现出习俗性与继承性。生活在其中的人们都会自觉不自觉地参与城市精神的形成，并产生大量的需求表达，这种需求表达又直接或间接地影响城市物质空间的形成。

在城市的精神文化中，一部分是通过有形物质载体如建筑物、印刷媒体、电子媒体等得以记录、表现的文化；另一部分则以思想观念、心理习惯等形式存在于城市市民的集体记忆中。"以思想观念形式存在于市民大脑中的城市精神文化，如城市居民的价值观、道德信仰、传统风俗等，是指导、影响城市居民行为的规范准则，以及城市居民关于文化、道德等价值观念的心理要求。"[238] 某种意义上说，欧洲与阿拉伯世界城市空间中的宗教元素就是这种精神要素在城市中的物质体现，宗教元素不仅仅指宗教建筑与宗教活动本身，还包括精神寄托场所以及宗教活动所需的空间、路径、场所的序列性。

可以说，精神文化关系城市空间的深层结构，它通过影响人的思维方式、价值评判等影响人们的行为准则及日常行为方式，再进一步在城市空间规划建设活动以及城市发展过程中发挥作用。[112] 如果说传统的中华文化是中国传统城市的精神支撑与深层结构的话，那么近代中国城市中西洋建筑与欧式街区增多就反映出中华传统精神文化被削弱，反映出人们在审美方式上对西方建筑风格的艳羡，在生活方式上对西方生活方式的模仿。这也是一种文化影响在城市空间中的明显表象。因此，山地城市空间格局规划要主动探索规划对象的山地城市精神文化和城市居民的思想精神，并对其加以保护与发展，同时最大限度地发掘人们的需求，并予以满足，进而遵循并依托这种精神使城市空间格局规划更合理。

2. 文化观念要素

齐康教授曾指出："城市文化的特点，某种意义上是不同历史时期的不同管理者、规划设计者认知与素质的综合反映。"[235] 这些综合反映再加上城市使用者（如居民等）的集体意识、评价、习惯等，就形成了综合体现出的文化观念。这种文化观念除了受到历史传统、社会习俗、当权者意识的影响，还会随着新的科学技术、外来新文化理念的冲击而发生改变。自 20 世纪 60 年代开始，西方国家就开始出现关于文化要素对城市发展影响的研究，当时其关注点就在于空间的知觉图式与社会文化心理间的关系，将"空间"视为人们的心理性、价值观等社会文化因素下的产物，侧重城市空间与使用者文化背景之间的分析。例如阿摩斯·拉普卜特（Amos Rapoport）在《城市形态的人文方面》一书中，将城市空间环境同文化紧密联系起来，将环境认知当作环境形势与价值观之间的相互联系，并指出空间有比三维形体更多的特性，相同的城市结构在不同的文化背景下有截然不同的意义（图 3-13）。

摩尔（Moore）、塔托（Tuttle）和霍威尔（Howell）等人在 1985 年出版的《环境设计研究方向：过程与展望》一书中提出了描述环境—行为研究的一般架构，空间环境、使用者以及心理行为都受到研究者的重视，从中可以看到文化观念作为使用者的自身属性之一，对于空间环境营造的重要作

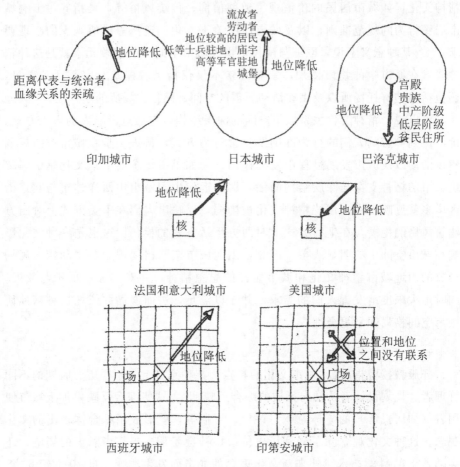

图 3-13 不同文化背景下城市空间位置与社会地位之间的关系

资料来源：A. 拉普卜特.《城市形态的人文方面》（1977）转引自黄鹤. 文化规划——基于文化资源的城市整体发展策略［M］. 北京：建筑工业出版社，2010：12.

用.[172]可以说在早期理论研究上，城市空间环境与文化要素之间的分析研究基本上是在持有同一价值观念的群体内部进行，关注的重点是文化价值观念同物质空间环境之间的关系，文化对于城市空间发展的意义更多体现在情感价值和美学价值上。而实际上，城市空间不仅仅表现为一种共享的美学体验和认知模式，而且是多种价值观念甚至权利相互撞击、相互协调的产物，城市空间格局体现出不同主题立意与文化价值观念。

根植于城市人群中的文化观念对城市空间格局的构建与发展产生影响，并反映到物质空间与空间行为上，从而形成了城市空间的文化特色：一方面其物质空间格局是城市历史文化传承与延续的表现，另一方面它伴随时代的进步和市民群体文化观念的演变而变化。山地城市空间营造中体现出典型的因地制宜、尊重自然的文化观和知行合一、遵循礼制的文化观。

（1）因地制宜、尊重自然的文化观

"天人合一""道法自然"的自然观，反映了人们崇尚自然、人与自然和谐相处，贯穿了中国古代山地城市空间营造的始终。《周易》中："形而上者谓之道，形而下者谓之器。"中国传统城市规划与营建中，城市物质空间内容的构筑就是"器"；通过物质空间规划、设计与营造形成的空间秩序、形态感等对于天地礼法的空间映射以及对于人的情感情绪的冲击、影响，可以说就是"道"。这种通过物质空间来表达精神与情感的追求，正是传统城市空间格局规划中许多伟大杰作诞生的原动力。山地环境条件下，由于自然要素更强，往往更能体现出这种"道"的精神内涵。

《管子·乘马》篇提道："凡立国都，非於大山之下，必於广川之上；高毋近旱，而水用足；下毋近水，而沟防省；因天材，就地利，故城郭不必中规矩，道路不必中准绳。"充分表达了城市与山水自然的关系以及空间格局营造中因地制宜的思维理念。这一方面体现了道法自然、尊重自然的文化观；另一方面是在当时技术水平有限，对自然改造能力不足的条件下被迫形成的相对合理的客观认识。济南城泉渠环绕，城北九山点缀，"一城山色半城湖""遥望齐州九点烟"的诗句既感叹城市与山水的和谐优美，又点出了城市空间因地制宜顺应自然的结果。重庆古城依山就势，尊重自然而建城，才有了"名城危踞层岩上，鹰瞵鹗视雄三巴"的雄险峻美。

西方古代城市空间营造也有类似的朴素自然思想，在其影响下，人们的活动也表现出对自然的尊敬与适从，在山地城市空间也更多表现出一种原始的、自然的和谐感。如雅典卫城对于城市与自然山体之间的共生认识、对于山体景观视点的把握；伟大罗马①的母城七丘之城，则是在七个山丘之间依势生长。另外，亚平宁半岛三面濒海而又多山地，其城市空间设计与营建中也多有尊重自然的文化观，强调通过地形、建筑、景观等来塑造有情感的空间。

①　取自"光荣属于希腊，伟大属于罗马"。来自伍德福特著、罗通秀译的《剑桥艺术史》的《希腊和罗马·中世纪·文艺复兴》分册，中国青年出版社 1990 年 1 月第一版中"希腊和罗马"卷首，题引了爱伦·坡的诗《致拜伦》，即作此译。虽与原诗意义不符，却是一个绝佳的误译。

例如罗马城中的西班牙广场大台阶就是城市空间中因地制宜的典范，三一教堂山丘下的137步台阶中广场与台阶相互穿插，整个空间景观视线良好，历史文化悠久，"情"（文化沉淀、历史氛围）"景"（山地阶梯空间）融合，成为全球著名的旅游景点（图3-14）。

图 3-14　罗马城西班牙大台阶

资料来源：梁雪，肖连望. 城市空间设计（第二版）[M]. 天津：天津大学出版社，2006.

（2）知行合一、遵循礼教的文化观

"礼教"在这里包含礼制、宗教等方面的内容；"知行合一"就是在礼教思想与理论影响下，人们的社会活动自觉或不自觉地遵从并与之统一。

中国古代城市空间的营造就深受礼制思想的影响，这种"知行合一"的礼制思想及建设实践是通过按照"礼制"来制定城市建设制度来实现的。如《周礼·考工记》中道："匠人营国，方九里，旁三门。国中九经九纬，经涂九轨。左祖右社，前朝后市，市朝一夫……"从曹魏邺城、唐长安、元大都再到明清北京等城市方正、规整的城市空间格局，宫城居中，中轴对称等都体现出非常典型的礼制空间秩序。而在古代山地城市中，虽然受地形影响，城市空间设计多因地制宜，空间显得灵活而"无序"；但其中往往遵循着礼制的脉络。例如重庆大学的杨宇振教授就形容重庆古城是一种"被束缚的自由"。在看似随机灵活的城门与路网格局中，依旧可以梳理出清晰的礼仪四门、中央轴线，城中重要衙署也都背山面南而立（图3-15）。可以说中国传统山地城市在因地制宜的同时，依然体现着遵循礼教的文化观。十七门九开八闭，还暗含"九宫八卦"之意。

图 3-15　重庆古城中遵循礼制的空间脉络

资料来源：作者自绘

西方传统文化和生活中，宗教一直是人们的生活核心和精神核心，宗教建筑也多处于城市中心，这种空间形态在山地城市中尤为明显。与中国古代城市皇权（世俗性的权利）中心不同，西方古代（中世纪）城市空间更多的体现出神权中心。这一时期的城市多属自发形成的状态，城市中教堂多位于核心位置，往往处于城市的高地上，而且其本身的高度也使其成为所在城市或地区的统治点。

综合而言，山地空间营建要因势利导，结合地形追求与自然山体的和谐共处。中国传统山地空间中的设计与建设更多将建筑、空间等隐藏在郁郁葱葱之中，较少凸显人工改造的痕迹；而西方更多将建筑、标志物等构建在山顶，凸显其中心地位（图3-16）。

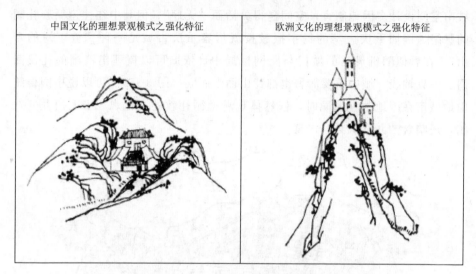

中国文化的理想景观模式之强化特征	欧洲文化的理想景观模式之强化特征

图 3-16　中西方山地空间营建中的文化观差异

资料来源：俞孔坚. 理想景观探索——风水的文化意义［M］. 北京：商务印书馆，2000.

3. 地域文化习俗

地域文化的形成及持续存在与其所在的地域环境的关系密切。它形成的根源是在一定地域范围内足够长时间过程中人类社会性聚居活动与自然环境的互动。城市空间是地域文化习俗的载体，任何一种城市空间形态与结构都是在文化的长期积淀和作用下形成的，不同的地域文化和民俗特征造就了不同的城市空间格局。

例如，我国西南山地地区藏传佛教的宗教文化习俗对该地区的城镇空间格局产生了深刻的影响。以藏传佛教中的寺庙在城镇中的空间位置及其同城镇空间的关系来看，寺庙在城镇中的位置一般有三种情况[202]：其一，寺庙布置在城镇所处的山地山顶高处，或是城镇位于山地平坝相对平缓地区，寺庙位于周边山坡或城中山地高台，在空间上都能统摄全城；其二，寺庙居城镇中心，这多情况寺庙往往原本是位于城镇附近相对高处，但随着城镇规模的不断扩大，寺庙周边的建筑不断增加，甚至有的建筑拓展到了比寺庙地势还高的地方，寺庙最终被包裹其中；其三，当聚落选址在陡坡地，寺庙不适宜建设在聚落后方高处时，则在聚落一侧高处寻求适宜的台地而建设（图3-17）。

A. 寺庙居城镇中心高处

B. 寺庙居山麓高处

C. 寺庙居城镇山顶高处

D. 寺庙居城镇一侧高处

图 3-17　川西藏传佛教地区寺庙与城镇空间关系

资料来源：吴勇. 山地城镇空间结构演变研究——以西南地区山地城镇为主 [D]. 重庆：重庆大学，2012.

需要注意的是，在传统社会，由于自然环境的稳定性（或许因为生产力与科技水平发展所限，人们改造自然的能力也有限，故使得自然环境具有了长期的稳定性），所以与地域自然环境互动形成的地域文化也有极大的稳定性和长期性。而今天随着工业化与城市化的快速发展，人们对自然环境的改造能力越来越强，人们的聚居生活对自然环境的依赖程度也降低了，一些城镇中的地域文化特色也逐渐变淡。因此，生态和谐的山地城市空间格局规划需要强化地域文化习俗特点。这种强化就表现为：在城市空间格局规划中通过遵循和延续地域文化习俗，体现出地域文化习俗对城市空间营造的能动影响；通过城市空间营造出的物质空间表象，突出反映地域文化习俗特点。

4. 城市文脉要素

城市是随着历史与社会的发展而不断向前的，这决定了城市的发展过程中必将刻下不同时期的历史印迹。这一系列印迹或留存于城市空间环境中，或流传于社会文化习俗中，往往形成一个可以追寻的文化脉络，这就是城市的文脉。[239] 现有的城镇空间格局大多来源于漫长历史过程的积累，我国许多山地城市都是在传统城镇基础上发展而来的，有着几百到上千年的历史渊源，

101

从城市的空间结构和城市肌理中都可以寻找到城市发展的文脉和历史发展的印迹，这些印迹多是新的城市空间更新与发展所需要延续的。可以说山地城市空间格局的发展是建立在已有的空间格局基础之上的，是一个基于原有格局渐进演化的过程，在这个过程中，原有空间结构与肌理自然影响着新的空间形态与结构的产生。例如，在重庆渝中半岛老城中，从街巷空间布局、城市地名以及半岛城市设计方案中无不体现出城市发展的历史脉络，这些都表现出城市文脉对城市空间发展的隐性影响。

3.2.2　社会性要素

社会性要素范围很广，涉及社会、政治、制度、经济、安全诸多方面。政治要素在总体格局上推动着山地城市空间格局的发展。如在古代礼制影响下的营国制度形成古代山地城市空间营建的模式；计划经济时期，可举国家之力，对某些山地城镇倾注大量经济、技术、人力，以促使短时间内兴起一个山地城镇，比如"三线建设"①；改革开放后，国家又以市场经济之力和宏观调控的政府之力共同引导目标区域的城市发展，比如"西部大开发"。军事是政治的延续，军事战争不仅促生了众多西南山地地区的防御性的城镇，也带来了大量的迁移人口、中原的技术文化等，间接地影响着山地城市空间的发展变化。社会内容要素多从局部影响着山地城市空间格局的内容，主要是社会公平、社会交往等社会意识下社会行为对城市空间的影响，社会问题与空间发展相互关系等方面。制度性要素与安全性要素在不同的空间格局层级下均约束着城市空间。

1. 政治性要素

（1）国家政治政策因素

"从历史维度就空间环境资源分配及城市型制而言，城市是政治主张和利益的物化形式。"[235]它不直接作用于城市空间格局物质内容规划建设，却通过一系列的间接作用，对城市空间格局进行着内在、必然的影响。各个历史时期的政策和意识形态都不同程度地促进、抑制或扭转城市空间格局发展与变

---

　　①　20世纪60年代中期开始，中央做出了让大东部地区工业向内陆地区迁移的重大战略决策，在中国中西部的13个省进行了一场大规模国防、工业和基础设施建设，史称"三线建设"。这些地区以川、陕、贵三省为重点，经过二十年的大规模建设，三省地区先后形成了45个大型工业和科研基地。

化。"城市空间格局演变实质上是各种资源在城市地域空间上的不断重新配置与组合。"[198]合理的政策制度可使城市及其影响腹地的各种资源配置效率达到优化，从而促使城市空间格局不断完善，实现城市可持续发展，反之，则会导致城市地域空间格局矛盾尖锐化。

首先，国家政治意识形态影响了城市空间格局的形成。通过与社会结构相配套的政治结构，自上而下地左右全民的意识形态，形成与特殊社会结构相适应的生活方式和理想物质空间模型，从而决定城市的物质空间格局。从某种意义上说城市空间格局对政治性要素的适应，也就是对统治阶级需要的体现。例如，基于农耕文明需要，中国古代城市的主要功能是对全国或地区进行统治和军事控制，大多数城市始终是政治中心和军事堡垒。在这种社会结构背景下，"家国同构"——个人、家庭、社会与国家浑然一体，这种意识形态使得整个城市空间格局的组织也充分体现了基于"服从"的统一组织秩序（图 3-18）。"国家自产生之日起，就凌驾于社会之上，兼并和同化了整个市民社会。而强大的皇权、牢固的封建宗法关系，庞大的纵向官僚统治体系、严格的政治等级制度以及重农抑商、重刑轻民等传统意识形态，都是实现这种同化的主要支撑体系。"[240]

其次，社会组织与管理模式对城市空间格局中的物质空间形态存在影响。例如，中国古代封建社会城市，早期严格的里坊制度使城市空间结构相对单纯、形态封闭。而宋代以后在商品经济发展的触动下，里坊制逐渐消亡，封闭的空间体系也随之改变。又如，中华人民共和国成立至 20 世纪 80 年代，由于特定的历史条件和特殊社会因素的影响，社会成员个体身份大多依附于单位而存在，各企业、研究院、院校等单位都附带了相对完善的社会职能，形成特殊的"企业办社会"模式，由于这些机构在一定范围内有着相对自成体系的功能与活动方式，甚至具有"小政府"的特征。这种社会管理模式间接地把城市市民的生活圈层限定在由单位围墙包围的封闭空间之内，在强制简化了社会结构的同时，削弱了社会成员之间本该多样而丰富的社会交往活动，从而在根本上约束了城市空间体系的自由发展。政府运用行政手段组织城市建设与社会管理，城市空间格局中的物质空间内容和要素必然带上特定时期政府行为的政治色彩，这是社会组织与管理模式影响城市空间格局的根源。[241]

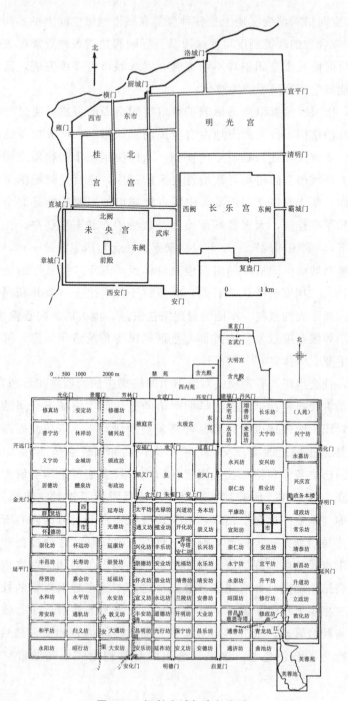

图 3-18 汉长安城与唐长安城

资料来源：董鉴泓主编. 中观城市建设史 [M]. 北京：中国建筑工业出版社，2004.

最后，国家战略决策影响城市空间格局的发展。国家战略和优惠政策能够明显增加城市发展优势，山地城市也不例外，开发区建设和重点项目落地、发生利于城市发展的大事件等，都会影响山地城市空间格局拓展变化。比如抗日战争时期，沿海地区工商业与人口向内地迁移，以及交通、通信等基础设施的建设，促使山地城市如重庆、宝鸡等迅速发展；又如"三线建设"带来的大规模产业入驻，促使西部主要山地城市走上工业化道路，同时还兴起了一批资源开发型山地城市；再比如西部大开发战略以及重庆直辖市的设立，加速了东部地区的产业向重庆以及整个西部地区转移，促进了新型科技工业与先进制造业等产业空间在西部地区城市空间中的兴起，也从政治和战略上促进了重庆城市定位与职能的转变。

（2）军事战争因素

军事是政治的延续。古代许多山地城市的建设都是军事防御为目的，这在川渝云贵等西南山地区域表现得尤为明显。随着中原王朝对西南山地地区的征战与控制，人口、先进的文化、技术传入广大山地地区，对山地区域城市格局也产生了深远的影响。例如，秦灭巴蜀后带来了城市建设技术及中原地区的农业生产技术，重庆最早的筑城江州城就是秦灭巴国后置巴郡所筑①。汉武帝对西南蛮夷的征伐后，将汉文化性质的郡县引入广大西南山地，促进了原有土著文化形态的城镇聚落向汉文化形态的转变。[230] 南宋时期为应对蒙古族入侵，在四川修筑了大量山地城堡，形成了独特的山地防御体系。这些城堡与明初平定云贵后在滇黔修筑的大量卫所屯堡，在未来的漫长岁月中都深刻影响了西南山地地区的聚居形态，其中相当一部分还成为今日这一地区一些山地城市的"母城"。直到近代，重庆在陪都时期的城市空间大规模扩张，城市空间格局突变型发展也是战争所致。

2. 社会性内容要素

社会性内容包含社会公平与社会公共交往两个方面，这两方面是当代人的基本需求构成因素，是现代文明和社会进步的基本标志，对这些相关要素的研究，才能体现城市空间格局规划对"人的问题"的重视与回应，才能体现"生态和谐"的本质。

（1）社会公平

社会公平体现的是人们之间一种平等的社会关系，是现代化社会的基本

---

① 据《华阳国志·巴志》载"仪城江州"。

要求。包含了社会平等、社会选择、社会健康、社会福利、社会教育、社区公平等内容。这些内容在城市空间格局中的物质空间规划投射则是城市基本生活的空间公平，即基本公共服务设施的空间公平、居住空间公平以及社会活动与交往的空间公平。社会公平主观引导下的城市空间规划就是要通过科学的规划策略与措施，保证空间公平的实现，从而形成更加完善与合理的城市空间格局。其中基本公共服务设施的空间公平是社会公平对于空间规划引导最核心的内容。

第一，保证基本公共服务设施的空间公平。

基本公共服务设施是给居民提供的最根本的生活和发展权利的公共服务的设施，必须以社会公平为目标，以保障社会正常运转为目的（以公益性服务为主导，部分以商业性为主导的公共服务设施就不包含其中）。基本公共服务设施包括教育设施、医疗卫生设施、文化体育设施、生活性市政基础设施五大类。[242] 从服务供给方式来看，前四类属于空间服务范围依赖型设施，其布局设置和运营都与门槛人口和空间服务范围紧密相关（如服务半径），是空间公平的主要关注内容。而生活性市政公用设施属于网络系统依赖型，不是通过空间覆盖与可达关系来确定服务提供范围，而是由管网覆盖范围确定，其设置和运营对各类管网具有很强依赖性，因此这部分公共服务设施不应从空间公平的角度来探讨其社会公平性，故本次研究暂不涉及生活性市政公用设施的社会公平引导分析。

基本公共服务设施的空间公平就是基本公共服务设施在空间上相对公平的分布，设施提供服务范围的空间均等化。在空间公平的要求下，不仅应保证每个居民在空间可达距离上获得相对平等的公共设施服务机会，而且居民在使用后能够拥有相对平等的利用结果。[243] 空间公平也是社会公平主观内涵协调引导下的基本公共服务设施规划的表现形式。从使用者角度出发，城市基本公共服务设施规划的空间公平应考虑可达性、质量、人口密度三个因素。[243]

一是可达性。使用者对基本公共服务设施空间布局的最重要的要求就是可达性。居民与设施之间的距离，直接影响居民为享受这些服务的便利性与使用机会大小。因此，空间公平必须考虑距离上的可达性，通过空间优化布局，使居民享用公共服务的出行成本相对一致。在山地城市空间中，可达性具有了特殊性。因为在山地条件下，同一设施的步行可达半径会随着地形坡度而变化，这使得公共服务设施的服务范围不能简单地由服务半径距离来确定，而要充分结合地形考虑，可能会呈现出"偏心式"。

二是质量。随着社会发展、人民生活水平的提高以及社会公平平等意识的增强，居民对基本公共服务设施的质量要求也更高。过去仅关注设施规模、数量、设施的配置方法已经不能满足当前居民的需求。保证设施供给的服务质量均等，使所有居民获得质量相当的公共服务，尤其是低收入群体获得基本公共服务的质量有所保证，是机会公平的直接反映。

三是人口密度。居住人口在城市内部空间内不可能是均匀分布的，在不同的城市空间区域内人口密度是有差异的，基本公共服务设施配置只有在充分考虑不同区域人口密度的基础上，才能更客观有效地满足居民对公共服务的数量需求。而在山地城市中，由于空间结构多呈现不规则形态，人口密度分布也随之多表现为分片集中，疏密相间。这使得基本公共服务设施的布局在高密度组团中空间分布也会更密集，而在一些人口密度较低的组团中公共服务设施布局数量会较少或规模等级偏低。

城市基本公共服务设施规划布局对于城市空间优化的互动关系还表现在，城市基本公共服务设施随着城市空间格局的向外拓展而增加，随着城市空间的内涵式更新而变化；同时，在政策引导下，嵌入式的大型基本公共服务设施的投放也能直接影响到城市空间格局的发展，例如许多城市都通过大型医院、大型文化和体育设施的布局与建设等来带动新城片区的发展。

第二，社会活动与交往的空间公平。

参与社会活动与开展人际交往也是城市居民日常生活的基本需求。发生社会活动与交往的空间可以是展览馆、体育场等文化体育设施，可以是商场、市场等商业设施，也可以是广场、公园等公共开放空间，其中公共开放空间承担了相对较多的日常基础社会交往活动，可以说是基本的社会活动与交往空间，也是空间公平应首先保证的，而小型社区广场、街头公园的使用频率往往更高，发挥的作用也更大。基本社会活动与交往的空间公平主要体现在两方面，一是空间的规模，二是空间的可达性。

空间的规模因素主要是指在对象城市区域内能够提供居民进行社会活动与社会交往的空间场地数量以及面积规模。尤其是公共开放空间，人均面积指标已成为衡量满足社会公共活动与社会公共交往空间公平的重要内容①。在

---

① 深圳市（2005）与杭州市（2007）是我国较早编制城市公共开放空间系统规划的城市，在他们的规划中人均公共开放空间面积是衡量空间公平与活力的最重要标准。

山地城市中，由于自然环境的原因，城市空间中往往有许多非建设用地如山体、河滩等成为居民日常活动游憩的空间，从满足社会活动与公共交往需求的角度来说，它们同样能够提供空间场地，发挥相应的空间作用，而这些自然环境空间也应成为山地城市满足空间公平的优势。空间的可达性因素前文已有介绍，这里就不再重复。

第三，居住的空间公平。

居住的空间公平包含两个方面的内容，一是居住生活资源空间分配的公平，二是居住空间关系的公平。资源公平主要包括基本公共服务设施、社会活动与交往场地等，与前文阐述的公平需求本质上是相同的。空间关系公平主要是针对居住空间分异的问题，是希望通过空间规划引导的手段，使一定区域内的居住空间类型和居住人群呈现多元化、混合化的特征。消弭居住空间分异能够更好地保证社会公共资源的公平共享，维护低收入群体的利益，更好地促进社会交往，减少社会问题与社会矛盾的出现。

（2）社会公共交往

社会公共交往是指在一定的环境条件下，人群个体或群体之间往来互动，发生交流行为的社会活动，社会交往最重要的组成部分是社会公共交往。在城市空间研究中关于社会交往空间的研究也多指社会公共交往的空间，社会公共交往空间也是社会公共交往在城市空间格局中重要的物质反映。城市公共空间是指城市区域内形态相对明晰，能满足一定城市公共生活以及精神需求，为公众共同拥有，可在一定限定内自由使用，呈现公共属性的空间单元。公共空间包括室外开放空间和室内空间。从对城市空间格局的形成与优化的直接影响来看，社会公共交往的主观影响主要表现在室外公共开放空间。结合前文人工环境要素的分析，室外公共开放空间主要包括节点性空间、线性空间和区域性空间，在城市空间格局规划中，与社会公共交往相关联的公共开放空间主要是点状空间和区域性空间中的广场（包括社区广场、商业区的街道广场等）、公园、绿地等，以及线性空间中的步行尺度下的生活性和景观性街道，并由于其规模不同，在不同的城市空间格局下发挥着不同作用。这也是在社会公共交往主观影响下山地城市空间格局规划所关注的重点。

山地城市公共开放空间结构不是独立的系统，而是城市空间格局重要组成部分，它在城市空间格局系统限定下，以自身演化影响着整个空间格局的发展。

从宏观空间视角来看，公共开放空间结构随着城市空间格局的拓展变化而变化。山地城市中公共空间受自然环境影响不同，整体结构表现出不同的变化[201]：如平坝地区城市，公共空间结构多以同心圆式向各个方向均衡分布发展；沿山坡坡地而建的城市，公共空间结构多呈叶脉式发展；在山地丘陵间分散布局的组团状城市，因用地的零星破碎，公共空间结构也呈随机的网络状散布；在河谷或峡谷地区，城市多沿谷地两侧延伸，其公共开放空间亦以带状居多，等等。这些变化都反映了在自然山地环境下公共开放空间结构的适应性。

从中微观层面来看，公共开放空间的形态与布局能直接影响到片区和地段的物质空间关系。山地城市中，公共空间因用地条件的限制，往往更加注重人工环境与自然环境互相协调，城市空间与地形契合，产生立体化的空间形态，呈现出典型的多维性与不规则性。另外，由于用地条件的限制以及山地城市空间中人口密度分布得不均，容易造成公共空间分配失衡，表现为：公共空间在整体城市空间中比例偏低，并且在空间分布结构性关系上不能体现更多的人为理性考虑，造成了公共空间的过度使用或是利用率偏低，这都反映出山地城市公共开放空间物质结构的弱点。

3. 制度性要素

政策制度是国家（或管理者）通过组织政权体现其意识和要求，并需要所有人遵守的各类准则或规范内容。相关的城镇土地政策与法律制度就体现了国家意识对城镇空间发展的要求，所以从某种意义上说，制度性要素也是政治性要素的延伸。由于城镇的社会功能，任何国家和地方政府都会重视城镇空间利用。

制度的本质就是约束的形式，以约束构成秩序的基础，并通过影响人的预期来起作用。一方面，制度使一方对另一方形成一个理性的预期，即对方遵守制度行为的结果；另一方面，制度使双方认识到违背制度的一方会受到约定程序的处罚，相对受到损害的那一方会得到保护。这促成了预期的形成，同时实现整体利益的最大化。这种对于预期行为的影响正体现了制度的主动性地位，体现了其主观能动性。依托制度的作用——对预期的影响，围绕城市空间规划行为，制度性要素对于山地城市空间格局规划的影响主要体现在相关法律法规内容、相关技术性内容、相关法规与技术要求对于规划的实施管理等方面。

（1）法律法规内容

与城乡规划相关的法律法规，是指国家调整城乡规划和规划管理方面所产生的社会关系的法律及各种法规、规章的总和。现行城乡规划法规体系既确定了城市规划法律地位，赋予有关主管部门以具体的权利和义务，又规范了相应的法律程序，并保证其有效实施。从城乡规划认识的角度来看，这一体系可分为广义法和狭义法：广义法的观点认为城市规划是整个城市政策的系统化和具体化，除了通常所指的城市规划管理法规外还包括与城市规划关联的法律法规①；狭义法则认为城市规划主要是控制土地使用和空间形态，是关于土地使用和城市空间形成的法律。②

从对城市空间格局规划发展的影响来看，各类技术规范（部门规章）、技术规定和城市规划管理实施细则（地方性规章）等法规性内容，往往直接或间接地作为规划开发控制的依据，直接影响了城市空间地块开发的具体内容，进而影响着城市空间格局的发展变化。许多山地城市由于自身城市空间发展的特点，在国家法律法规的要求下还制定了地方规范、规定，这种地方规范对山地城市空间格局规划的影响往往更加直接。

（2）技术性内容

技术性内容区别于法规性内容的相对抽象性和广义性，更具有具象性和针对性，往往是在一个具体项目中体现的，其体现方式也是通过具体的规划设计的技术性内容来体现。表现形式分为两个方面：一方面是法定规划，目前主要是城市总体规划和控制性详细规划，控制性详细规划又主要体现在其强制性控制内容；另一方面是规划设计的引导性内容，比如城市设计的设计导则等，这种设计引导是比较生动和充满变化的交互性控制，是更注重物质空间形态的设计。技术性内容对山地城市空间格局的影响很大程度体现在"城市规划"的科学性、合理性上，即"规划专业本身"对城市空间格局的影响。

技术性内容充分体现了城市规划是对城市空间格局发展的主动引导和调控。城市规划早已从最初的城市空间形态设计变为更加综合的城市空间发展统筹规划，涵盖可持续自然生态、社会经济、历史人文等多个方面。理性的城市规划可以通过合理引导空间结构、空间形态、功能布局等，调整城市空

---

① 与城市规划关联的法律法规内容可参见全国注册城市规划师职业资格考试参考用书：《城市规划管理与法规》（2011年版）关于横向体系内容的介绍。[246]

② 参照《城市规划管理与法规》（2011年版）表2-2"关于我国现行城乡规划法规体系框架"的内容，该规划法规体系即是狭义法。[244]

间的发展过程和途径，使其趋向于更良性的发展方向；但非理性的规划干预则可能适得其反，造成城市空间发展的失效和衰落。[245]

（3）规划的实施管理

制度性要素中的法律法规和技术性内容是规划实施与管理的制度依托，而它们对于城市空间格局的影响则是要通过城市规划的实施与管理来实现的。任志远提出[246]，城市规划实施管理包含了规划执行和规划监督的内容。冯现学结合相关论著分类研究后提出，"从城市规划管理过程来看，规划执行针对的是城市规划的实施行为，从而也可以把规划的执行分为对规划具体实施行为的许可执行（行政审批权）与具体规划实施执行（实体的执行）。规划监督作为城市规划管理中的另一领域，包含行政管理体制内监督及体制外的社会监督（公众参与）。"[247]由于许可执行目前已形成较为系统的制度，而规划实施执行与规划设计内容直接相关，有较大的可变性，我们通常提到的规划实施管理都是针对具体规划实施执行的管理，是一个相对狭义概念（图3-19）。城市空间规划实施管理贯穿了从设计方案到具体的实施建设的全过程，其中每一个阶段都能直接影响城市空间建设的结果，进而会对城市空间格局的发展产生较为强烈的主观引导。公众参与作为规划监督的重要组成部分，能够有效表达社会公共意愿，沟通城市空间的物质性和社会性，表达城市中各地区的特殊品质，更好地促进城市空间的发展，这也是规划实施管理中社会性要素主观表达的重要部分。公众参与的效果与结果对于城市空间格局，尤其是在中微观层级的优化有着明显的主观影响。

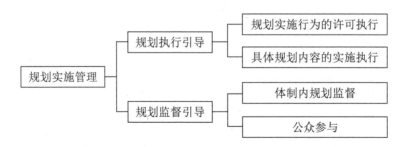

图3-19 城市空间规划实施管理内容结构示意

由于山地城市在规划实施执行与规划监督方面与其他平原城市并没有明显的区别，故在本次研究中我们不再展开深入的论述。

4. 安全性要素

人类定居首先是因为社会生产模式的转变，其次是从安全的角度出发。

安全性因素从两个方面影响着山地城市的空间格局，一方面是城市的防御性安全，另一方面是城市的适灾性安全，前者是古代城市营建的重点，后者则是当今城市空间发展的重点。

（1）防御性安全因素

城市形成初期，维持这种聚居的安全就成为城市发展的重点，正所谓"筑城以卫君，造郭以守民"。冷兵器时代，坚固的防卫体系（城墙）往往是城市建设优先发展的物质空间，因此那时城市空间格局与以安全防卫为目标的物质空间实体关系密切——大部分城市的基本形态都与城墙形状保持一致，而城市内部空间结构也与城门开启方位等紧密结合。由于这部分防卫性物质空间实体往往是城市最坚固、持久的物质形态，它们一经形成，就对城市空间格局的发展产生强烈的限定性，许多古老城市的城墙痕迹影响至今，如北京、成都、西安等。又如古南诏国为了更有利于防御北方吐蕃势力，迁都依山就势的羊苴咩最终形成了以羊苴咩城（后大理古城）为中心的都城格局（图 3-20）。

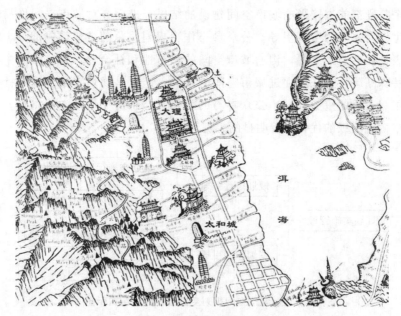

图 3-20　大理古城选址

资料来源：李旭. 西南地区城市历史发展研究 [D]. 重庆大学，2010.

进入热兵器时代，战争武器的杀伤力随着生产力水平的提高而提高，城市防卫空间模式也在发生着改变。例如，为了减少城市在空中打击时遭受的损失，分散式城市空间结构在二次世界大战之后的城市规划建设中得到了广泛的推广，莫斯科的组团式结构以及我国三线建设的"进山、分散、进洞"，都是受到这种策略的影响，地下空间的利用也是如此。随着科技进步，具有防卫性的空间实体在注重建造技术的可靠性的同时，也考虑到高昂的建设成本，使得空间利用更注重"平战结合"——防卫性空间与城市其他功能空间相结合。最为典型的结合就是城市地下的人防系统与地下交通、商业设施的结合，这在莫斯科、伦敦等许多大城市都有所体现，重庆的许多防空洞成为市民纳凉休憩空间。

（2）适灾性安全因素

城市空间的适灾性就是城市空间"适应"各种灾害的能力，而这种"适应"不是回避，不是妥协，而是主动根据灾害发生发展规律、特征，采取与之对应的避免破坏的方式。因此，山地城市的灾害防御强调通过提前预判灾害发生的可能性及其造成的后果，从城市空间格局的各个方面入手，使城市空间具有一定防御灾害的能力，以及受到灾害时能够尽量减少灾害带来的损失。这种预判的空间适应要充分考虑灾害发生、发展和救灾阶段不同的空间需求，从而进行有效的规划。适灾性安全因素对于山地城市空间格局的主观影响体现在城市空间格局系统的内外两个方面。

在山地城市空间格局外部环境方面，适灾性引导的影响体现在山地城市规划时要充分考虑所在山地区域的环境承载力和生态脆弱性，避开灾害易发区和生态敏感区，进行合理的城市空间格局拓展选址，以空间避灾与空间减灾为主导。在山地城市空间格局内部要素方面，适灾性引导的影响体现在城市空间规划中的用地功能布局、道路系统组织、公共空间规划、城市建筑环境以及城市基础设施等规划建设都要充分考虑并适用于空间减灾、空间防灾和空间救灾的要求。

5. 经济性要素[①]

经济发展是山地城市空间格局形成与发展的推动力。经济发展模式即产

---

① 有许多学者将城市系统归纳为自然、社会、经济三大系统（黄光宇，2002；毕凌岚，2007），可以说经济要素和社会要素是同等级同样重要的内容。在本书中将经济性要素置于社会性要素之下进行讨论并不是认为经济性要素从属于社会性要素，而是考虑到经济性要素更应属于决定城市空间格局的根本，而非城市规划可以直接联系主观引导的内容，以及后文山地城市空间格局规划策略方法研究中难以涉及围绕经济性的主观协调规划研究，故在本要素探析章节中没有将经济性要素单列为一个小节。

业结构和社会生产效率，是城市空间格局构建的经济基础；经济发展水平体现了科学技术水平和社会生产水平，是城市空间格局发展的动力。经济性因素通过经济的持续发展产生集聚和扩散效应，影响城市空间格局形成及其规模；通过改变空间利用模式来影响城市内部的功能空间结构与功能布局，通过社会科学技术水平的提高来影响城市空间中的物质内容建设模式，直接作用于城市空间格局中的物质空间内容。

（1）影响山地城市的空间规模

不同的经济、社会发展水平会对城市空间格局发展产生不同的影响。工业社会之前，大多数城市空间规模受限于能够脱离农业生产的人口规模，这些人口可以建设多大的城镇，取决于城市腹地可用于生产的土地、生产力，以及社会生产效率，所以城市空间格局发展变化处于缓慢增长的状态。工业社会之后，机器化大生产带来了资本主义工业化的大发展，也对城市空间格局产生了深远的影响，城市空间规模的经济影响因素就更为多样化。第二、三产业的发展对空间的需求，以及这种需求同第一产业和生活空间需求之间的关系都影响了城市的总体规模。社会生产力的发展推动了城镇化和工业化进程，从而使城市空间格局处于不断变化、动态扩展的过程之中。

城市自形成伊始，便会不断地变化、演进，这种变化可能是积极的，也可能是消极的，所以城市空间格局也是随着城市的发展而不断变化的。在不同经济发展阶段，城市空间扩展的形式也不同。经济快速增长阶段，往往伴随着大规模的圈地与建设，城市空间以外向水平方向的用地扩张为主，空间建设相对快速而粗犷，城市空间形态表现出较为松散的特点。在经济发展相对平稳的阶段，城市空间规模不再表现出快速的外向扩张趋势，城市空间以内聚性拓展为主，多为城市更新改造，城市空间形态表现出紧凑和纵向生长的特点。因此，城市空间拓展趋势与城市空间形态的紧凑度有密切的联系：规模外向扩张增长时，空间形态较松散，规模内向更新拓展时，空间形态较紧凑。这种空间形态紧凑程度与城市规模扩张趋势的变化很好地反映了经济发展变化对城市空间的影响。[248]诚然，这一紧凑度与城市空间格局变化的关系模型更多体现在平原城市，山地城市由于其用地条件紧张和组团式结构特征，城市空间紧凑度的发展形式略有不同：在城市经济高速增长之时，部分区域内部紧凑增长动力甚至会强于向外松散扩张的动力。

（2）影响山地城市功能空间结构与布局

不同的生产、生活活动对相应空间有不同的要求，这就带来了城市功能空间布局的多样性。从一般性来说，结合自然环境与城市功能需求，在城市建设用地涵盖的范围内，既定的生产、生活活动都有相对适宜的地点。随着社会生产力水平及科学技术水平的提高，这种可适宜的范围有所扩大，城市不同功能单元之间的空间关系也会发生一定的变化，这种变化会引起整个城市空间格局的转变。例如，随着交通、通信技术的发展，城市不同功能区域之间在时间一定的情况下，实际的空间距离得到了极大的扩展，这就使得同一个城市的物质实体空间延伸到更广阔的地域空间之内，使得城市的空间格局更加分散；跨越地形阻隔的交通使得山地城市可以突破原有的地形地貌的限制，使原来几个相对独立发展的城镇形成一个城市的数个组团。同样，建筑科学技术的发展，使人们能够在有限的土地资源基础上构建更多的实用性空间，这又为相关城市功能的聚集提供了相应的"空间"支撑，使山地城市空间功能布局更加集约化。随着社会生产力水平与技术水平的提高，人与环境、人与社会之间的关系都发生了巨大的改变，这种改变会从根本上促使城市空间功能布局产生变革。

城市功能空间布局很大一部分内容就表现为城市产业的空间布局，功能用地空间结构关系就是产业布局在地域空间的物化表现。"用地跟着产业走"，随着产业结构、类型内容等的变化，城市功能空间布局也会发生相应的调整。快速化工业时期，生产规模扩大的需求使得工业企业选择适宜地点和用地来扩大其生产，从而带来了新的城市空间向外扩张。随着社会经济的发展，产业结构不断成熟，城市功能不断走向多样化和现代化，会出现新生产业驱逐成熟产业（主要是工业）的现象。当前国内许多城市提出的"腾笼换鸟""退二进三"，其实都是为了适应城市空间产业结构升级实行的一种产业空间转移。城市工业的向外转移进一步推动了新的城市外围功能组团形成，城市内部新产业的发展、城市功能的演替则带来城市空间的内聚式发展，所以说城市产业空间布局的变化直接影响了城市空间结构的变化。

（3）影响山地城市空间的建设模式

社会生产力与经济水平对山地城市空间建设模式的影响在于两个方面。一是科学技术水平的提高促使空间建设技术模式改变，即建筑技术水平的提高。如隧道技术的成熟使人们能够修建江底隧道与长距离穿山隧道，桥梁技术的发展使得跨江、跨海大桥以及长距离复杂高架桥成为现实，这都改变了山地城市空间结构与联系；超大规模整体吊装技术的成熟，改善了超高层建筑建设方式，推动了城市空间纵向拓展。二是科学技术水平的提高促使空间构建技术模式改变。例如，建筑结构从传统的梁柱式砖石结构、木结构，发展到今天的各种大跨度建筑的新型空间结构、超高层建筑的剪力墙、筒体结构等，这种改变不仅使物质空间的实体类型日益丰富多彩，而且还促使城市空间形态日益多样化。三是社会生产力水平提高使得城市经济实力提高，具有了采用相应建设模式的经济基础，这使得前两者对空间建设模式的影响力才能真正发挥出来。例如，半个世纪前高层建筑技术已成熟并推广，但在我国大规模应用主要还是集中在近三十年，尤其是 20 世纪 90 年代中期以后，高层建筑对于中国许多城市特别是西部山地城市来说才成为经济上切实可行的一种空间建设模式。

3.3　山地城市空间格局规划影响要素的空间层级性表现

山地城市空间格局规划影响要素虽然涉及多方面的内容，但其不同要素在城市空间格局不同的空间层级中的体现是不同的，有的要素影响主要体现在城市层级，有的要素影响则主要体现在片区层级，这是城市层级和片区层级对应不同空间尺度所决定的。

城市层级的城市空间格局是一个较大的空间尺度，其规划对象更多是基于城市空间格局的本体性特征，是对于城市空间格局自身空间关系的组织安排。所以说，城市层级尺度下的城市空间格局规划更多注重城市空间结构的优化、城市空间拓展方向、城市总体生态环境同城市建设需求的关系等结构性、整体性的内容。基于城市层级的影响要素研究具有整体性的意义，如果没有宏观视角的措施去统筹引领，而仅靠一些分散的、局部的客观环境适应与主观能动协调等"各自为战"的措施无法产生对整个城市空间格局持续有效的优化效果。

片区层级的空间尺度比城市层级要小，范围也更加具体，这个范围往往具有较明显的自然或人为空间界定，如山体、河流以及公路（可以是城市快速路甚至主干道）、铁路等，甚至有可能是城市内部各区县的行政边界。片区层级的城市空间格局属于中观层级的空间尺度，其规划的对象更多是基于城市空间格局载体性特征下承载的各种城市空间内容。宏观层级尺度下的城市空间格局规划更注重城市空间整体性、结构性、体系性的内容；片区层级尺度下的规划更注重城市总体空间格局下的一个局部区域。在这样的局部区域中，城市空间结构、城市空间发展模式类型等内容将不再明显（这些更多的是上一层级关注的），城市空间形态、空间功能布局、景观结构塑造等更加具体的物质空间形态成为更加明显的内容。因此从城市空间格局规划涉及的要素来看，片区层级与城市层级在具体内容侧重上也有一定的差异。片区层级在整体空间结构优化基础上需要更细致的空间内容与形态规划优化。

结合本章涉及的山地城市空间格局规划影响要素分析，对于不同影响要素在不同空间层级下的表现性，可以从自然环境要素、人工环境要素、文化性要素和社会性要素四个方面进行总结归纳。

1. 自然环境要素的空间层级性表现

地理气候要素，在城市层级和片区层级均有所表现。城市层级主要是基于地域气候下的城市局地气候，片区层级则可能在城市局地气候下出现城市微气候，但他们的来源均受自然地理大气候的影响。

地形地貌要素，在城市层级和片区层级均有表现。城市层级下地形地貌要素主要影响了城市空间结构形态与空间结构的发展模式等；片区层级下地形地貌要素在城市空间形态与空间建设、城市用地布局、城市功能结构等诸多方面都有显著的影响。

环境容量要素，主要体现在城市层级，直接关系着城市的空间规模与空间发展。

非建设用地要素，在城市层级和片区层级均有体现。在城市层级中，非建设用地限定与引导了城市空间发展的结构；片区层级中，非建设用地直接关系着城市空间中诸多布局与营造，在城市空间形态表现上尤为显著。

2. 人工环境要素的空间层级性表现

人工环境要素不同于自然环境要素、文化性要素与社会性要素的很重要的一点在于，其内容是规划控制和引导等行为最为直接的客观展现（一定程度上是其他几项要素影响结果的综合表现形式）。因此，针对城市空间结构、城市空间形态、城市功能布局等在城市层级和片区层级下同样存在且内容相似的要素，笔者认为可以适当结合规划策略在不同空间尺度层级下构建的侧重点来指出其内表现的不同。

（1）城市空间结构要素

城市空间结构要素主要是城市空间层级下的体现，也是宏观层级城市空间格局规划的核心内容。中观片区层级下的体现与之类似，主要是由于空间尺度的差异而带来的对象内容不同。

在城市层级的空间尺度下，城市空间结构要素的影响表现在两个方面。一是表现在因城市功能或环境约束而产生的各种地区（面状空间）、核心（点状空间）、主要通道（交通或生态廊道等线状空间）以及相互之间的关系形成的城市结构，反映了城市功能活动和用地建设的空间分布及其内在联系。二是表现在整个城市的空间发展模式与空间拓展趋势。在各类限制性或引导性的因素影响下（如地形地貌、土地和产业政策等），城市空间发展呈现出的结构形态，既是对当下空间发展的总结，也可以对未来趋势进行抽象预测。（图3-21）

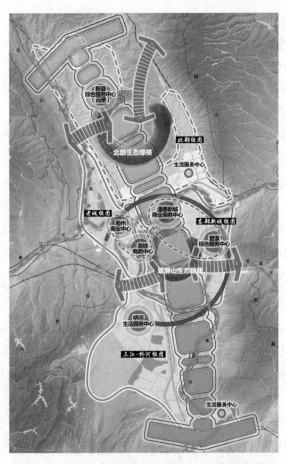

图3-21　城市空间结构要素分析示意（重庆綦江区）

资料来源：重庆綦江区人民政府. 重庆市綦江区城乡总体规划（2013年编制）[Z]. 2014

在片区层级的空间尺度下，从对于城市空间结构形态框架的表现来看，该层级下的城市空间结构要素与城市层级较为类似，都反映了区域内城市功能活动和用地分布的空间特征。但由于片区层级空间尺度相对具体，一些开放空间如广场、重要街道、绿地，或一些特殊建筑、建筑群等都有可能成为核心、主线（通道），而在城市宏观尺度下的空间结构要素系统中，这些内容都通常不会是重点。（图 3-22）

图 3-22　某城市片区空间结构要素分析示意（秀山县）

资料来源：秀山县总体城市设计［Z］. 2015

（2）城市空间形态要素

城市空间形态要素主要是指三维空间形态内容，在空间尺度较为宏大的城市层级下其表现得就不那么明显。在需要考虑整个城市空间形态的总体城市设计中，往往是通过对城市重要空间节点、空间轴线的控制，以及特定区域开发强度、城市风貌等内容的控制引导，来使整体城市空间形态骨架尽量达到原有理性设计的样子。在重庆市 2015 年试行的《区县城市设计技术导则》中，就将主城区以外的区县城市设计划分为总体城市设计和详细城市设计，其中总体城市设计就重点关注核心要素的空间形态控制引导，以及结合城市不同区域的特点将城市划分为不同的空间单元，对各单元提出相应的风貌、强度、形态等引导建议。例如重庆石柱县总体城市设计中就提出了石柱之门、摆舞水岸、多彩半岛、风情大道等九大设计控制要素区域，其总体城市空间形态要素的控制关注点主要集中在这些空间区域。（图3-23）

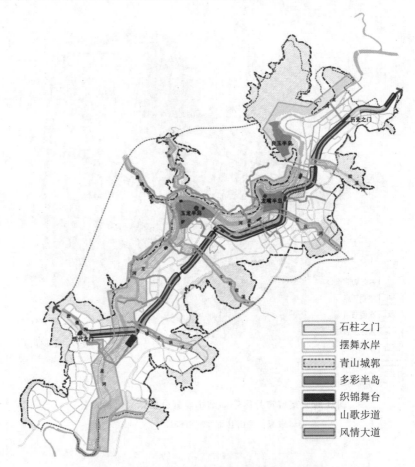

图例：
石柱之门
摆舞水岸
青山城郭
多彩半岛
织锦舞台
山歌步道
风情大道

图 3-23　总体城市空间形态要素控制引导示意

资料来源：石柱县总体城市设计［Z］. 2014

　　而在片区层级下，由于空间尺度相对具体，三维的城市空间形态能得到很好的展示，如建筑群空间形态、公共开放空间等内容（其规划设计研究与影响分析的视野往往都在城市片区这一尺度甚至更微观的地段空间中），所以说城市空间形态要素在这一层级下有着更为显著的体现。前文提到的重庆市

2015 年试行的《区县城市设计技术导则》中，详细城市设计就是针对片区层级提出的设计要求，其关注的内容都能够体现出较为直观可视的空间形态表达，如（视觉）景观轴线的控制、景观生态廊道空间管制、重要开放空间的控制引导、重要空间组团（节点）建筑群空间形态组合设计、片区城市高度引导、城市界面包括天际线、重点街道景观界面引导等。（图 3-24）

图 3-24　片区层级城市空间形态要素内容体现

资料来源：重庆大足龙水新城详细城市设计［Z］. 2016

（3）城市用地布局要素

在城市层级和片区层级均有体现。在城市层级下，用地功能布局更多地表现为以某种主导功能为主，涵盖一定空间范围的功能区，比如以工业用地为主的工业区、以居住用地为主的大型聚居区、以教育科研用地为主的大学城等，从空间规划上看往往能够将空间功能布局抽象成多个功能组团。在片区层级下，用地功能的空间布局则会涉及相对具体地块的用地布置，对象城市空间内除了用地主导功能的判断还更多地强调混合用地与功能复合。[①]

（4）交通系统要素

交通系统要素在城市层级和片区层级均有体现。在城市层级下，交通系统引发了城市空间结构的集聚与扩散，影响了城市空间结构形态的发展；而在片区层级下，交通系统主要是影响了片区内的空间功能布局与空间形态发

---

① 　其实从规划方案编制中我们也能看出在不同空间尺度下用地规划布局表达上的不同。在城市总体规划的建设用地规划中，地块性质表达的就是以主导功能为主，空间划分也较大；而在详细规划的用地规划布局中，不同性质的地块会有清晰的空间表达与划分。

展。从影响内容的表现来看：城市层级尺度下，体现影响的主要是高速公路、轨道（站点）、城市主干道，以及重要交通枢纽等；片区层级尺度下，除了轨道（站点）、城市主干道外，一些次之道路和步行道路系统也会对区域内城市空间形态的发展产生影响。

（5）历史文化遗存要素

历史文化遗存要素在城市层级和片区层级均有体现。在城市层级下其空间表现性较弱，多以点状或线状呈现（除了具有一定规模的、保存相对完整的旧城区）；而片区层级下或更小的空间尺度内，历史文化遗存将作为其所在空间的重要组成部分，空间规划的优化、建设营造等都必须与其相适应，甚至围绕其开展，表现出对于空间发展较为显著的影响。比如住房和城乡建设部于 2004 年 2 月 1 颁布实施的《城市紫线管理办法》中提出的历史文化保护核心区、建设控制地区和风貌协调区的空间划分，以及不同区域内相应的空间管控要求也正体现出历史文化遗存要素对其所在片区城市空间形态的有效影响。

3. 文化性要素相关内容的空间层级性表现

精神文化要素贯穿城市空间规划与建设的始终，显性或隐性地影响城市空间，在城市层级和片区层级均有体现，只是它在城市物质空间中的直接表现并不显著。

文化观念要素在城市层级和片区层级均有体现。在城市层级下，文化观念要素的影响主要体现在整体城市空间结构与空间形态上（中国古代城市在这一点的体现尤为明显）；在片区层级下，文化观念要素也影响着片区内城市空间的布局与环境塑造等。

地域文化习俗要素主要在城市片区层级下有所体现，因为其主要关系的是具体的物质空间形态，尤其是在局部地段城市空间营造中，需尊重与考虑当地居民地域文化习俗中的生活习惯、行为特征、社会交往习俗等。

城市文脉要素在城市层级和片区层级均有表现。城市文脉可以包含在城市空间结构中，也可以表现在城市空间形态与空间肌理中，还可以是城市空间中具体的历史印迹，所以说在城市层级和片区层级下城市文脉要素均可能表现出其影响。

4. 社会性要素相关内容的空间层级性表现

政治性要素在城市层级和片区层级均有体现。不同历史时期，国家政治意识形态和政治管理模式都影响并表现在城市空间格局的各个层面，而当前政治性要素在城市中的体现多是通过国家政策表现出来的。从城市层级来看，国家政策影响了整个城市的发展；而当政策相关内容落实到具体城市空间中时，则会深刻影响到相应城市片区的空间发展。

社会性要素主要包括社会公平与社会交往两个方面。社会公平在城市层级和片区层级均有表现，在城市层级下更侧重公共服务设施在城市中的空间布局公平；而在片区层级下在考虑空间布局的同时还要关注可达性的公平。社会交往主要表现在片区层级，更多引导并影响着具体城市空间内容的营造。

制度性要素在城市层级和片区层级均有表现，法律法规与技术规范等在不同城市层级和空间尺度下都有着相应的内容。

安全性要素在城市层级和片区层级均有表现。古代城市中军事防御安全占据重要内容，从城市整体来看有着显著的表现。现代城市中，适灾性安全成为主要内容，从城市层级到片区层级，哪怕在更加微观的尺度下，防灾避难等安全性要求都表现出重要影响。

经济性要素在城市层级和片区层级均有表现。在城市层级下，影响城市的空间规模，影响城市功能空间结构与布局等；在片区层级下，影响着城市空间的用地布局与物质内容建设等。

3.4　小结

山地城市空间格局的本质是城市相关的环境、社会等众多要素的影响、引导等作用过程及其结果在其所在山地地域上的综合反映，城市空间格局的发展与完善是通过城市空间内部自组织及空间被组织过程来实现的，即在对客观要素的适应以及主观要素的协调推动的双重作用下进行的。

本章从辩证唯物主义哲学观出发，依托生态和谐理念的客观适应与主观协调两大内涵，结合生态和谐的山地城市空间格局规划的四个维度，将影响山地城市空间格局规划的影响要素总结为客观影响要素下的自然环境要素与人工环境要素，主观影响要素下的文化性要素与社会性要素。其中自然环境要素包括地理气候、地形地貌、环境容量、非建设用地要素等；人工环境要素包括城市空间结构、城市空间形态、用地功能布局、交通组织、历史文化遗存要素等；文化性要素包括精神文化、文化观念、地域文化习俗、城市文脉要素等；社会性要素包括政治性要素、社会性内容要素、制度性要素、安全性要素和经济性要素等。围绕这些影响要素，分析了不同要素内容的空间层级性表现，指出了哪些要素更多在城市层级有显著体现，哪些要素在片区层级有显著体现，或二者兼有之。本章中对于每个要素的阐述都是围绕其在山地城市空间格局中的特点展开的，旨在为后文从四个维度方面展开关于山地城市空间格局规划策略的探讨奠定基础。（图 3-25）

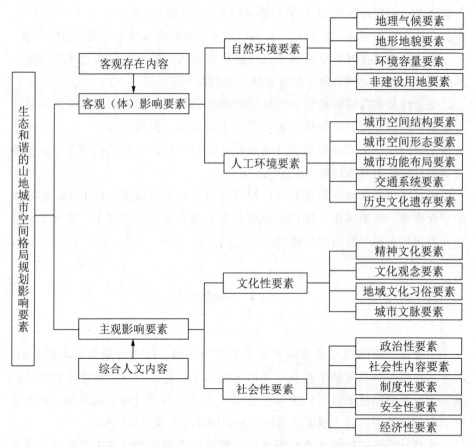

图 3-25　生态和谐的山地城市空间格局规划影响要素体系框架

资料来源：作者自绘

第 四 章

适应自然环境的山地
城市空间格局规划

　　适应性理论认为人的活动对周围自然环境具有适应性的选择。山地自然环境是承载山地城市空间的基础，自然环境特征直接影响着山地城市空间建设，关系着山地城市空间格局的发展。研究适应自然环境的山地城市空间格局发展路径，用于指导山地城市空间格局优化，能够使作为山地区域发展中心的山地城市，更好地扮演改善山地人居环境的重要角色，建设更适合于人与自然和谐共生的山地城市环境。

　　本章将在生态和谐理念中的客观适应的指导下，结合山地城市空间格局中客观自然环境要素，依托山地城市空间格局的层级性特征，从宏观城市层级、中观片区层级等不同层级，开展基于客观适应性的山地城市空间格局规划分析，以揭示山地城市空间格局在此视角下的构建与优化规律，并以重庆主城区为案例研究对象进行具体论述。

4.1　城市层级适应自然环境的规划

　　山地城市往往呈现出山水入城、山城相依的特点，在城市范围内通常有着许多自然山体、水体与城市建成区交错相融。在宏观城市层级下，基于客观自然环境适应的山地城市空间格局规划主要是对城市空间范围内所有自然环境空间的分布状态及关系予以系统的梳理、组织和安排，使与之对应的城市规划建设活动更加合理，起到优化现有城市空间用地布局关系，合理拓展新的空间用地布局的效果，进而使现有城市空间格局更加优化完善，以及使未来城市空间格局的发展不与自然环境发生根本性的矛盾。因此，山地城市空间格局适应自然环境的规划研究应从自然环境保护的被动适应和对自然环境进行组织、安排的主动适应两方面展开，保护与利用并重。

同时我们也必须意识到城市的形成不是孤立的，而是与区域发展相联系的；大自然是没有边界的，城市范围"内"的自然环境与城市范围"外"的自然环境是一体的。因此，除了对象城市空间范围内的自然环境，其周边城乡与自然环境的关系在该尺度层级下的客观适应规划也是不可以忽略的。

4.1.1 被动适应——城市自然山水格局的维系

城市自然山水资源是构建和维系山地城市空间格局特色极为重要的内容。"当生态城市规划将视线转移到城市空间这一人类聚居的环境中的时候，除了要考虑城市物质空间和自然生态的关系，还要强调自然要素和空间感知的关系。"[249] 新加坡的刘泰格也曾指出："一个城市没有自然环境，就像人没有了灵魂"。这都说明了自然环境直接关系着城市空间规划建设，在一定社会生产力发展水平下，适合城市建设用地的土地资源的自然空间分布是一定的。这种原地条件的可建设性是由自然造就的，人类强行改变这种格局必须付出巨大的代价，也与生态和谐理念相悖。所以绝大多数山地城市的空间格局都应与城市所在地的自然环境条件紧密联系，要实现生态和谐的山地城市空间格局优化，就要维系好其本身的自然山水格局。这种被动维系最基本的要求是要满足城市建设安全与自然生态环境健康。

1. 维系城市建设安全

辨析不适应城市建设的区域，维系其自然状态，既可以保障自然生态空间不被侵占，又能更好地保证城市建设的安全。

（1）地质

一是辨析不利于城市建设的地表岩质区域，在城市空间格局拓展中予以避让。例如在重庆主城区内有大量地表以砂岩为主的地质区域①，存在塌陷和滑坡等地质灾害隐患；对这些地区应予以避让，并注重植被保护和培育。二是辨析地震、地质灾害易发区域，在无法通过工程措施予以改造的情况下，对这些地区应予以避让，维系其自然环境状态，降低地质灾害带来的损失。

---

① 砂岩具体包括河流冲积沙砾石、薄层状泥岩和页岩岩组、砂泥岩互层岩组、砂岩岩组和碳酸盐岩坚硬岩组五大类。

（2）山地地形

一是坡度。一般说来，坡度＜25％且地质特征相对稳定、不易发生自然灾害和地质灾害的区域，适宜作为城市建设用地；坡度在25％～48％的土地，往往处于山地区域内，或是属于山体的组成部分，相对更容易受到滑坡、水土流失等自然和地质灾害的影响，由于山地城市建设用地紧张，就会产生在这种坡度条件下满足城市建设用地的需求，因此在这一区域内必须选择潜在地质灾害较少，且通过人工措施能够改造利用的土地进行城市建设活动；坡度＞48％的土地，地质灾害和水土流失的危险极高，在此区域进行城市布局困难较大，经济投资较高，一般都考虑维系其自然状态。[132] 二是海拔高程。许多山地城市是与河谷相依而成的，因此需要考虑洪水位和供水成本。因此，一定洪水位（多按50年一遇或100年一遇）以下的用地和两次提水的高程以上的用地不适合城市开发建设。

2. 维系城市生态环境健康

（1）山体脉络

山地城市空间格局规划应注重维系山体脉络的连续性与完整性，保证山地城市的山水格局特征。例如重庆市主城区内的"两江""四山"入城，构成了城市大山大水的山水格局基础。又例如古城南京"群山拱翼，诸水环绕；依山为城，固江为池"[81]，充分利用了江河湖泊、山冈丘陵等自然要素，从而构建出富有特色的山水格局。这种山水格局的维系除了能保证城市的自然生态环境健康，还能体现山地城市宏观自然景观的特色。在城市空间建设拓展中应尽量避开因自然（灾害）或人工（活动）原因形成的与周边自然环境失去生态循环关系的残缺或孤立的山体，以及草木难生、存在滑坡、塌方等地质灾害隐患的山体；同时应注重维系和利用自然山体脉络及其原生环境，使其成为山地城市的景观或自然生态空间。

（2）水系

河湖水体是城市产生和发展的重要条件，许多著名的城市也都滨河依湖而成，重庆市的"两江"就是指嘉陵江和长江的两江交汇。同山体一样，河湖水系也是塑造重庆城市基底的核心特征。城市建设与河湖水系表现出紧密的互动，并且呈现出两种方式。一方面，水系为城市提供了生活与生产用水，为城市提供便利的水运交通，城市建设往往因形就势，依水近埠，早期的城市，面对水体往往是一种遵从适应的方式。另一方面，城市发展过程中空间拓展的需求使得其不断对自然水体进行影响与改造，而这种改造很多时候都是负面的，比如河流截弯取直、围湖造地、硬化堤岸，等等，此时城市面对水体的态度是一种主动的强硬改造。这种对河湖水体的侵占也影响了该水体环境的系统循环能力，也会损害到自然水系对城市的生态健康作用与景观作用。因此，维系城市自然环境时，要重视水系自然完整性，主要包括四个方面。

第一，维系支流水系的完整性。

支流水系不仅可以补充干流水系的蓄积调节能力，而且可以有效补充干流地表水体和地下水之间的水循环，以及为植被的自然生长提供更多样广阔的环境。如果在城市建设中将支流水系渠化、涵管化甚至填埋，将会对防洪调蓄、水体循环补充、植被存在环境等产生严重影响。因此，在山地城市空间格局规划中，要保证支流水系的完整，对于已经填埋的支流还要予以恢复。

第二，维系湖泊水体的完整性。

湖泊具有地下水调节、洪水调蓄以及作为鱼类、野生生物栖息地的功能，对城市十分重要。湖泊水体的维系除了保证其本身的完整，还要注意其上下来水、周边生态环境区域以及水源涵养林的维系。

第三，维系河道的完整性。

河道是河流主要存在的空间，是河流水系中最容易被关注的区域。河流在其自身的演化过程中，需要河床、河漫滩、自然河堤等部分参与河流的演化，缺少这些构成部分将对河流水系的发育产生不利的影响。因此，对河流环境的客观适应与维系还应考虑这部分内容，尽量避免大规模截弯取直和工程性硬化堤岸。

第四，水陆交错地带的维系。

水陆交错地带是指河湖水体与沿岸土地之间的过渡地带，包括河漫滩、自然堤岸等，其中消落带空间表现最为明显。在这样的过渡环境中，水体两侧的土壤通过与水体的交互作用，往往会产生具有生态性和趣味性的环境，成为城市人工环境的有效补充。对于环境功能来说，一方面，洪水期需要这样的过渡地带来保证行洪，避免水体周边的陆地城市空间造成影响；另一方面，城市建成区的硬质地面不利于雨水的渗透，减少了城市地下水的补充，严重削弱了城市土壤与自然水体循环之间的生态联系，也使进入河道的地表水体失去了土壤的自然过滤净化，因此保留一部分原生状态的过渡空间来弥补这一过程的缺失是非常必要的。这些都要求在维系自然水系时必须整体考虑其周边相应区域的自然环境。

（3）动植物生境

动植物生境维系就是要在山地城市空间格局规划中，维护野生动植物的生存环境，保证城市空间发展不对野生动植物的主要栖息地造成破坏性的影响。首先要保证一定规模的野生动物生存环境，人类活动干预较少，使其能够形成具有一定完整性的生态群落与食物链，并且能成为一个完整的繁育栖息场所；其次，要能为区域环境内的动物提供并保持具有自然特性和一定宽度的迁徙廊道，且迁移场所之间的廊道距离不能太大。动植物在空间分布上一般都是紧密结合的，有研究表明，对于陆生生物的生存活动，林地的价值相较于其他植被区域是最为明显的，因此维系林地生态可以说是动植物生境维系中最重要的部分。

4.1.2 主动适应——城市非建设用地系统规划

山地城市中，非建设用地往往涵盖了自然山体水体，但又不仅限于此。合理的城市非建设用地不仅仅能改善城市气候、改善空气质量、提升城市自然环境品质，而且对于构建城市的生态安全格局和生态景观格局具有重要意义。山地城市非建设用地系统规划是在城市自然环境维系，满足城市建设安全与自然生态环境健康的基础上，针对城市自然环境条件做出的客观适应性规划。其根本是在满足城市空间发展要求，即与城市空间发展预期相适应的基础上，对城市空间格局的拓展形态和拓展模式进行基于客观环境条件的限定和引导。

1. 山地城市空间格局中的非建设用地系统规划目标

山地城市中的非建设用地系统规划既要保证自然开敞空间在城市中的存在，还要把人与自然环境之间的生态互动关系体现到城市空间格局上来。它不仅将城市中的自然空间视作与周边乡村地域自然生态空间共同组成的一个整体，而且将非建设用地空间看成是与建设用地空间同等重要的组成部分。山地城市非建设用地系统优化目标包括以下三个方面。

（1）优化构建城市自然空间

如果说在山地城市空间格局构建中的自然山水维系更注重对原有自然生态环境的保护与遵循，那么非建用地优化则侧重于补充山地城市空间格局构建中短缺的生态环境，即强化保护城市空间中短缺的绿地、湿地等资源。非建用地系统优化就是要将这些用地组织到城市空间系统中来，从而达到自然保护与城市空间格局拓展两相宜的规划效果。重庆市组团隔离带规划就是通过对非建用地（尤其是城市中自然山体）的系统性整合优化，强化了"多中心、组团式"的城市空间格局。

（2）彰显具有生态价值的自然空间

要彰显自然空间的生态价值，可以从以下两方面入手。一方面，在规划中引入非建设用地的生态分析来指导空间建设，以使未来的建设活动尽量少地带来不必要的生态损失。结合城市发展目标情况以及所处区域的自然环境状况进行综合分析评价，尽量将自然环境良好、生态服务价值高的空间作为非建设用地予以保留或作为城市的公园绿地空间，使其最大可能地发挥生态服务价值。另一方面，从经营城市的角度出发，围绕原有自然环境基础，通过适应性的改造，打造出具有更高价值的自然空间。比如在城市扩张过程中，有选择地对城市中尤其是边缘地带的绿地、湿地予以保留并改造，通过其生态效益的发挥带动周边用地，甚至城市片区的价值的提升，这种用地和空间价值的提升又会反过来进一步凸显非建用地空间的价值。

（3）限定城市空间格局发展模式

合理的非建设用地空间系统，对城市建设用地（物质空间）的发展有限定作用，能够用于限定城市空间格局拓展模式，促进跨越式发展，减少无序蔓延，提高城市内部均匀可达性，从而达到城市空间格局优化的目的。

2. 山地城市空间格局中非建设用地规划布局的空间综合协调

适应自然环境的山地城市中非建设用地规划的空间综合协调包含两个方面：一是适应城市自然山水维系的内容与要求，并在此基础上进行规划；二是充分结合非建设用地在城市空间中所承担的功能，在满足功能要求的基础上进行空间综合协调。适应城市自然山水维系的内容在上一节已经介绍，在这里主要对山地城市空间中非建设用地承担的功能予以简述。

（1）自然生态功能

自然生态功能包括的内容非常广泛，基于本书的研究方向，从城市空间规划行为来看，非建设用地的自然生态功能主要体现在与城市用地空间布局相协调，以平衡城市空间中的碳排放，降低城市空间中的热岛效应。

一是同用地功能布局的协调。工业用地由于其产业项目的不同，往往会对所在城市空间小环境带来一些负影响，如粉尘、噪音、温度变化等。有学者对城区不同性质的土地利用与地表热环境关系进行了研究[250]：工业用地地表温度最高，空间热环境条件相对较差，住宅和商业用地则差距不大。因此，工业园区周边往往需要生态属性较强的非建设用地来平衡其对环境产生的影响。布局在城市以居住功能为主的区域周边的非建设用地，除了一般的生态保护和环境改善功能外，最好还能具有一定的休闲游憩功能及景观功能；商业功能区域亦是如此。

二是开发强度的适应协调。建设用地开发强度越大，对自然生态环境产生的胁迫越大，往往越需要更多的城市非建设用地来综合平衡，它们之间存在着一个用地量的正比关系。组团状结构的山地城市中，各组团的建设用地和人口规模往往存在差异，产生的"热岛"效应及需求的二氧化碳平衡量也存在差异，每个组团所需的非建设用地量也存在大小之分。[132]

（2）休闲游憩功能

休闲游憩功能是现代城市空间中必不可少的，而一些城市非建设用地可以利用其良好的自然条件来满足城市居民的休闲游憩功能的需求。青山入城的山地城市在这一方面的优势尤为明显。

（3）卫生防护功能

合理利用城市中的非建设用地空间能够起到卫生防护功能，类似于防护绿地的作用。比如，沿交通干道的非建设用地能够降低噪音和灰尘的负面影响；为穿越非建设用地区域的基础设施线路提供安全防护空间等；一些需要与普通城市聚居空间保持一定距离的特殊设施也往往位于非建设用地之中。

因此，综合协调非建设用地的规划就是要对被动维系的地质地形、山体水系等要素以及自然生态、卫生防护等功能要求进行多因子叠加综合分析，进行相容和相斥分析，根据多因子分析的成果进行多方案协调之后，最终形成与山地城市空间格局相契合的非建设用地系统。

4.1.3 案例研究——重庆主城区自然山水保护与利用规划

重庆主城区内"一岛、两江、三谷、四脉"① 的自然山水环境构成了山城重庆独特的山水格局特征，基于这样的自然基底，重庆形成了"多中心，组

---

① "一岛"，即渝中半岛；"两江"，即长江、嘉陵江；"三谷"，即缙云山与中梁山之间的西部槽谷、中梁山与铜锣山之间的中部宽谷，铜锣山与明月山之间的东部槽谷；"四脉"，即缙云山脉、中梁山脉、铜锣山脉、明月山脉。

团式"城市空间格局①（图 4-1，图 4-2）。随着城市化进程的推进和城市空间
建设的拓展，重庆的多中心组团式城市格局日益面临挑战。在适应自然环境
的山地城市空间格局规划的思路下，研究重庆主城区自然山水保护与利用，
能够强化城市自然生态本底的认识，明确城市空间拓展过程中所必须维系的
自然环境对象，探索自然山水环境与城市空间发展更好的互动方式，优化并
加强现有多中心组团式城市空间格局，引导未来城市空间格局拓展向着更加
合理的方向发展。

图 4-1　重庆主城区"一岛、两江、三谷、四脉"

资料来源：作者自绘

---

① 参考黄光宇先生在山地城市学原理中对于山地城市空间的阐释，"多中心，组团
式"这一描述可以说兼顾了重庆市主城区的城市空间结构与发展模式类型，结合前文对于
城市空间格局的定义，同时为了研究表述的简洁，我们认为"多中心，组团式"可以作为
重庆主城区城市空间格局的类型表达。

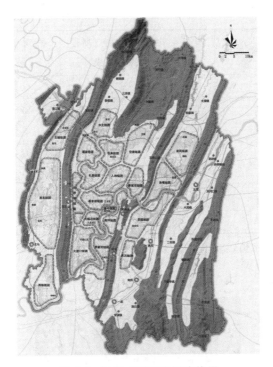

图 4-2　重庆主城区组团式格局

资料来源：重庆市人民政府. 重庆市城乡规划总体规划（2007—2020）（2011 年修订）［Z］. 2014.

1. 山系的保护与利用规划[251]

（1）现状分析

重庆主城区呈现典型的平行岭谷地形特征，南北向的四条华蓥余脉（即四山）将主城区划分为西部、中部、东部三大片区，另有樵坪山、寨山坪、照母山、云篆山等点状山体点缀分布其中。从海拔相对高差来看（表 4-1），重庆主城区内的山体以中山和低山为主，整体上以山丘丘陵为多。具体看来，城中山体约有 243 座，其中位于城市建设区域的城中山体约 171 座（图 4-3，图 4-4）。

表 4-1　重庆主城区主要山体一览表

序号	山体名称	基本等高线（米）	最高点高程（米）	相对高差（米）	山体范围（平方公里）
1	缙云山	250～350	953	703	122
2	中梁山（含龙王洞山）	250～400	1593	1343	705

序号	山体名称	基本等高线（米）	最高点高程（米）	相对高差（米）	山体范围（平方公里）
3	铜锣山	250～350	853	603	443
4	明月山	200～350	1036	836	227
5	桃子荡山	350	842	492	545
6	东温泉山	350	1111	761	393
7	樵坪山	380	738	358	42.5
8	云篆山	320	643	323	21.8
9	寨山坪	350	548	198	13.25

资料来源：重庆市规划局，重庆市规划设计研究院．重庆市主城区美丽山水城市规划 [R]．2015

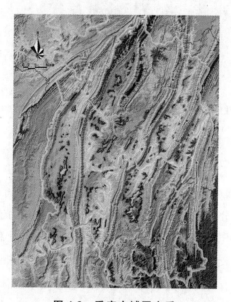

图 4-3　重庆主城区山系

资料来源：重庆市规划局，重庆市规划设计研究院．重庆市主城区美丽山水城市规划 [Z]．2015．

目前，随着城市建设的快速推进，城市中的山体保护与利用也产生了一些问题。具体包括以下两点。

第一，部分城中山体缺乏明确管控。由于部分山体缺乏明确的管控措施，出现城市开发建设挤占城中山体的山麓地区，对城中山体的保护和城市景观风貌的塑造都造成了不利影响。

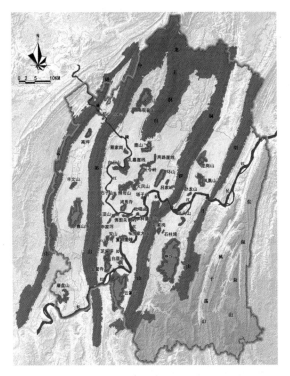

图 4-4 重庆主城区内的四山及重要山体

资料来源：重庆市规划局，重庆市规划设计研究院. 重庆市主城区美丽山水城市规划［Z］. 2015.

第二，城市与山体互动关系不佳。部分城中山体周边地块在开发建设之前缺乏针对地块与山体关系的研究，开发地块的建设强度、高度失控，与山体关系突兀。城市建设地块与山体间缺少视线通廊的控制，高层建筑阻隔视线、遮挡山体的情况较为突出，使得山地城市特色逐渐减弱。

（2）以适应山体自然环境为主的保护与利用规划策略

山体保护与利用要点线面相结合，旨在阻止城市内山体继续受到侵蚀破坏和遮挡，强化山体的生态效能，突出山城景观特色，为市民提供休闲游憩空间。

第一，保护主体山系四山。

首先，划定管制区域，分区严格管控①。按照相应的海拔高程，将四山控

---

① 2007 年重庆市颁布了《重庆市"四山"地区开发建设管制规定》，按照 300 米左右的黄海高程划定管制范围，将四山面积 1497.46 平方公里，共划分为三个控制区域，其中禁建区 1386.99 平方公里，占管制范围的 92.62%；重点控建区 89.24 平方公里，占管制范围的 5.96%；一般控建区 21.33 平方公里，占管制范围的 1.42%。

制范围划分为禁建区、重点控建区和一般控建区，分区域按要求控制。其中，禁建区包括自然保护区的核心区和缓冲区、风景名胜区的核心景区，森林公园的生态保护区、饮用水源一级保护区、森林密集区以及地质灾害高易发区等，以保护生态环境和严格的禁止开发为主；重点控建区包括自然保护区的实验区及外围保护地带、风景名胜区的一般景区、饮用水源二级保护区、坡度 25 度以上需进行退耕还林的坡耕地等，以保护、恢复生态环境和重点限制开发为主，除了列入市人民政府批准的详细规划中的旅游开发项目，禁止其他开发建设活动；一般控建区包括除禁建区和重点控建区以外的其他因保护生态环境和自然景观需求而限制开发建设的区域，允许适当开发建设，但禁止进行破坏生态环境和自然景观的开发建设活动。

其次，生态搬迁与退耕还林，提高四山生态效能。推进四山地区生态移民，鼓励农民下山集中安置，引导农民就地或就近适度集中。对现有林地实施严格保护，将管制区内坡度在 25 度以上的非基本农田逐步退耕还林，提升四山的生态环境质量，并严格限制林地转为建设用地和其他农用地。

再次，修复重点地区生态，主要是对挖掘矿场区域、地质灾害区域、植被受损区域进行生态修复。比如，对泥石流破坏的地区采用坡面加固、支撑、生态型挡土墙、削坡减载等措施进行恢复；对植被遭受破坏区域，通过景观性植被栽植与防护性植被栽植来修复山体。

最后，完善休闲游憩功能。一是依托山体自然资源禀赋，发展生态休闲旅游产业，主要是在重点控建区和一般控建区内完善旅游休闲服务设施。二是打造登山线路和郊野绿道，提高山体空间的可达性。在四山地区现有的 10 条登山线路基础上，未来规划新增 9 条登山线路，并与城市建成区内的重要公共开放空间及步道系统相联系。

第二，保护散布城中的点状山体。

首先，明确山体保护范围。综合考虑保护的效果与管制成本，以及为城市未来发展预留可能的拓展空间，有必要确定一批严格重点保护的山体。其具体选取标准如下：一是优先保护原生态山体，对与城市关系密切的山体择其重点加以保护；二是山体制高点高程在海拔 350 米以上；三是选择具备一定规模的山体（山体面积不低于 20 公顷）；四是选择山体制高点高程或面积未达到上述标准，但对城市空间形态与空间结构控制具有重要影响的山体。

其次，划定重要山体管控线。按照管控力度与指引内容的不同，将城中山体的管控线确定为两个层级，即重要城中山体保护线与重要城中山体协调线，分层级确定规划管理与建设管控要求。山体保护线内要划分禁建区与重点控建区，禁建区内原则上作为公园绿地或非建设用地，严禁建设非公共用途的建筑物、构筑物；重点控建区内开发建设必须严格论证，控制建筑高度与开发强度。山体协调线内主要是对建筑形态进行控制，控制开发强度和建筑高度，保证开敞空间和视线通廊畅通，并形成错落有致的城市天际线（图4-5）。

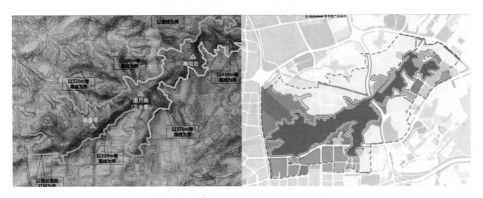

图4-5 城中山体保护线划定示意

资料来源：重庆市规划局，重庆市规划设计研究院. 重庆市主城区美丽山水城市规划［Z］. 2015.

再次，加强山体资源的利用。充分利用这些与城市紧密结合的山体资源，使其成为城市公园与生态绿地，给市民提供休闲、游憩、健身的好去处。同时加强山体的可达性，规划完善登山步道；结合山体周边功能分布，与城市交通，特别是公共交通、步行和自行车系统相衔接，合理规划重要城中山体入口，预留小型集散广场和停车空间，方便使用者到达。

最后，山体视线通廊规划。城中山体制高点是主城区内重要的登高远眺场所，山体制高点之间的视线通廊，是打通城中山体之间联系的重要载体。应严格控制城中山体制高点之间的视线通廊，避免通廊被高层建筑阻挡，保证山顶眺望点之间可以相互眺望。根据主城区城中山体现状，同时结合规划控制可行性，重点确定了22条视线通廊（图4-6，图4-7）。视线通廊的控制既突出了城市中自然山体的视觉存在感和景观特色，又控制了相应城市空间内的建筑形态与体量，进一步凸显了山城的高低起伏与疏密有致。

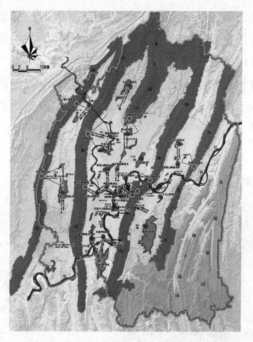

图 4-6 城中主要山体视线通廊规划

资料来源：重庆市规划局，重庆市规划设计研究院. 重庆市主城区美丽山水城市规划 [Z]. 2015

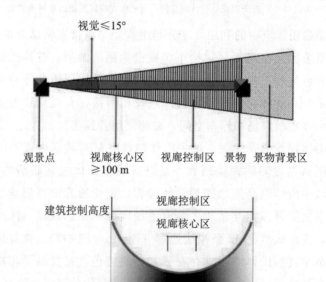

图 4-7 山体视线通廊控制示意

资料来源：重庆市规划局，重庆市规划设计研究院. 重庆市主城区美丽山水城市规划 [Z]. 2015

2. 水系的保护与利用规划[251]

（1）现状分析

第一，两江水体现状。

长江在重庆主城区内干流河道长约 133 公里，嘉陵江在重庆主城区内干流河道长约 73 公里，于朝天门汇入长江。两江洪水期与枯水期水位相差较大，消落带范围明显；沿线景观资源分布丰富，有众多峡、滩、碛石等。

2008 年年初，为加强对两江地区的控制引导，整治沿江地区城市景观，重庆市启动了《重庆市主城区两江四岸滨江地带城市设计》，旨在通过规划加强对两江四岸地区的管理和控制，提升人居环境质量，实现可持续发展，进而把重庆打造为世界著名山水城市、宜居城市（图 4-8）。在此基础上，重庆主城区两江滨江环境改造取得了一些成效（图 4-9）。由于两江水体的重要性，城市建设带来的问题主要集中在滨江环境上，比如部分城市建成区还存在滨水交通干道割裂城市与江岸的联系，亲水性较低；沿江地区建设平板化、建筑过于压迫水体，缺少视线通廊的问题（图 4-10），而对于直接关系宏观城市空间格局的水体本身影响较少。

第二，支流水体现状。

支流水体包括了重庆主城区内一、二、三级支流。①

主城区内流域面积在 10 平方公里以上的一级支流共 40 条。近年来随着各级政府及相关部门的重视，基本保持了连续稳定的河床和河道岸线。但部分滨河岸线还是存在一些问题，如：生态缓冲与保育区域空间保护距离控制不够；城市界面和河道岸线关系生硬，建筑与水体缺乏对话；优质景观生态环境可达性不佳，导致景观生态资源使用率不高等问题。另外在二、三级支流方面，随着城市的开发建设，存在大量渠化、封盖处理现象。

（2）适应水体自然环境为主的保护与利用规划策略

水系保护与利用要遵循三个原则：一是在满足防洪、排涝等水位调节功能基础上，保护河流水质，提高河流湖库的自净能力，并保证水体空间对城市

---

① 根据《重庆市主城区美丽山水城市规划》中的划定，一级支流：指流域面积大于 10 平方公里，直接汇入长江、嘉陵江的河流的干流及其流域面积大于 10 平方公里的支流；二级支流：指汇水面积大于 2 平方公里、小于 10 平方公里的山沟或溪谷，间歇性有水或无持续流水，但具有明显的地貌特征及泄洪功能；三级支流：指汇水面积小于 2 平方公里的沟壑，具有明显的地貌特征及泄洪功能。

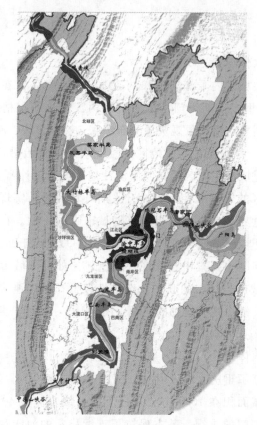

图 4-8　重庆主城区两江四岸

资料来源：重庆市规划局. 大江大山，开放人文——重庆特色与规划［Z］. 2012.

图 4-9　亲水性强的滨江岸线

资料来源：作者自摄

图 4-10　硬质堤岸的滨江岸线

资料来源：作者自摄

空间的支撑作用；二是划定水系生态保护范围，修复水系生态结构，保障水系健康可持续发展；三是保护和建设主城区水景观，达到生态性、舒适性、协调性、空间感、亲水性的要求，提升城市环境的品质和价值。

第一，两江水系的保护与利用规划。

首先，河道保护及控制要求[252][253]。一是以两江相应的防洪标准水位或防洪护岸工程为限，明确不可侵占的河道保护线。二是划定绿化缓冲带，在城市建设用地和预留的城市建设用地中，控制后退相应河道保护线不少于50米；在非城市建设用地区域，控制后退相应河道保护线不少于100米；绿化缓冲带内除护岸工程及必要的市政设施外，禁止修建任何构筑物。

其次，岸线空间功能规划与设计引导。一是岸线功能规划引导，分类分段引导两江岸线空间功能，结合两江岸线空间现状，形成生产类、生活类、公共服务类、生态保育类岸线，明确各类岸线的空间分布及岸线控制长度（表4-2）（图4-11）。二是岸线空间结构规划，按照两江四岸城市设计、主城区各行政区分区规划的要求，在两江滨江沿线形成十大空间节点并对该十大节点进行功能定位和景观利用。三是重大功能空间布局，结合滨江城市空间节点与空间功能定位，布局重大功能性项目与塑造滨江开敞城市空间。四是滨江景观控制引导，结合滨江的地形风貌特点和城市内部功能，对滨江岸线规划三类风貌界面，分别是城市主导型界面、自然－城市交融型界面及自然主导型界面，并制定不同的景观控制指导规范：自然主导型界面以保护自然生态环境和山体形态，严格控制局部人工界面，凸显自然山水为主；城市主导型界面以控制城市天际线、建设强度和城市展开面为主；交融型界面注意体现城市和自然的间隔交叉，建筑与山地地形相融合，凸显山脊背景等（图4-12）（图4-13）。

最后，特色景观保护。保护两江的峡、滩、碛石等滨江特色自然景观，结合实地调研和山水文化研究，建立两江重要特色自然景观保护名录。

表4-2 重庆主城区滨江区域各类岸线长度

岸线功能	岸线（km）	占总岸线的比例
生产类	41.92	11％
生活类	113.71	30％
公共服务类	86.08	22％
生态保育类	140.23	37％
合计	381.94	100％

资料来源：重庆市规划局，重庆市规划设计研究院．重庆市主城区美丽山水城市规划［Z］．2015．

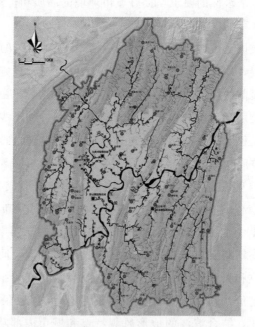

图4-11 重庆主城区水系

资料来源：重庆市规划局，重庆市规划设计研究院．重庆市主城区美丽山水城市规划［Z］．2015．

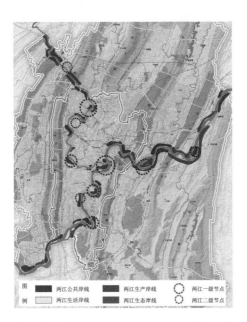

图 4-12 两江功能岸线与重要空间节点示意

资料来源：重庆市规划局，重庆市规划设计研究院. 重庆市主城区美丽山水城市规划［Z］. 2015；重庆市规划局. 两江四岸总体规划［Z］. 2012.

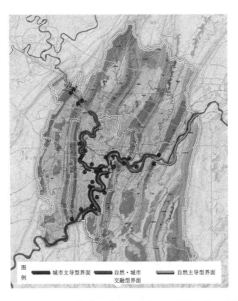

图 4-13 两江四岸滨江景观风貌主导界面分区引导

资料来源：重庆市规划局，重庆市规划设计研究院. 重庆市主城区美丽山水城市规划［Z］. 2015；重庆市规划局. 两江四岸滨江地带城市设计［Z］. 2010.

第二，支流水系保护与利用规划。

支流水系的保护与利用的重点是一级支流。

首先，河道保护及控制要求。一是以相应的防洪标准水位或防洪护岸工程为限，明确不可侵占的河道保护线[252]。二是划定绿化缓冲带，在城市建设用地和预留的城市建设用地中，控制后退相应河道保护线不少于 30 米；在非城市建设用地区域，控制后退相应河道保护线不少于 100 米；绿化缓冲带内除护岸工程及必要的市政设施外，禁止修建任何构筑物。

其次，促进沿岸功能多样化。一是提高滨河周边用地的混合性。各类用地规模分配合理，避免岸线功能单一化；地块内居住功能和公共功能混合，加强地块混合度。二是丰富岸线的开敞景观形式。提升河道岸线各种景观的层次性；丰富沿线开敞景观类型，加强亲水性；结合周边规划用地布置相应类型的公共开敞景观。

最后，增强沿岸的可达性。一是强化滨河周边地块步行联系道路及绿化通廊的控制。增加控制沿河地块内对外联系通廊，并使其公共化；结合地形增设到达滨水区的步行通道，纳入法定规划控制要求。二是处理好城市要素与自然河道的关系。比如规划应尽量避免城市道路、建设用地等要素与自然河道之间形成过大高差；规划应合理控制沿河道路的等级，尽量避免交通性干道形成对河道的隔离封闭。

对于二、三级支流主要是在满足泄洪通道要求的基础上，划定二级支流和重要三级支流的保护线和绿化缓冲带控制线（表 4-3）。原则上不得对二、三级支流进行填埋或封盖，限制渠化、改道等建设行为。保留具有典型地貌特征、重要的三级支流，使其成为城市开发建设的景观隔离带；确需改变水系或封盖流域面积小于 2 平方公里的沟壑，须在充分论证后，确保不影响行洪和行漂的情况下，经水行政主管部门批准后，方可施工建设。

表 4-3　二、三级支流河道保护线及绿化缓冲带控制要求

各级河流	所处区域	河道保护线	绿化缓冲带
二级支流	所有区段	相应的防洪标准水位或防洪护岸工程	后退相应河道保护线不少于 10 米

续表

各级河流	所处区域	河道保护线	绿化缓冲带
三级支流	所有区段	按自然地形边缘划定	部分切割特征明显、具有较强集雨功能的三级支流，其绿化缓冲带应后退相应河道保护线不少于 10 米，其余沟壑可不设绿化缓冲带

资料来源：重庆市规划局，重庆市规划设计研究院．重庆市主城区美丽山水城市规划〔Z〕．2015．

3. 组团隔离带绿地规划

重庆主城区组团隔离带是依托自然山体、城市公园绿地以及非建设用地情况，为防止城市扩张造成组团粘连，突出山水城市"多中心组团式"格局，在城市建设用地中设置的绿地隔离带。组团隔离带是结合四山两江对重庆城市空间格局塑造的有效补充。

（1）规划划定原则

根据城市非建设用地的分布情况，结合城市组团边界线，科学划定组团隔离绿地控制线。一是组团隔离带绿地边界线尽量与两江四山、城中山体水体、城市绿地和开敞空间整合，即尽量利用现有山水资源。二是在城市建设用地范围内，控制组团隔离绿地宽度不小于 100 米；若组团隔离绿地宽度小于 50 米，或其所及范围已建设成为或规划为城市生产、生活用地，则以一个地块为边界划定，以保障组团隔离绿地的连续性。

（2）控制要求

根据物种交流与迁移、生态景观、水源涵养等，控制组团隔离绿地宽度不小于 100 米。组团隔离绿地内部可存在多样化的生态要素，如溪流、河川、小径、沟渠、独立山体、林地、园地、城市绿地及开敞空间等。

严格按照控制线控制用地范围，确保组团隔离绿地内的城市公园绿地、防护绿地、郊野公园、农田、林地、园地的面积不得减少，不得随意置换调整，不得进行与其用地性质无关的建设活动。重要市级以上的市政基础设施、交通设施穿越或布局在其中需进行专题论证。

组团隔离带绿地内不得新增城市经营类建设项目、居民点，但可适当建设游憩步道、游憩自行车道、休息、卫生、安全等设施，形成联系城乡的绿色脉络。现有的规划居住、工业等项目，应通过调整建设强度、绿地率、开敞空间等保障组团隔离绿地的连续性。

（3）总体规划布局情况

为维护主城区生态安全格局和"多中心、组团式"空间格局，避免组团粘连，基于大山大水的自然基底，依托规划的非建用地和部分公园绿地，辅以部分区域的绿带补充联系，重庆市主城区内共划定了 6 组组团隔离带（图4-14，图4-15）。

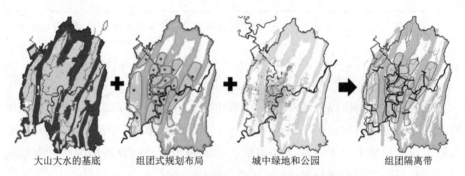

| 大山大水的基底 | 组团式规划布局 | 城中绿地和公园 | 组团隔离带 |

图 4-14　重庆主城区组团隔离带规划思路解析

资料来源：重庆市规划局，重庆市规划设计研究院. 重庆市主城区美丽山水城市规划［Z］. 2015.

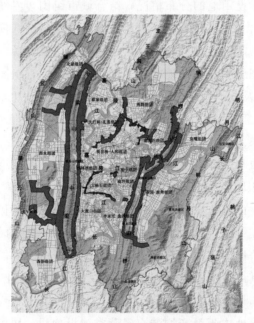

图 4-15　重庆主城区组团隔离带规划

资料来源：重庆市规划设计研究院. 重庆市主城区隔离带规划［Z］. 2008.

4.2 适应自然环境的片区层级规划

片区层级的山地城市空间格局规划，在适应自然环境方面，除了做好对自然山水资源的维系和保护，对城市非建设用地的规划安排外，还应加强结合山体水体、山地地形等自然环境的空间内容组织与空间形态规划引导。所以本节重点论述在片区层级有着更直观体现的空间形态规划引导。

4.2.1 适应城市环境气候，优化空间形态组织

1. 建立具有生态调节功能的缓冲空间

具有生态调节功能的缓冲空间主要是指通过与环境相契合的城市形态与建筑群体的布局设计，在建筑物和周围自然环境之间建立一个生态微环境缓冲区域，以提供良好的城市局地气候环境。在山地城市空间格局规划中，应积极结合自然山水与城市空间相融合的优势，结合绿色生态设计的基本原理，"留出空间，组织空间，创造空间"。建立山体、水体环境等与城市开发建设区域之间的自然梯度，合理安排不同层次的具有生物气候调节功能的缓冲空间，形成点、线、面合理分布的整体格局，并使之与景观连续性、城市风道、城市局地气候等诸多因素相吻合。如在城市滨水区域预留自然缓冲空间，对增加城市局地大气环流以及增氧泄洪具有重要作用。

2. 适应气候的空间形态布局

城市建筑的空间形态布局对城市局地气候的形成有非常紧密的关系，最主要的是通风与热环境方面。比如建筑物密度高的空间风速会明显减弱，区域内通风效果下降；建筑物高低不平的区域通常比高度相近的区域拥有更好的通风条件；密集的高层建筑群容易产生"峡谷效应"；密集的建筑布局带来的大规模人流活动或大面积的硬质铺地会加剧"热岛效应"，等等。

当然，不同地区的城市针对其气候特点的适应性规划是不同的。比如我国山地城市分布最多的西南地区，冬季主导风向为北风，夏季东南风较多，故从气候适应来看选择东西向的街道较为有利：一方面能够削弱冬季北风的影响，另一方面使街道空间走向与夏季主导风向相连，有益于加强通风，而这正是夏季闷热的西南山地城市所需要的。又例如在山城重庆，日照时间少，

季风频率高，夏季闷热，气候适应的主要策略是加强通风。重庆市全年主导风向多为北风和西北风，但平均风速很低，而夏季东南风虽然频率不高，但风速较高，可以产生较强的通风作用，因此，将风环境条件作为总体空间布局设计的依据之一，比较符合重庆地区的气候特点。在山坡和滨江地段，应尽量做到前后错列、斜列，把低矮建筑布局在临河面、临山谷面，后排建筑逐渐抬高，并采取架空处理，降低风阻挡，增加视觉景观共享。同时规划布局辅以与江面垂直（或有一定夹角）的支路，最大限度地将风引入城市空间内部。（图 4-16）

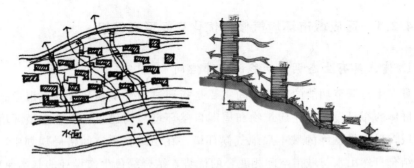

图 4-16　适应气候的空间形态布局示意

资料来源：左图：卢峰. 重庆地区建筑创作的地域性研究［D］. 2004；右图：重庆社会科学院，重庆市规划研究中心. 北碚新城低碳生态规划建设指南［Z］. 2013.

4.2.2　适应山地地形条件，引导物质空间布局

1. 适应山地地形的建筑布局引导

（1）平面空间生态网络化

生态和谐的山地城市呈现出城市空间与自然环境相融，山与城相互交错、共生发展。从宏观视角来看，往往表现为一种自然生态为"底"、城市建设空间为"图"的网络化结构。各个城市组团如同斑块分布于自然环境的大图底中，斑块之间就是自然山水或生态绿地等生态环境因子，它们分隔开各个城市斑块又让各斑块之间有自然环境相联系，最终形成以自然环境为"底"，各城市斑块被自然环境系统所包围的网格结构。而在中观城市片区层面，这种图底关系正好互换过来，深入城市之中的自然山体、水体形成点状或带状的斑块，城市在被自然环境因子所分隔限定出的可建设用地上发展，并一定程度上包围这些自然因子，进而形成自然环境空间为"图"、城市建设区为

"底"的网格化结构。建筑空间平面布局则要遵循图底关系，集中在"底"的范围内，不侵占图斑的空间（图4-17）。

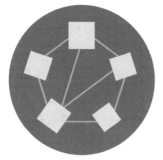
生态为底，城市建设区为图

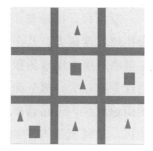
城市建设区为底，生态空间为图

图4-17　城市建设区与生态空间的图底关系示意
资料来源：作者自绘

（2）纵向空间立体簇群化

立体簇群化发展就是在平面空间形态紧凑布局、疏密有致的基础上，充分利用纵向空间三维集约化生长的建筑群空间形态发展方向，是适应山地用地紧张及地形条件限制的城市空间拓展与优化方式。这种三维方向的发展除了建筑物的立体空间拓展，还有城市交通方式、城市绿化，甚至街道空间营造等方面。这种现代山地城市立体簇群化发展的模式，可以有效地结合山地地形环境，将传统山地城市的空间集约理念与现代技术在城市立体空间创造上的运用相结合，将人为的营造与自然的生长有机融合。立体簇群化发展要注意依山就势，以高地高建、低地低建的原则，保持视廊、绿廊区域的通透，使建筑群不破坏山势。这种纵向空间上簇群化的发展方式，充分利用了山地地形优势，创造出层次丰富的城市空间，同时也节约了山地城市用地。

2. 适应山地地形的道路规划引导

山地城市中，中观片区层级的道路规划设计除满足交通功能要求外，还必须适应地形条件，实现与环境的有机结合。在车行道方面，道路走向应较好地结合地形，合理地确定道路标高、坡度、平竖曲线半径；根据用地性质确定用地平整方式、台地大小，为建设创造条件。

一是增加单向交通组织流线。山地城市旧城或组团中心的现有道路通常较为狭窄，可利用山地城市道路交叉口比较多的特点，对临近的道路组织单向循环交通，适当消除交叉口冲突点。例如重庆主城区观音桥、南坪、沙坪坝、杨家坪四个副中心实施单向交通组织，有效地缓解了地面道路资源不足的矛盾。

二是由于受地形限制，山地道路宽度较平原城市要窄，通常应适当提高路网密度。一般而言，山地城市干道路网密度与建设用地坡度呈正比关系，即城市建设用地坡度越大，其干道路网密度就较大[1]，采用较高的密度能够更好地满足道路对周围用地的服务要求。如在重庆、涪陵等山地城市旧城区干道路网密度普遍较大，部分间距甚至只有 200 米左右。反之，建设用地坡度较平缓的山地城区，道路路幅可相对较宽，干道密度可采取较小值，如重庆大学城地区，道路宽度与平原城市相差无几，干道间距可达 500 米左右，路网密度普遍较小。

三是道路线型选择宜灵活多变，走向、坡度应适应地形高差变化，依山就势，既有平面上的转折，也有高程上的起伏。通常情况下主要道路平行于等高线布置，垂直方向布局人行梯道，道路交叉处利用地形高差形成立交，或垂直方向采用"之"字形道路以使其上下道路连接。有时也采用主要道路不沿等高线、而斜交于等高线的布局方法，以减少次要道路的纵坡，加强上下交通的联系。

4.2.3　适应自然山水环境，保证山城空间特色

1. 适应自然山体的空间规划引导

（1）自然山体的维系与保护

城中山体、自然陡坡和崖壁原则上应作为绿地或非建设用地予以保留，开发建设应尊重其自然地形地貌，保护植被，不得开山采石、大填大挖。对可以规划开发的相对平缓的浅丘区域，开发建设也应结合地形，随坡就势，体现山地特色。

对自然山体应划定严格的管控保护线和山体协调线。保护线内划分禁建区与重点控建区，禁建区内严格控制公共建设活动；重点控建区内的建设活动应重点控制，严格论证，并以公共服务设施和低密度开发为主。协调区根据山体具体情况按周边 100～500 米范围，结合现状与道路规划，要重点控制开发强度、建筑高度、开敞空间和视线通廊。例如《重庆市主城区美丽山水城市规划》（2015）就规定重要城中山体协调区内的新建建筑高度不得超过该山体相对高度的 2/3；新建建筑后退重要崖线边缘不少于 20 米，崖线下的新

建建筑高度原则上不超过崖线相对高度的 2/3，控制崖线上的建筑起伏和层次，对重点地区进行景观视线论证，形成错落有致的城市天际线。

另外，在自然山体的维系与保护的同时，还应注重其自有利用。比如充分利用这些与城市紧密结合的山体资源，使其成为城市公园与生态绿地，给市民提供休闲、游憩、健身的好去处。同时加强山体的可达性，规划完善登山步道；结合山体周边功能分布，与城市交通，特别是公共交通、步行和自行车交通系统相衔接，合理地规划重要城中山体入口，预留小型集散广场和停车空间，方便使用者到达。

（2）城市山脊线的保护与彰显

城市山脊线是山地城市极具特色的城市景观，是体现山城立体特色的重要载体。一是要禁止开发建设行为对山脊植被与自然地形造成破坏，禁止深开挖、高切坡等破坏山体的建设行为。二是控制山脚下和山坡上可建设区内的建筑高度，避免建筑完全遮挡山脊线。例如，在重庆渝中区，为突显鹅岭—虎头岩中央山脊线，崖线下的建筑高度原则上均不得超过山脊线高度的 2/3[258]。（图 4-18）

图 4-18　渝中区鹅岭－虎头岩山脊线范围示意

资料来源：重庆市规划局，重庆市规划设计研究院. 重庆市主城区美丽山水城市规划［R］. 2015.

（3）结合地形的眺望点规划

山地城市或依山、或临水、或青山入城、或山水相融，往往有着丰富的地形变化。结合地形高低起伏的特点，打造城市眺望点空间，能够使市民登高望远，观赏城市风光，体验山城空间的丰富趣味。同时，打造眺望点也是对城市公共开放空间的丰富。

眺望点的选取可以是山体、山崖的地形适宜、视线开敞、对景丰富之处，甚至城市中某些制高点建筑。结合山体、山崖的眺望点还需要对景观视域范围内建筑高度进行控制和优化，保证眺望点的主要景观视域不受影响。

2. 适应自然水体的空间规划引导

许多山地城市都具有山水相依的特点，因此在适应自然环境规划的片区层级研究中，将适应自然水体作为一个部分进行单独论述。

（1）水体保护与滨水空间控制协调

第一，水体保护方面。

对于城市主要河道、湖泊、水库等，必须严格保护湖库河道等，严禁任何建设行为侵占、覆盖水体。对于支流水体也要保证水体完整性，不得随意截弯取直、随意渠化、封盖、大填大挖，应尽量保持水岸自然状态；对于部分汇水面积较小、无持续性水流、泄洪功能较弱的次支流水体，若确因城市建设需要填埋、封盖，也必须充分论证，在保证不影响行洪排水的情况下，方可施工执行。同时，要根据河湖水体等级划定绿化缓冲带，一是保护水体，二是保证滨水开放空间。

第二，滨水空间协调利用方面。

一是增强滨水空间的可达性，并使其公共化，结合地形增设到达滨水空间的步行通廊。二是滨水空间的建筑高度控制，形成由滨水向外围逐步升高的整体空间形态，建议可以按新建建筑高度等于建筑与绿化缓冲带边线距离的整体原则进行控制，同时明确滨水第一排建筑高度控制。三是滨水开敞空间控制，防止在城市滨水区域形成过于封闭的城市界面[①]（图 4-19）。

另外，在新城片区与旧城片区中，滨水空间协调利用的策略要求也应有所不同。旧城片区中滨水空间的协调重在整治和重塑，结合旧城更新和社区改造进行河道环境整治，河道堤岸以人工和自然混合型为主，往往需要增加公共开敞空间，加强滨水空间的亲水性和可达性。新城片区中滨水空间的协调重在控制和利用，在城市开发建设初期就对滨水空间予以控制，尽量保持其自然状态，形成贯穿城市新区的景观生态走廊，加强滨河公共服务功能，形成完整的滨河开敞空间系统。

（2）消落带规划设计

消落带是河流、湖泊水体因水位周期性涨落而出现的水岸间的过渡区域。

---

① 例如，在《重庆市主城区美丽山水城市规划》（2015）中关于城市一级支流滨水空间就有规定：建设用地沿河道长度大于或者等于 100 米的，该侧应当留出不小于建设用地长度 30% 的开敞空间，开敞空间应符合以下要求：宽度不得小于 20 米；进深自建设用地红线起算不得小于 20 米；地面上不得布置建筑；场地标高应当与城市道路标高自然衔接。

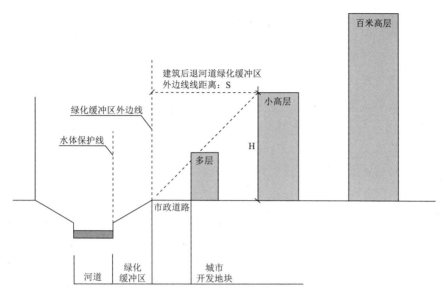

图 4-19 滨水空间建筑高度控制示意

资料来源：重庆市规划局，重庆市规划设计研究院. 重庆市主城区美丽山水城市规划［Z］. 2015.

在宏观城市层级空间尺度，滨河（湖）消落带呈线状，对整体城市空间影响有限；在相对具体的城市片区层级，消落带则能够明显影响城市片区滨水空间的景观形态以及滨水城市空间活力。因此，我们在讨论适应自然水体的保护与利用规划策略时，将消落带规划设计放在片区层级的规划研究之下。

消落带往往是最便捷的亲水空间，但同时也具有生态的脆弱性。利用好消落带空间能够提升滨水生态环境质量，优化城市滨水景观，丰富城市滨水功能，打造绿色生态长廊。因此有必要结合相应片区城市滨水空间功能，对消落带进行合理的保护性建设，开展适当的工程措施进行有效保护，塑造合理的城市滨水消落带。

由于消落带的周期性露出水面和较大的垂直落差，增加了其不稳定性，在消落带设计模式选择方面，应针对不同水位线采取立体式生态系统设计模式，利用水位的涨落形成垂直方向的生态系统，丰富滨水景观。

在消落带护岸处理时，应采用合理的生态护岸方式。大致可以分为下面三种类型：一是自然原型护岸，主要利用自然原生或人工栽种的植被，消减流水冲击，保护河岸；二是自然型护岸，除了利用植被保护，还多采用自然的石、木护材，经过构筑联结，用以加固和保护河岸，多用于台阶或缓坡堤岸；三是人工自然护岸，采用新型透水材料护岸，在确保抵抗水流冲击能力的同时，还营造出一定程度的人工自然界面，如将混凝土砌成梯形箱状框架，在空隙中种植耐水植物，使其生长后形成绿色护岸，多用于地形较陡或堤岸空间较狭窄的区域。

在消落带断面设计方面，应根据空间地形情况，选择适宜的护岸断面形式。主要包括：垂直式护岸，主要是坡度大于 75 度的消落带，多以人工材质构筑与加固；人工自然台阶式护岸，主要是坡度一般大于 25 度小于 75 度的消落带，以人工自然护岸为主，多采用有利于水生植物生长的透水性人工材料；人工自然缓坡式护岸，主要是坡度在 15 度到 25 度之间的消落带，以自然护岸和亲水步行台阶为主，注重亲水环境的打造；自然湿地景观式堤岸，坡度一般小于 15 度，有较大的空间宽度，可打造湿地生态景观，如种植一些耐淹性较好的高大乔木保护河岸，铺设底部架空的木栈桥等亲水设施（图 4-20）。

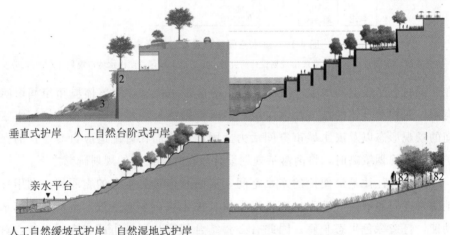

图 4-20　消落带断面设计示意

资料来源：重庆市规划局，美国易道设计公司. 两江四岸滨江地带城市设计［Z］. 2008.

4.2.4　案例研究——重庆渝中区适应自然山水的相关规划策略

渝中区是重庆的母城也是当今重庆市委市政府所在地，素有重庆"第一区"之称。全区总面积为 23.71 平方公里，其中陆地面积 18.54 平方公里，截至 2014 年常住人口 65 万人[①]。

---

① 数据来源：2015 年重庆市统计年鉴。

　　"两江环负，一岛亦城，城在山上，山在城中"（图 4-21）就是重庆渝中区最真实的写照。大山大水孕育了城市，也给城市带来了独特的自然环境资源。在渝中区不足 24 平方公里的范围内，最高处的鹅岭海拔达 394 米，最低处朝天门两江汇合的沙嘴角仅有 167 米，相对高差 227 米，坡降陡险，比高悬殊。陡峭的地形给城市空间发展带来了许多限制，但也塑造了独具特色的建筑景观与山城街巷。

图 4-21　渝中区卫星影像图

资料来源：谷歌地图

　　山与城的相容，也带来了更多绿色和自然空间。高密度的建筑群中，同时分布着鹅岭、枇杷山等自然山体，整个渝中区 23.7 平方公里内，如今只有 14.83 平方公里城市建设用地（其中还有 2.23 平方公里广场公园用地）[254]，近 9 个平方公里的绿色山体、湿地滩涂构成了城市的天然绿肺。如果说整个重庆有着大山大水的独特山水自然环境基底，那么渝中区则是这一特征最具代表性的反映。

　　山地环境为渝中区带来了独特的空间与景观特色，但其相对平原城市也更加敏感和脆弱。因此，渝中区城市空间格局规划中适应自然环境的策略重点就是要在保护并利用好这些自然生态空间的基础上优化空间格局，延续并凸显山地地形特色，展示山城景观。不要在当今社会经济快速发展的脚步中丢失了城市最珍贵的自我。

1. 强化自然山体保护，优化城市绿色空间格局

渝中区自然山体保护范围主要是枇杷山—鹅岭—佛图关—虎头岩一线的中部山脊山体①，以及分布在中部山脊线两侧的沿两江仍能看见的自然山坡。在加强这些自然山体绿色空间保护的同时，还应围绕这一中部主干绿脉，保护并串联城中山体、山脊线、陡坎线等，实现自然山体格局的连续性和完整性，维系结构性的山体走廊，发挥生态服务、综合游憩等作用。同时加强这一主干绿脉同街头绿地公园、浅丘、堡坎、陡崖等绿色空间的串联，形成绿色自然空间在城市空间中的网络化格局。要实现上述目标，还包含以下两个方面的策略。

一是山体保护与协调。主要方法是划定山体保护区与协调控制区。保护区内包括禁建区面积 1.097 平方公里，是山体保护区的核心区，禁止各类开发建设活动；重点控制区面积 0.132 平方公里，现状基本是建成地块，以适度优化为主。协调控制区面积 2.977 平方公里，需要协调控制区域内地块开发强度、建筑高度、开敞空间和视线通廊畅通，重要眺望点视域范围无遮挡。在协调控制区内，将山系管控线与控规图叠加，分析研究与管控原则有矛盾的用地。管控线范围内如今建筑情况良好的地块保留现状，已出让无矛盾的地块按照出让条件进行控制，有矛盾的用地需对控规进行调整（图 4-22）。

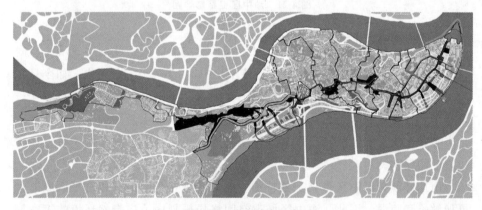

图 4-22　渝中城市绿脊

资料来源：英国 PRP 建筑师有限公司. 重庆主城两江四岸滨江地带渝中片区城市设计 [Z]. 2009.

---

① 此山脊线位于嘉陵江南岸，由渝中区延伸至沙坪坝区，全长约 6.5 公里，联系了枇杷山（341 米）、鹅岭（371 米）、佛图关（344 米）等城中山体，由数个城中山体、陡坡崖线组成，是渝中区最重要的山脊线。

二是打造城市绿脊。《两江四岸滨江地带渝中片区城市设计》（2009）[255]中提出了结合渝中半岛地形上的中央山脊线，沿新华路—和平路—中山一路—长江一路一线打造渝中城市之脊。延续这一概念，通过优化空间环境、增加沿街绿化等方式将沿线自然山体、城市公园、街头绿地等开放空间充分利用并联系起来，与枇杷山—鹅岭—佛图关—虎头岩一线的山体有机结合，结合山脊线保护与规划，打造渝中区主体绿色生态空间，使之不仅是城市之脊，还是城市绿脊。同时，对山体前方地块的建筑高度进行控制，不能过多地阻挡绿色山体地形、地貌，并保证山脊线的突显（图4-23）。

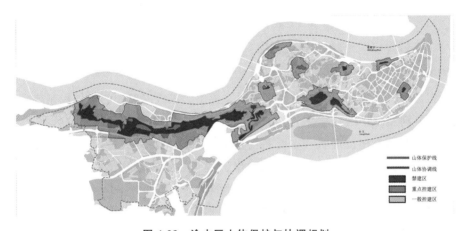

图4-23　渝中区山体保护与协调规划

资料来源：上海大瀚建筑设计有限公司. 重庆市渝中区美丽山水城市规划（2015—2020）[Z]. 2015.

2. 依托两江水岸，优化滨江城市空间

渝中区的自然水体即为"两江"，其中长江渝中段岸线全长8.8公里，嘉陵江渝中段岸线全长10.5公里。渝中区城市空间格局中为适应自然山水的规划必须依托这两江水岸，进而实现优化城市空间的目的。

在具体内容方面，保护利用滩涂、碛石等滨江特质景观，合理有序地引导滨水等地段的开发建设，塑造江城水岸特色。结合生态、防洪、生产生活和景观功能，对渝中区近20公里的滨江岸线进行分类分段处理。根据相邻地区城市功能和本地的地理特征，将岸线划分为旅游和历史性景观、商业和娱乐性景观、休闲和舒适性景观、体育锻炼休闲性景观和生态舒适性景观五大类。结合滨江的地形风貌特点和城市内部功能，构建自然与城市相协调的滨水景观界面；充分展现和融合历史、文化元素；利用自然地标和标志性建（构）筑物提升片区的景观品质；积极完善公共设施，增加公共活动空间；加

强滨江岸线的生态化、亲水化处理，打造休闲水岸（图 4-24）。

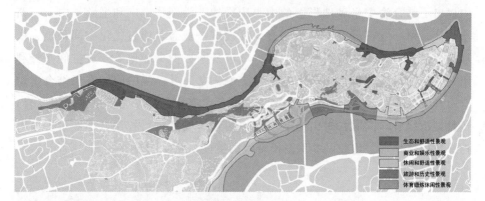

图 4-24　渝中两江水岸

资料来源：英国 PRP 建筑师有限公司. 重庆主城两江四岸滨江地带渝中片区城市设计［Z］. 2009.

在具体操作方面，结合渝中区情况，提出"三线一路"的规划控制要素。

（1）河道保护线：根据长江、嘉陵江的百年一遇防洪标准水位线或护岸工程，以及结合建设现状（主要是已建滨江道路和防洪堤坝等水利工程）划定蓝线。蓝线控制范围内的用地除护岸工程、必要的市政设施及已建成的滨江绿地，必须为水域，禁止修建任何建构筑物。

（2）绿化缓冲带控制线：在蓝线外侧划定的控制区。规划建设用地内尚未建设的，划定 20～50 米的绿化缓冲带，局部有条件的地段可适当扩大，缓冲带内宜保证不小于 80% 的开敞空间。绿化缓冲带内的用地原则上应以绿地为主，以及必要的市政设施。对于已建成的地块，宜利用地形特点，开发立体绿化。

（3）外围协调区范围线：在绿线外侧划定协调区，主要控制滨水建筑的开发强度、高度、开放空间和视线通廊。城镇规划建设用地内尚未建设的，宜划定 50～150 米的外围协调区，局部有条件的地段可适当扩大；其他用地按现行控制性详细规划控制。

（4）公共道路：沿绿线外侧的城市道路或步行道，确保滨水岸线对公众开放。长江滨江主要是长滨路，嘉陵江滨江主要是嘉滨路。

（5）将水系管控线与控规图叠加，分析研究与管控原则有矛盾的用地。管控线范围内建筑情况良好的地块保留现状，已出让的地块按照出让条件进行控制，有矛盾的用地需对控规进行调整。

3. 结合地形规划步道，加强城市与山水空间的可达性

（1）山城步道规划

山城步道规划始于《渝中半岛城市形象设计（2003）》，结合渝中区山地地形起伏适宜步行的特点，规划九条步行道，共计 10.8 公里，以西南与东南走向横跨渝中半岛为主。步道从江边开始跨越山脊再到另一侧江岸，将渝中半岛上最有吸引力的公共空间及重点建筑、历史建筑、知名景点等联系起来，结合绿色通廊与城市阳台，形成联系上下半城的景观步道和结构完整穿越半岛的步行系统。既辅助改善车行交通上下半城不便的现状，又鼓励了人们在老城这个适宜步行的空间范围内更多地采用低碳交通方式。在 2009 年的《两江四岸滨江地带渝中片区城市设计方案》中也提出了对山城步道的优化，建议利用东西向城市道路的人行道，强化东西向的步行交通系统，使山城步道形成更合理的网络结构。2014 年进一步明确在渝中区规划形成"五横一环十二纵"覆盖整个渝中区的山城步道系统[256]；2015 年编制完成的《重庆市渝中区美丽山水城市规划（2015—2020）》进而优化为"2 横 12 纵"14 条山城步道（图 4-25）。

图 4-25 渝中区山城步道系统

资料来源：上海大瀚建筑设计有限公司. 重庆市渝中区美丽山水城市规划（2015－2020）[Z]. 2015.

该步道系统规划设计结合了旧城更新的可操作性，充分利用现有人行步道、台阶步道和城市次支路的人行道，以及在步行线路无法连续的空间区域新建和补充步道，形成连贯的步行系统。同时做好步行空间环境优化，包括优化照明设施与景观绿化，适当新建补充一些休息设施与景观小品等。在路线选择上，注重现有公共服务设施、历史文化建筑、公园绿地等资源相结合，

形成适合游憩漫步的步行线路。目前有三条步道已经优化改造完成，打造了连续完善的步行环境；还有多条步道正在优化改造中或已部分投入使用，这些步道已成为重庆市民游憩休闲的重要去处，也成为具有山城特色的标志性交通空间。以渝中区水厂—石板坡古城墙遗址步道为例，该步道全长约 2.8公里，北起渝中水厂外的嘉陵江畔，向南向上翻越半岛山脊直至石板坡崖壁，连接了枇杷山公园、法国仁爱堂旧址、石板坡城墙遗址等城市公共与文化空间以及特色城市空间。步道规划充分利用了沿线城市空间内的部分人行道、公园与街道社区内的人行步道和台阶梯步等现有步行资源，还新建了沿石板坡山壁与城墙遗址的栈道，形成了一条连续系统的步行线路；该步道纵贯半岛南北，既便捷了城市南北向步行联系，又保留了山城爬坡上坎的地形特色（图 4-26）。

图 4-26　渝中水厂—石板坡山城步道

资料来源：左：重庆市规划设计研究院. 重庆渝中半岛城市形象设计［Z］. 2003. 右：作者自摄

（2）滨江步道规划

渝中区目前滨江步行空间的问题主要是步行通道不连续，部分区域休闲游憩功能较差。滨江步道规划目标是建立连续、便捷、舒适、优美的滨江步道体系，优化滨江城市空间。渝中区滨江步道规划长约 15公里，规划沿嘉陵江和长江环绕渝中半岛而成，是全市两江滨江步道的重要组成，由滨江路人行道、滨江护岸步行道、滨江滩涂步行道和滨江公园步行道四类组成，其相互有机串联、衔接，构成了滨江连续的步行环境。[257]渝中区滨江步道南侧沿长江步道总长度约 5 公里，起自朝天门、止于珊瑚公园；北侧沿嘉陵江步道总长度约 10 公里，起自朝天门、止于滴水岩。（图 4-27）

图 4-27　渝中区滨江步道规划

资料来源：重庆市规划局，重庆市规划研究中心. 重庆主城两江四岸滨江步道规划［Z］，2011.

滨江步道规划设计与营造的侧重点有四个：一是打通步行空间，新建步道廊道，连接目前存在的人行道路，形成连续的滨江步行界面；二是构筑休憩空间，结合滨江景观修建观景平台，同时结合如今滩涂堤岸设计亲水区域，基于滨江步道的串联，形成整体性的城市滨江公共开放空间；三是优化绿地空间，沿江增加或改善绿化，提升滨江绿化档次；四是提升服务设施，增加照明、（座椅）休憩设施，公厕、垃圾收集等环卫设施，雕塑、小品等景观设施，健身器材等体育设施，等等。

要使滨江步道发挥效用，还必须强化滨江与城市腹地空间的联系，这就需要滨江步道与城市步行系统有机结合，通过城市慢行步道强化滨江空间的可达性，将滨江空间与城市空间相衔接，形成复合有机的整体步行系统。在这个步行系统内，许多纵向的山城步道就承担了将城市内部的青山街巷与城市滨水资源联系起来的"通江步道"功能，它们共同构成了渝中区独具特色的山城步行网络，实现了城市与山水空间的可达性联系。

4.3　小结

本章从生态和谐理念的客观适应视角出发，围绕适应自然环境的规划维度，分别从宏观城市层级与中观片区层级对基于自然环境适应的山地城市空间格局规划进行了探讨。这种适应客观自然环境的理念下既有对自然山水、地形的保护与维系，也有在保护的基础上对自然环境资源的空间利用，其最终目的都是使山地城市空间格局的形成与发展更加优化和完善。城市层级下这种自然环境的适应更多是保证宏观城市空间结构发展的完善、合理；片区层级下的自然环境适应性规划则更倾向于城市（局部）空间形态的优化。论文还围绕重庆主城区这一案例对象，以整个重庆市主城区为例阐述了宏观城市层级适应客观自然环境的山地城市空间格局优化；以重庆渝中区为例进行了中观片区层级的山地城市空间格局优化适应客观自然环境的探究。

第五章

适应人工环境的山地城市空间格局规划

通过适应环境，较低水平的空间状态也可能过渡到较高水平的空间状态。[258]自然山水环境决定了一个山地城市的"先天"生态条件；而城市用地功能、空间结构形态、基础设施等则是城市发展的"次先天"条件，是自城市空间诞生起从较低水平发展到较高水平的结果，尽管他们不是与生俱来的，却是城市未来发展所不得不面对的客观环境现实，从后来者的角度来说这也是一种"先天"，它们同样影响着城市空间格局的发展与成型。由于它们区别于自然环境条件，是在城市空间发展过程中历经人工改造逐渐形成的，故我们称其为人工环境。这些人工的"先天"内容就是以客观适应性为指导的适应人工环境的规划策略所要面对的主要对象。

研究适应人工环境的山地城市空间格局发展路径，用于指导山地城市空间格局优化，能够延续山地城市空间格局的发展演变，通过历史规律的探寻去发现未来的可能路径；能够有效地遵循并利用客观现实条件，选择更高效实用的空间格局优化方法，进而建设更适合人与自然和谐共生的山地城市环境。

本章将在生态和谐理念中的客观适应内涵的指导下，结合山地城市空间格局中客观人工环境要素，依托山地城市空间格局系统的层级性特征，从宏观城市层级、中观片区层级和微观地段层级等不同层级，开展适应人工环境的山地城市空间格局规划分析，以揭示山地城市空间格局在此视角下的构建与优化规律，并以重庆主城区为案例研究对象进行具体论述。

5.1 适应人工环境的城市层级规划

山地城市的自然环境特点，使得其人工环境与平原城市相比也有很大的不同，比如城市空间结构形状的不规则与多样，城市空间形态的三维立体特征，城市交通线路多桥梁与隧道，绿地系统中自然原生山体可能占有较大比重，等等。在宏观城市层级下，基于客观人工环境适应的山地城市空间格局规划主要是对城市空间范围内宏观视角下的城市空间结构与功能布局、城市交通系统等内容的优化，使与之对应的城市空间发展与建设活动更加合理，进而使城市空间格局更加完善。但无论是城市用地功能布局还是城市交通系统的优化，其空间表现都是与城市空间结构相关联的，因此我们也可以认为，城市空间结构是城市层级下人工环境要素的核心内容。

5.1.1 适应城市空间结构，选择适宜发展模式

山地城市空间结构是经过一定历史发展，人工城市空间建设与自然生态环境空间相互适应协调的结果，可以说是在一定时期下较优的综合选择。适应山地城市空间结构的规划，就是要使新的城市空间拓展变化充分结合原有城市空间模式与结构类型，并在此基础上进行内部更新和外部扩展。这种适应性优化策略的实现体现在城市空间结果发展模式选择、城市功能用地布局优化、城市开发边界控制等几个方面。

1. 城市空间结构发展模式选择

不同的山地城市，由于自然环境和地形地貌的基础条件不同，其空间发展方式和空间结构演变都会有自身的特点，其形成的人工环境与空间结构发展模式也就不尽相同。在选择发展模式时，既不能武断地延续同一模式，也不能简单地照抄照搬某一范例，而是应因地制宜，结合各自的条件特点和优劣势，选取适合的空间结构和发展模式，在保持城市的特色和个性的基础上，实现城市的和谐发展。

一般山地城市的空间结构在较长的历史时期内都保持着相对稳定的自然生长状态，进入城市化高速发展阶段，这一稳定状态被逐渐打破，城市空间以不同方式和速度拓展，发展形成新的城市空间结构。基于对原有城市空间

结构的适应，城市空间拓展一般有延展、跳跃、环绕等不同的发展模式。①

延展模式是山地城市空间拓展的基本方式。城市初期的拓展往往是以这种方式展开的，圈层延展（"摊大饼"）是最常见形式。在山地城市中，由于自然地形以及无法建设区域的限制，城市空间拓展难以像平原城市那样延展铺开，城市的生长往往结合可建设用地的空间分布，选择最小阻力方向自然生长。比如沿着交通走廊和河谷（山谷）地形轴向延展，这一特征在山地中小城市空间拓展中表现得尤为显著。

跳跃模式是一种离心增长的空间拓展方式，在山地城市中最为常见（图5-1）。跳跃模式的产生往往是因为现有城市空间范围内已无法满足当前城市发展的需求，不得不避开地形条件限制，在一定空间距离外拓展新的城市组团或开发区，来承接人口增长、产业发展的压力。这种跳跃拓展呈现两种状态，一种是由于山地城市受地形条件等因素制约，只能向新的地方寻找适宜城市建设的发展空间，跨越式的发展新区组团；另一种是由于城市空间范围的扩大，原来离城市较近的一些独立小城镇受城区影响越来越强，最终被纳入城区一体化发展，并一定程度上承接城区发展疏解过来的人口、产业资源等，尽管其在空间上还有一定距离。

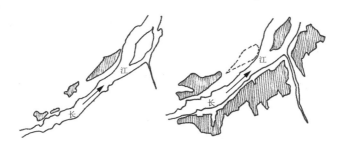

图 5-1　山地城市空间跳跃模式示意

资料来源：赵万民. 山地人居环境七论［M］. 北京：中国建筑工业出版社，2015

环绕模式是山地城市相对独特的一种形式。这一结构发展模式是以典型的中心型山水格局为基础而产生的，是城市空间建设围绕不可侵占的自然山体拓展而成的一种特殊结构形态（图5-2）。由于自然地形条件在很大程度上决定了城市适宜建设用地的分布，因此其环绕生长的过程从一开始可能就已

---

①　这三种模式可分别对应前文参考《山地城市学原理地》中提出的串联发展、组团发展和环绿心发展模式，而该论著中提出的网络发展模式则是多种模式综合发展至相对成熟阶段的表现。[1]

经预知结果，城市空间的动态发展始终是趋于这一导向的。

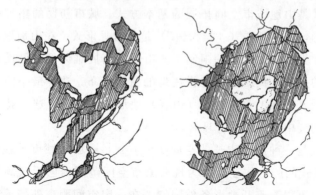

图 5-2　山地城市空间环绕模式示意

资料来源：赵万民. 山地人居环境七论［M］. 北京：中国建筑工业出版社，2015

山地城市由于城市功能日益复杂，城市规模大幅增加，城市空间也以不同模式扩张，进而形成各具差异的城市空间结构。从山地城市用地条件的特殊性及其空间拓展的较高门槛来看，当前我国山地城市发展还是必须以集聚为主。

在针对我国山地城市空间结构特征及布局研究中，通常认为集中与分散是城市空间发展的两个趋势："集中，是城市文明和效率的本质体现；分散，则是山地自然环境的基本特征。"[259] 目前，山地城市研究与实践中将两者有机结合的"有机分散、分片集中"可以说是一种较理想的空间发展模式，已被我国许多山地城市采纳为发展方向。这种分散式组团布局结构，充分尊重地形与自然生态环境，避免了"摊大饼"式连片集中发展带来的各种城市问题，使城市发展具有较大的弹性空间。"有机分散、集中紧凑"的发展模式既满足山地城市的集聚发展，又有利于山地生态环境的保护，还能够较好地衔接原有城市空间结构形式，是一种生态和谐、可持续的发展模式。当然，"有机分散、分片集中"很大程度上是山地城市空间结构发展模式选择的原则性指导，不同山地城市的空间结构适应性优化还是要根据其自身空间特征来具体确定。

2. 与城市空间规模的相适应

由于城市规模的集聚效应和过度积聚不经济效应的存在，山地城市空间结构通常与城市空间规模生长形成一定的适应影响关系。中小规模的山地城市的空间结构类型相对比较简单，而空间规模比较大的山地城市其空间结构通常相对复杂。有学者就在山地城市空间结构与规模的关系研究中总结指出[202]：I 型小型山地城市（人口规模在 20 万以下）的空间结构一般为单中心团块状、带状，少数山地小城镇也发展成为单中心的紧凑组团状结构，如马尔康、奉节等；Ⅱ型小型山地城市（人口规模在 20 万～50 万之间）的空间结构多为组团状、放射状，少数城市形成团块状和带状结构；中型山地城市（人口规模在 50 万～100 万之间）的空间结构一般多为多中心的组团状、树枝状、带状、环状等，少数也有团块状模式，如万州、攀枝花、乐山等；大型山地城市（人口规模在 100 万以上）的城市空间结构则多为多中心的组团状、星座状，如重庆等。

山地城市空间结构的优化应与客观的城市社会经济发展相适应，与城市的规模需求保持一致，盲目地去追求城市空间结构变化是没有意义且会产生负面影响的。如小城市按照盲目跳跃模式发展，追求组团状结构，若人口规模、产业发展没有达到相应水平，会导致基础设施建设浪费，新城变鬼城，甚至会造成城市空间建设根本无法推进。相反，在城市社会经济不断发展，空间规模需求不断增加的情况下，城市空间结构却不随之优化改变，也会引起城市病的加剧，城市空间格局的不和谐，甚至阻碍城市的可持续发展。

另外控制城市开发边界进而引导和限定城市空间规模扩展，也是一种与城市空间规模相适应的城市空间结构优化的途径。城市开发边界可分为刚性边界和弹性边界。刚性边界主要根据城市自然环境划定，是结合诸多自然生态环境要素与基本农田等农业生产要素综合评定分析的结果，是自然生态环境保护的底线，具有一定程度的永久性。弹性边界则是在满足城市社会经济发展的空间需求基础上，结合自然环境要素划定的阶段性城市空间发展边界，限定的是一定时期内的城市空间规模，也可以说是在该阶段城市空间规模的最大可能，该边界是在相应城市空间规模下与之相适应的城市空间结构优化的限定性参考。

5.1.2　城市功能布局优化与城市空间格局协同

城市的生长是不断地在原有的基础之上产生新的空间、新的城市功能以适应城市所在的历史时期和城市发展的历史阶段。城市空间格局是基于人类活动的城市功能组织方式的物质空间载体表现，其发展演变的动力是基于城市空间不断适应社会经济背景和城市功能变化的要求，即"形态适应功能"[①]。

---

① 该表述最早来源于生物学，这里借用该表述来比喻城市空间随着功能布局不断地发生变化。

在我国古代，唐朝以前严格功能分区的城市，与北宋之后随着商业经济的发达，坊、市界限被打破，居住、商业随街巷自由布局的城市，在空间形态与空间结构的表现是不同的。近现代以后，城市在国家和地区中的功能定位与主要职能的不同，使得其表现出来的城市形态与结构类型也不同。交通枢纽城镇往往围绕交通枢纽和交通线形成具有一定特性的城市结构形态，如交通枢纽远离旧城中心形成双中心形态，沿铁路、公路或河流航道形成带状形态等；矿产资源城市多围绕矿产资源形成较为分散的形态；风景旅游城市受风景区与主城区位置关系影响，往往呈现为带状、组团状等。随着社会经济的不断发展，交通、环境资源、产业趋势等都会变化，也会带来了城市功能定位与职能的变化，这些都要求并推动着城市空间格局向新的方向生成、演变和发展，只有即时适应城市功能变化的空间格局才是合理的。

城市用地功能布局是山地城市空间格局系统的重要内容表现。山地城市的空间格局发展制约着城市的用地功能空间布局，功能在适应不断变化的环境的同时又反作用于城市空间格局的优化与发展，促进空间格局的改变，形成新的空间结构与空间形态表现，改变后的结构和形态往往具有更佳的城市功能空间布局关系，使得功能得到更好的发挥。

1. 城市用地功能布局与空间结构、形态的相互作用关系

城市层级尺度下的城市空间格局的发展变化可归为城市空间结构与城市发展的用地功能布局之间相互作用的结果。城市空间格局中的结构特征是在实现城市用地功能布局中逐渐形成的，并随着功能改变而可能发生改变。

当城市空间结构不能满足城市发展的用地功能需要时，城市空间结构发生的改变多表现为空间布局，尤其是功能空间组团的扩张。例如，一个原本以居住和商业服务功能为主的山地小城市，由于社会经济发展需要增加产业功能，增加了工业用地组团布局，其城市空间结构就会因此发生改变。所以说，城市用地布局与城市空间结构（特征表现）的相互作用主要体现在城市空间外延式拓展上。

如果是城市空间的内涵式拓展，城市用地功能只表现出更新优化，而没有用地空间需求的扩大，则用地功能变化体现出的是该用地区域上城市物质空间形态的变化。比如一片工业用地区域因"退二进三"功能变化为商业区，这一用地区域的城市空间形态将会发生显著的变化，包括建筑密度增大、垂直空间的生长、公共开放空间的出现，等等。反之，如果一个区域城市空间形态受到限制，比如开发强度、建筑高度等，那用地功能的更新优化对象也

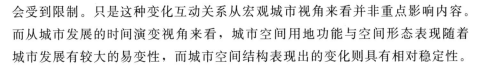

会受到限制。只是这种变化互动关系从宏观城市视角来看并非重点影响内容。而从城市发展的时间演变视角来看，城市空间用地功能与空间形态表现随着城市发展有较大的易变性，而城市空间结构表现出的变化则具有相对稳定性。

2. 从"三生"空间看空间功能适应与城市空间格局优化[①]

"三生"空间是指生产空间、生活空间和生态空间，来源于党的十八大报告中提出的"促进生产空间集约高效，生活空间宜居适度，生态空间山清水秀"，是从战略的高度、以通俗易懂的语言提炼出的国土空间格局的开发要求。落实到城市规划工作中，就是要以生产、生活、生态三个功能为导向，提高城市建设用地效率，形成合理的城市空间格局。

（1）三生空间的特征

三生空间是一个高度概括复合的概念，结合城市空间格局系统来看，具有差异性、复合性和动态性等特征。

差异性是指在不同空间尺度层级下，三生空间的内容对象是有差异的。在城市空间格局及其外部环境被视为一个整体的宏观区域层面，每一个城市、镇都可以被视为一处集中的生产生活空间，其间广大的乡村和自然区域都可被视为生态空间。在本章节主要讨论的城市层级下，工业用地功能集中的工业园区等可被归为生产空间，居住用地功能集中的区域就是生活空间，城市空间格局中的生态绿地、公园绿地等则是生态空间。而在本书城市空间格局研究的另一个层级，片区层级下的微观城市地段街区中，每一个地块都能在"三生空间"中找到其各自的对象。比如在一个街区中，街头小公园属于生态空间，街边的住宅楼所在地块是生活空间，地块中有一栋楼是个小型加工厂，那这栋楼就是生产空间。

复合性是指在以生产、生活、生态为主导功能的空间中，还可能包含着其他功能用地。例如，我们将城市中的工业园区视为生产空间，但园区中的宿舍楼则是生活空间，园区中的绿地则是生态空间。

动态性是指三生空间不是一成不变的，而是会随着城市发展而动态变化的。从一个特定的城市空间格局范围来看，其包含的这三类空间呈现出此消彼长的空间关系。比如，由于城市空间的拓展，原来城市建设用地外的生态空间就会转变为生产或生活空间；旧城更新"退二进三"则可能带来生产空

---

① 该部分内容参考了笔者发表的论文《城乡规划编制中的"三生空间"划定思考》[260]。

间向生活空间的变化。

（2）城市中三生空间的用地功能划分

城市建设用地分类是一种围绕主导功能属性来确定的空间用地功能的分类方式。在城市层级中，我们可以依托用地类型对生产、生活、生态空间的对象进行空间划分（图 5-3）。

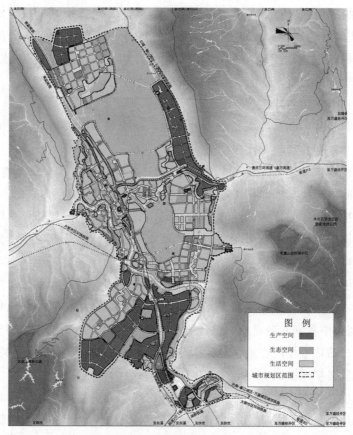

图 5-3　城市层级的三生空间划定示意

资料来源：作者自绘

生产空间：生产性为主的商业服务业设施（B2 和 B4 为主）、科研用地（A35）、工业用地（M）、物流仓储用地（W）、道路与交通设施用地（S）、公用设施用地（U）、区域交通设施用地（H2）、区域公用设施用地（H3）。

生活空间：居住用地（R）、公共管理与公共服务设施用地（A）、生活性为主的商业服务业设施用地（B1 和 B3 为主）、广场用地（G3）、生活性次支路和社会停车场（S1、S42）。

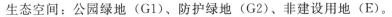

生态空间：公园绿地（G1）、防护绿地（G2）、非建设用地（E）。

（3）三生空间划定对城市空间格局优化的作用

一是围绕核心功能与发展要求，从空间功能入手，简化城市空间格局模型，更好地判别城市空间扩展方向及空间结构的合理性。二是凸显城市主导功能布局同城市空间格局的协同互动关系，通过优化用地空间功能布局来引导城市空间格局向着更加合理的方向发展。三是能够更好地围绕主导功能空间的核心要求，有的放矢地开展规划编制及规划管理，便于城市规划管理工作的推进，有助于提高城市空间治理能力。

（4）城市层级下三生空间的划定路径

以城市总体规划和控制线详细规划为平台，从总体规划到详细规划，分级分阶段实现三生空间的划定与落实。通过城市总体规划进行三类空间的空间关系布局，利用控制性详细规划、修建性详细规划、各类专业专项规划的建设性规划来明确各种空间用地的具体内容及界线。

5.1.3　交通系统规划优化与城市空间格局互动

交通系统要素是山地城市空间格局中的重要因素，与山地城市空间格局的发展变化有着紧密的联系。从宏观城市层级来看，山地城市空间结构的特殊性也决定了与其相匹配的城市交通系统。但是，城市交通系统也直接影响着城市空间拓展与城市空间结构的形成，也是城市空间规模形成的基础，它们之间相互作用。

1. 山地城市空间结构对交通系统的基础性影响

城市空间结构对交通系统有基础性影响：交通模式需要从城市空间结构的源头上与之相适应，这也使得交通系统的运行状况与空间结构布局关系密切相关，并表现出一种供需平衡关系，即交通供给要能满足该城市空间结构特征下的交通需求。[261]山地特殊地形条件和分片集中的空间模式下，城市空间结构与交通系统的相互关系及影响也就具有了山地环境的特点。

（1）城市空间结构是交通模式形成的基础

不同的城市空间结构所产生的交通模式有不同特征。在山地城市形成和发展的初期，空间结构多为团块状，其交通距离较短，集中在较小的空间范围内；当城市空间随着社会经济的进步进一步扩展时，受到自然环境的制约或交通线的引导，可能转化成带状或放射状的城市结构形态，形成较明显的轴向交通流；有的城市由于环境与地形的限制，空间拓展轴向围绕山体推进，进而形成环状结构，此时环线交通流向成为主导；随着城市的进一步发展，城市空间拓展可能跨越部分自然条件的限制，形成了组团状城市结构，除了组团内部多方向的交通，还会出现组团间的长距离交通需求。

（2）城市空间结构影响交通出行特征

有研究表明，西南地区的山地城市居民交通出行以步行和机动车为主，不同于平原城市非机动车出行的大幅占比，盖因山地地形条件的限制（表5-1）。

表5-1 我国部分城市出行方式比例

城市	统计年份	方式（%）						
		步行	非机动车	公交	出租	摩托车	小汽车	其他
重庆	2007	50.39	——	35.09	5.09	—	8.15	1.28
贵阳	2002	62.4	2.7	26.6	1	1.6	4.9	0.7
遵义	2004	65.6	0.7	29.8	1.4	1.2	0.8	0.4
万州	2006	71.94	—	19.77	0.89	2.12	5.16	0.12
长寿	2008	72.6	0.05	16.9	1.2	6.8	1.6	0.85
上海	2004	29.2	30.6	18.5	5.2	5.2	11.3	—
北京	2000	32.7	38.4	15.5	1.6	2	9.4	0.4
成都	2002	30.8	43.8	10.2	4.7	2.6	6.0	1.9

资料来源：崔叙，赵万民. 西南山地城市交通特征与规划适应对策研究 [J]. 规划师，2010（2）；李泽新，李治. 西南山地高密度城市的空间结构与交通系统互动关系研究 [J]. 西部人居环境学刊，2014（4）.

结合城市规模的扩大，城市交通出行需求特征也会发生改变。当城市规模较小时，城市功能简单而集中，居民出行方式比例中采用机动车出行的比例通常就不会太高。而当城市发展到一定规模，城市功能增加，城市空间范围扩大，人们的出行距离也会延长，采用机动车出行的比例必然增多。同时，随着社会经济的发展，现阶段我国许多城市中私家小汽车的使用比例也逐渐增加。而大规模的组团状山地城市中，城市的扩展往往还带来组团间的长距离出行需求增加，也促进了发展大运量公共交通的需求。从重庆主城区近年来居民机动化出行方式占比可以看出，随着城市空间规模的扩大，以及社会经济发展水平的不断提高，小汽车和轨道交通的出行占比不断增加，其中轨道交通占比不断增加的原因，一方面是重庆市轨道系统建设不断完善，另一方面是山地城市中的长距离交通轨道的快捷性远强于地面公交（表5-2）。

表5-2　重庆主城区不同年份居民机动化出行方式构成变化

年份	地面公交（%）	出租车（%）	小汽车（%）	轨道（%）
2007	70.7	11.68	16.42	1.3
2009	65.1	12.9	20.4	1.6
2013	47.2	11.2	31.7	9.9

资料来源：作者根据重庆市交通规划研究院相关年份《重庆市主城区交通运行分析年度报告》数据整理形成。

在山地城市中，由于城市空间布局多呈现分片集中的组团式结构，近距离出行（组团内部出行）所占的比例相对更高，居民出行比例及距离多呈现"近多远少"的特点。[1]

（3）良好的城市空间结构能优化城市交通方式

城市空间结构是交通模式形成的基础，那么良好的城市空间结构必然会对城市交通方式起到优化引导的作用。例如以公共交通系统为支撑的空间规划的TOD模式（图5-4），引导人们采取大容量的公共交通系统如快速公交（BRT）、轨道交通等低碳、环保的方式出行，围绕公共交通枢纽规划机动车停车场和非机动车停放空间，鼓励人们使用公交换乘，充分利用各种交通方式与公交干线站点的接驳。

2. 交通系统对山地城市空间结构的适应性引导作用

城市交通系统围绕城市空间结构形成，但又强烈地反作用并影响着城市空间结构，其通过交通供给改变城市不同地区的可达性，进而引起空间结构的调整和相应区域的城市功能用地布局与空间形态变化，最终引导了将来的整体城市空间格局。

（1）交通方式的发展引导了城市空间结构与规模发展

城市社会经济的发展往往伴随着科技的进步，科技的进步带来了交通工具的革新。交通工具的革新极大地提升了人们出行的便捷性，缩短了人们的出行时间，拓展了出行的空间范围，这对城市规模与空间结构的发展变化都产生了至关重要的影响。在交通方式对城市空间结构的影响中，大运量公共交通的引导作用尤为明显。许多城市在城市新区开发中都运用了依托轨道交通带动新区建设的办法。例如，东京都市区轨道交通系统提前延伸至郊区，

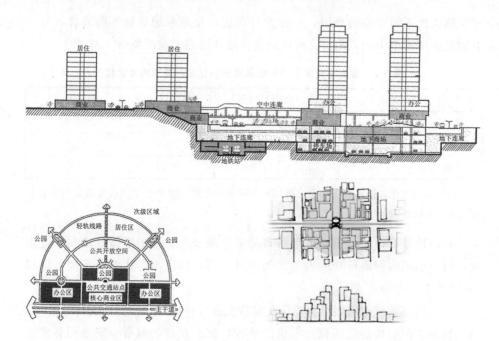

图 5-4　TOD 模式布局示意

资料来源：赵万民. 山地人居环境七论 ［M］. 北京：中国建筑工业出版社. 2015.

带动了东京郊区可以沿着辐射状的城市轨道进行发展（图 5-5）。

（2）交通系统的可达性影响了城市空间结构与功能布局

城市外围道路系统的发展建设能提高外部区域的可达性，从而推动城市空间的扩展，如高速路与城市快速路的建设很大程度上引导了城市的范围拓展。城市内部道路系统的优化改造，则会改变不同空间片区、空间地段的交通条件及其便利性，进而直接影响内部不同地区的可达性，促使城市内部不同空间的交通区位条件发生变化。可达性高的区域将吸引更大规模或更高强度的开发，这些地区将逐渐增长为新的聚集区或组团，进而重塑已有的城市空间结构。

在山地城市中，由于地形坡度的影响，道路往往不会近似于直线布局，可达性的空间距离也不能通过直线距离来判断。步行可达区范围不同于平原城市的圆形，而是椭圆形，随着坡度的增大椭圆形的扁平度则越高。[198] 同时，由于山地城市起伏坡地条件下的步行比平地行走更消耗体力和增加步行时间，故山地城市的可达性还包含“体力因素”。城市特殊的交通可达性含义也影响了山地城市独特的用地功能布局。以重庆云阳县城的商业用地的空间布局为

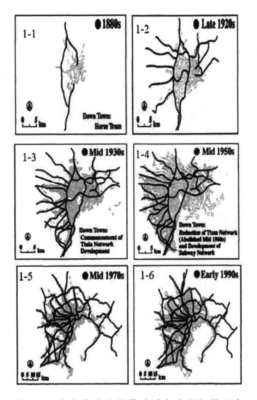

图 5-5 东京轨道交通带动城市空间拓展示意

资料来源：舒慧琴，石小法. 东京都市圈轨道交通系统对城市空间结构发展的影响 [J]. 国际城市规划，2008（03）

例，云阳县城是典型的山地城市，城市建设沿龙脊岭山体与长江间的山坡展开，城市主干道基本平行于等高线，横向交通相对便捷，纵向交通相对较弱。因此，主要商业用地多沿着主干道呈带状布局。在垂直方向上，由于陡坡地形，斜交或垂直与等高线的道路多为城市支路和步行道，通行能力有限，因此沿线商业的布局多呈散点式（图 5-6）。

3. 山地城市空间格局中适应交通系统的优化策略

根据城市交通系统与城市空间格局之间的互动关系，适应交通系统的优化一方面是要与原有交通系统相适应，另一方面是要与山地城市空间结构相适应。以重庆主城区为例，在适应现有交通系统与城市空间结构的基础上，提出了相关优化策略。[262]

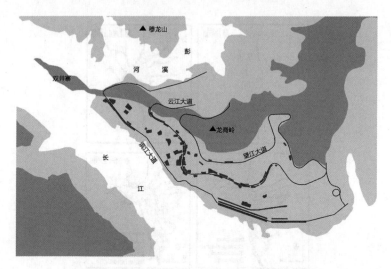

图 5-6　云阳县城商业用地布局与山地道路关系

资料来源：李泽新，李治. 西南山地高密度城市的空间结构与交通系统互动关系研究［J］. 西部人居环境学刊，2014（4）.

（1）继续坚持公共交通优先的发展道路

一是强化大运量轨道交通建设，贯彻《重庆市城乡总体规划（2011 修订版）》要求，力争 2020 年轨道交通分担率达到 20％以上。二是合理布局中等运量公交网络，形成与轨道交通相协调的大中运量公交网络，尤其是在规划轨道网络密度相对较低的城市拓展新区，增加并合理规划布局中等运量的公交网络（如 BRT、有轨电车等），与片区内的轨道交通网络共同构成片区大中运量公交网络，实现对片区内中、长出行距离的公交服务。三是以枢纽为依托，建设以枢纽为核心，多方式、多层次的客运交通组织模式，不同层次之间通过不同等级枢纽进行组织和转换，弱化高直达型、高重复率、缺乏功能层次的扁平化公交组织方式[①]。（图 5-7）

（2）提高快速路、轨道快线规划标准，构建都市区"双快"网络

随着重庆市主城区空间格局的不断拓展，主城区内跨组团的中长距离出行比例日益增大（约 30％）。然而，由于都市区快速路需承担复合功能、轨道交通缺乏快慢分离，都市区中长距离交通出行效率日益下降，亟须开展相应的优化，提高快速路、轨道快线规划标准，构建都市区"双快"网络，保障

---

① 例如重庆长江大桥、嘉陵江大桥（渝澳大桥）上的公共交通线路都超过了 20 条，严重加剧了组团联系桥梁截面上的交通压力。

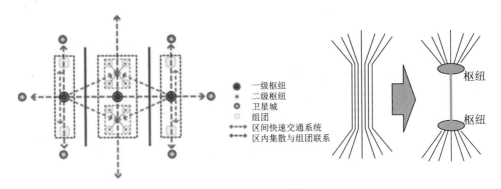

一级枢纽
二级枢纽
卫星城
组团
区间快速交通系统
区内集散与组团联系

枢纽
枢纽

图 5-7　公共客运交通组织模式示意

资料来源：重庆市规划局. 中国城市规划设计研究院西部分院. 重庆市城乡总体规划（2007—2020）2014 年深化研究总报告［R］. 2014.

城市中长距离出行的高效率。

优化"双快"网络布局及建设标准为：一是优化快速路网络，提升快速路建设标准。确定都市区快速路的合理规模，优化快速路网布局，梳理和识别出需求大、条件好、能够成为城市交通骨架的快速路，明确快速路规划建设模式（包括结构形式、断面形式等），明晰快速路和主干路功能；二是新增轨道交通快线，在既有轨道网络基础上，在轨道交通运量需求较大的组团或片区间增加轨道快线，通过大站快车、新增公共走廊的平行轨道线等方法实现长距离客运交通的快速通达。

（3）优化解决路网破碎化问题，形成系统性的网络结构

受地形条件的限制，主城区部分道路还存在基础条件较差，道路网"破碎化"等问题，没有形成片区网络。因此，需要进一步加强都市区道路网的系统性优化工作，重点加强次干路系统的梳理与优化工作，改变都市区道路网"破碎化"状况，提高道路交通可靠性及可达性，缓解都市区道路交通拥堵。

（4）结合山城地形条件，优化城市慢行系统

一是在地形平坦区域，全力推进自行车交通系统的规划建设。重庆市主城区总体上是山地丘陵地形，道路起伏大，不适宜自行车的全面发展，但在部分拓展新区，地势相对平坦，道路坡度平缓，规模适中，非常适合自行车作为内部出行的主要方式。

二是构建山城特色的步行交通系统，创造人性化的步行交通环境。步行是山地城市极具特色且绿色健康的出行方式，在重庆主城区的居民出行中也占有较大比重，有必要建立和优化符合山城特色的人性化步行交通系统，满

足不同区域的步行需求，并考虑残障人士的便利性。比如在商业中心区，结合各商业中心区的用地性质、建筑布局、地形特征等，分析人流主要集散方向和集散强度，完善商业中心区内部的步行系统，加强步行交通与轨道交通车站、重要的商业设施之间的立体、无缝衔接。比如在滨江地区，沿滨江路方向设计连续性强、空间足够的滨江步行休闲道，统筹考虑人行、自行车等多种交通需求。结合人行过街系统的设计，设置丰富、多层次的景观亲水平台，将滨江地区打造成一个以慢行交通为主的区域。

（5）穿山交通发展策略

针对重庆主城区南北走向的"四脉三谷"山地槽谷地形，加强东西向隧道建设，缓解当前交通供需矛盾。一是突出轨道交通在穿山交通运输中的地位，增加穿山轨道线路。二是结合城市主干道与快速路规划，建设高标准穿山隧道，有效利用通道资源。通过提高单个隧道能力和调整组织隧道两侧的路网来满足穿山交通需求；强调一个隧道同时与多条骨架道路衔接，车流在隧道段集中，完成穿山后再通过多条干道快速分散。

5.1.4　案例研究——重庆主城区空间功能布局与空间结构的协同

重庆市自成为直辖市以来，历经西部大开发、两江新区成立、确立国家中心城市等一系列战略规划。随着城市化的加速和城市社会经济水平的提高，重庆市的城市空间快速拓展，城市功能逐渐复杂综合。跨越两江四山的城市功能联系日益紧密，缙云山与中梁山之间以及铜锣山与明月山之间的东西槽谷间的功能用地迅速增加。

2014年，为深入落实中央关于推进新型城镇化的战略部署，需要对全市城镇空间布局、功能组织、支撑体系、城市形态进行优化和完善，重庆市基于《重庆市城乡总体规划（2007—2020）》（2011年修订）进行了总规深化。规划延续了原有"一城五片，多中心组团式"的总体结构，结合城市用地功能布局的调整要求以及城市功能空间拓展的需求，将城市功能布局与空间结构进行了协同，最终确定了五大片区，二十一个组团，八个独立功能点，一主十副中心体系的城市空间结构关系[①]。相对于原总规，现有规划既有城市副

---

① 此处的"片区"概念与论文提出的片区层级概念不同，此处的"片区"是指被重庆大山大水间隔划分出的几大区域，是一个较为宏观的尺度，空间尺度概念远大于本书的片区概念，后文关于重庆主城区案例研究时涉及的"片区"与此相同。

中心的增加，也有城市组团的调整，而这种结构调整也都是与城市不同空间区域的功能定位调整相协同的。以片区为格局有机组织城市人口和功能，每个片区包含若干组团和相应的独立功能点，每个组团内职住用地相对平衡，功能较为完善，空间紧凑发展；空间上各片区之间及各组团之间既相对独立，又彼此联系，相互协调发展；独立功能点是组团外空间上相对独立，承担城市功能的建设区域。（图 5-8）

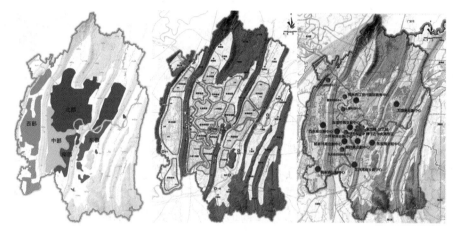

图 5-8　重庆主城区各大片区、各组团与城市中心体系空间示意
资料来源：作者根据重庆市城乡总体规划相关资料绘制

从各片区为基础来看城市功能布局与空间结构的协同基本如下[263]。

中部片区。中梁山以东、铜锣山以西区域，包含渝中组团、大杨石组团、沙坪坝组团（含沙坪坝城市副中心）、大渡口组团、歌乐山－中梁山独立功能点，以现状建成区为主。着重提升城市品质和环境，完善各项公共服务和基础设施，逐步疏解人口和城市功能，调整产业结构，优化用地布局，大力发展以金融、商务、信息服务、文化创意以及以都市旅游为主的现代服务业；以重钢搬迁为契机，提升大渡口的城市功能，分解杨家坪城市副中心的压力。

北部片区。嘉陵江、长江以北区域，包含观音桥组团、人和组团、悦来组团、空港组团、蔡家组团、水土组团、礼嘉组团、唐家沱组团、鱼嘴组团、龙兴组团和五宝独立功能点，是城市近期的重要拓展区域。以两江新区发展为依托，着力发展内陆开放型经济，培育壮大金融商务、文化交往、会展商贸和物流等现代服务业，以及高端装备、电子信息、环保与新能源等先进制造业，建设国家级研发总部和重大科研成果转化基地。建设良好的城市人居环境，塑造现代化城市风貌。大力建设悦来两江现代国际商务中心暨悦来城市副中心，预留外事用地，提升观音桥城市地区及观音桥城市副中心的服务功能，加快培育龙盛城市副中心。

南部片区。铜锣山以西，长江以南和以东的区域，包含南坪组团（含南坪副中心）、李家沱组团和黄桷垭－南山、南泉两个独立功能点，建设龙洲湾城市副中心，是以会展、商贸、创意设计等为主导产业的区域。推动产业升级，完善城市功能，提高公共和基础设施服务能力，保护景观生态环境，体现山水城市特色。

西部片区。缙云山与中梁山之间的区域，包含西永组团、北碚组团、西彭组团、走马独立功能点，是城市发展的重点拓展区域之一，是渝新欧国际大通道的起点，是联系重庆市域西部城镇的重要地区。依托西永综合保税区、重庆高新技术产业开发区、重庆铁路口岸、重庆大学城，重点发展电子信息、新材料、节能环保、汽车摩托车产业，提升教育科研、现代物流、商贸服务、休闲旅游等功能。改造升级传统产业，承接旧城区转移的部分工业，培育新兴战略性产业，注重生态环境保护以及水资源的保护和利用。建设西永城市副中心和陶家城市副中心。统筹考虑江津、璧山和合川的发展。

东部片区。铜锣山与明月山之间的区域，包含茶园组团、界石组团和一品、南彭、惠民等几个独立功能点，是城市未来的重点拓展区域之一，是联系重庆市域东部城镇的重要地区，是都市区工业拓展的重点区域之一。依托重庆经济技术开发区、东港港区、南彭公路物流基地，重点发展物联网、装备制造、信息技术、医药、消费品制造、现代物流等产业。建设茶园城市副中心，吸引和集聚人口与产业，重点提升城市功能。

从城市中心体系来看：推进解放碑—江北城—弹子石中央商务区的建设，重点布局商务金融、总部办公、文化创意、高端消费等功能；大力发展悦来两江现代国际商务中心体系，主要布局国际商务、文化创意和休闲游憩等城市功能；完善观音桥、沙坪坝、杨家坪、南坪等现有城市副中心的服务职能，积极培育悦来、龙盛、西永、陶家、茶园、龙洲湾等新的城市副中心，分担部分市级公共服务功能。

从各组团空间结构与对应的城市功能布局来看：各个组团都有明确的城市功能定位，且该定位与该组团所处的城市空间位置相结合，组团功能与其所在城市空间结构相协同（图5-9）。例如，渝中组团，为两江交汇的半岛地区，位于城市核心，是市级行政办公所在地、市级商业中心；主要承担中央商务区的商贸功能和部分商务功能。鱼嘴组团，由鱼嘴、复盛等地区组成，

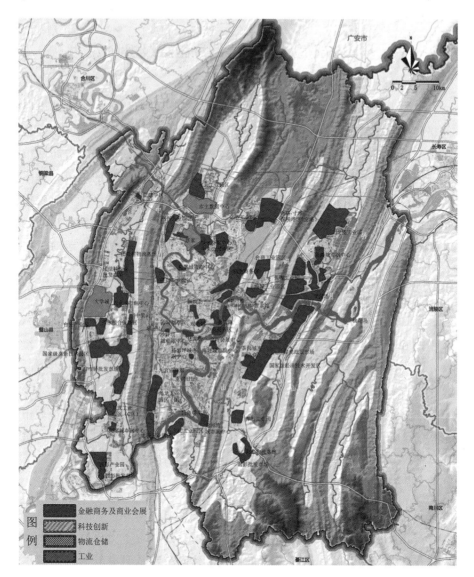

图 5-9 重庆主城区空间功能布局示意

资料来源：作者根据重庆市城乡总体规划（2014年深化）相关资料绘制

是铜锣山以东城市空间主要对外拓展区域，是以果园港为依托的临港产业发展区，重点发展装备制造、物流等产业。西彭组团，位于中梁山以西的城市空间主要对外拓展区域，由西彭、陶家、铜罐驿等地区组成，是主要的工业拓展区之一，铝加工基地。总之，二十一个组团的空间功能布局与其城市空间结构位置选择是相互协同、相互影响的结果，在这里就不一一列举阐述。

5.2 适应人工环境的片区层级规划

在适应人工环境方面，片区层级的客观适应性规划的关键是在城市层级空间格局规划的基础上，分析该地区的价值和意义，适应或强化该地区已有的城市空间环境的特点和开发潜能，构建适宜的城市空间形态，布局城市功能；并通过片区级的规划设计，为下一阶段优先考虑和实施的地段、具体项目等提供控制和引导。由于空间尺度视角的不同，片区层级无法关注到整体城市的空间格局关系，而只是针对其对象范围内的空间格局规划涉及的人工环境要素，通过适应性的规划引导，使城市空间发展与规划建设活动更加合理，进而使城市空间格局更加优化完善。

5.2.1 适应城市空间形态的优化引导

山地城市空间形态是在山地城市发展中，人工城市空间建设与山地环境空间相互适应协调的结果，是与城市相应历史发展阶段相适应的物质形态空间表现，比如当年的"雄城踞危崖，临江吊脚楼"，以及如今的点式"高楼林立，依地形层层叠嶂"，都是对重庆渝中区城市空间形态的描述。当前适应山地城市空间形态的优化，就是要使该片区内新的城市空间更新变化与该区域的山地城市空间特征以及周边城市空间形态相适应、协调、并有机统一在一起。

1. 建筑群空间形态优化

建筑群空间形态可以从下四个方面进行优化。

一是空间形态分片集中，适度紧凑，疏密有致。由于山地城市地形的限制，往往在适宜建设区域适度紧凑布置城市建筑，形成具有较高密度的建筑群。适当加强适宜开发建设区域的规划建设强度，还能在一定程度上满足城市发展对于土地和空间资源的需求，避免城市开发侵占具有生态环境价值的自然生态空间。当然，这种分片集中、疏密有致的开发形态是以聚集空间形态为前提的，而不是松散的建筑分布，城市空间的分片集中开发使得空间形态的聚集和空间功能的相对集中，更有利于高效利用土地和建设与维护基础配套设施。

二是遵循所处城市片区整体空间形态秩序，体现地方特色风貌。在一些传统街区和城镇中，经过多年的历史积淀，已经形成独具特色的城市肌理与城市空间形态。这种城市环境中的建筑群形态必须严格控制，与整体空间环境相协调，并延续空间特色。不能让它对原有相对协调的城市空间，特别是多年延续下来的传统城市空间造成破坏。旧城改造中高层建筑群对城市空间形态的影响会非常明显，需要更加注意协调。

三是适应山地城市空间向高空发展的趋势。随着城市化进一步加快、城市经济实力的加强和人口的积聚，城市不仅向外扩张，而且在立体空间上的发展也相当迅猛；再加上山地城市建设用地条件较差，可利用建设的空间有限，因此提高单位用地面积的开发建设量成为基本诉求。另外，由于级差地租的存在，地产开发的逐利性也使得区位较好的城市中心区高层或超高层的建筑不断涌现。重庆作为我国大型山地城市的代表，200 米以上高楼的数量在国内仅次于上海、深圳、广州，位居全国第四位[①]。在当前社会经济快速发展时期，重庆作为山地城市的代表，对于建筑向高空发展有着相当高的诉求，但高层建筑建设不能只考虑自身独树一帜，还应更多照顾到城市天际轮廓线，并与周边建筑环境相适应，形成协调的高层建筑群空间形态。

四是塑造或凸显城市地标。城市地标是都市区内能体现城市特色和内涵，在空间上具有标志作用的特色空间或建（构）筑物。山地城市中，城市地标可以是人工地标，也可以是自然地标。自然地标主要是城市内部标志性的自然山水景观，人工地标则可以是高层建筑地标、大型公共项目、特色桥梁等，这是在城市建筑群形态优化中应考虑塑造或凸显的。当然，城市地标也多是特定时期在特定城市空间中的产物，不可能每一处建筑设计都要以打造城市地标为目的，处处皆地标只会造成皆不是地标。

2. 街道空间形态优化

一是道路断面横向优化。由于山地城市中地形地貌的限制及非机动车道需求较少，道路通常不宽，但由于山地城市公交出行和步行出行的比例较高，故应在道路横断面设计中给予更多关注，如设置公交专用道、合理确定人行道的宽度等。在有限的宽度空间中，道路断面优化布置甚至可以考虑复式断面。由于坡度地形各地块常位于不同标高上，为减少对地形的破坏，可利用地形将上、下行车道分别设置在不同的高程上，形成来往车辆上下行车道分层的复式断面（图 5-10）。

---

① 资料来源：重庆日报 2014 年 10 月 7 日第 40 版.

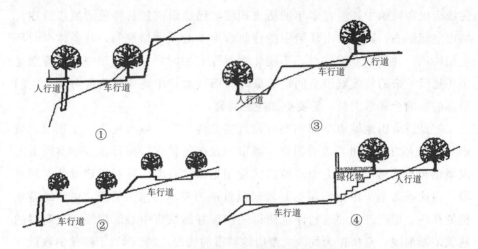

图 5-10　山地城市道路断面设计示意

资料来源：徐坚. 山地城镇生态适应性城市设计［M］. 北京：中国建筑工业出版社，2008.

　　二是优化局部形态不合理的道路路网形式。由于地形条件限制而造成历史遗留问题，山地城市有时会在某一地区或局部路段出现多条道路"集束"成一两条道路的情况，而且交通量难以依托周围路网进行有效分流，这会使道路交叉口经常发生堵塞。针对这类问题的规划优化就需要结合具体地形条件，采用局部加密路网、建造立交、组织单向交通等方式疏解或分流交通，提高道路的通行能力（图 5-11）。

　　三是优化道路路网划分，保证道路划分所形成的地块的容量完整，避免造成过多尖角用地。街路的节点处还可为居民提供社交休憩场所，如茶馆、酒楼、文化景观、小游园等。

　　四是街道空间设计要充分体现山地街道线型丰富多变的特点。山地城市空间中，地形使街路形成曲折变幻、峰回路转的空间效应，这种走向上的偏移，既避免了直长的街道造成的单调感，又强化了城市生活的包容性和丰富性。同时，充分利用道路与沿街地块之间的高差，增大建筑有效接触面，增加有效沿街商业面积。

　　在步行道路优化方面：一是结合建筑与地形高差，通过建立步行空中连廊（包括过街天桥系统），形成人车空间分离的立体步行系统；二是通过垂直等高线方向的步行梯道，加强不同标高下城市空间的直接交通联系。

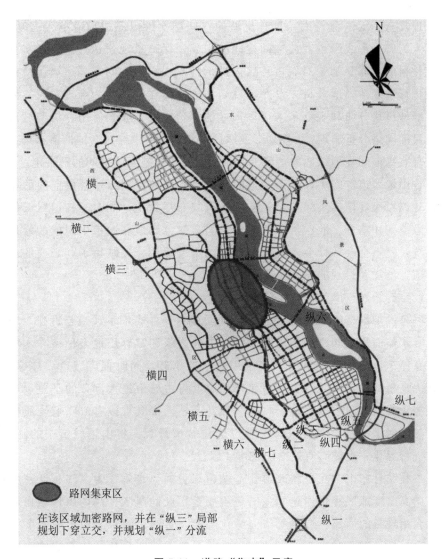

图 5-11　道路"集束"示意

资料来源：崔叙，赵万民. 西南山地城市交通特征与规划适应对策研究［J］. 规划师，2010（2）.

3. 绿地开放空间形态优化

（1）促进绿地系统空间的网络化

要实现绿地系统空间的网络化，应基于城市片区内现有绿地空间分布以及规划情况，优化改善其空间联系，增强片区内部空间绿地系统的活力，促进绿地开放空间的网络化，消除片区内绿地环境的孤立化现象。避免出现城市绿地集中在少数几个公园或广场，空间分配极不均衡的情况；力求保证城

185

市绿地具有广泛的覆盖面，具有足够的空间层次性以完成应有的生态功能；避免人为干扰形成绿色开放空间之间的阻隔，保障景观通达性。要想实现这一优化目的，需要基于对城市片区内地形地貌、绿地空间布局、绿化植被等现状进行合理清晰地分析，以专项规划和控制性详细规划为梳理对象，弄清现有绿地斑块分布和规划未来可以形成的绿地斑块、联系廊道。借鉴城市景观无尺度网络分析原理，[70] 规划形成绿地系统"绿块＋绿线"的网络布局，最终在现有绿地和规划绿地的基础上优化形成城市绿地系统空间的网络化。

在山地城市空间中，由于用地的局限性和破碎性，绿地开放空间的布局形式建议以小规模街头绿地形式和多散点式布局为主，同时与街道绿廊等线型开敞空间相结合。散点状绿色开放空间与绿色廊道在城市中组成的绿地网络系统，既不会破坏社会经济发展要求的集聚效用，又维持了其必要的斑块和廊道，增加了景观的异质性和连接性。

（2）改善城市微气候的绿色空间优化

一是增加城市空间中的"绿量"。见缝插针，结合旧城改造与拆建，增加绿地和水体面积。如充分利用城市空间中的边缘和零碎用地多种植乔木和灌木，在停车场等硬质铺地区域多采用镂空植草砖。同时推广城市立体绿化，尽量提高植被覆盖率，改善城市热环境。如将占城市绝大部分的平屋顶进行屋顶绿化或增加雨水收集池，打造屋顶花园，这样既可以有效降低硬质屋面吸收热辐射带来的热岛强度，又可以优化城市景观。将山地城市中的陡坎、崖壁进行绿化，也能够有效增加城市"绿量"。

二是结合城市空间更新改造营造城市绿色通风走廊，为空气从低密度地区流向高密度地区提供通道。该措施主要运用在静风频率高的山地城市，应尽量利用现有的河流、道路等作为绿色廊道，将周边绿带和城市高密度中心区联系起来。有研究表明，当林荫大道或者呈线性的绿色开放空间的宽度达到一定程度时①，可以在无风的夜晚为城市降温。例如重庆渝中半岛城市设计就因地制宜，规划设计了七条垂直于江面的绿色廊道，将河风引入高密度的城市，从而改善渝中老城环境。

---

① 这个宽度达到 100 米或更宽时最为有效，很多旧城更新地区其实很难专门形成一个如此宽的开放廊道。当然，除了旧城更新，在静风频率较高地区的新城区建设中有意识地控制足够的开放廊道空间对于城市风环境也具有积极作用。

5.2.2　适应用地功能布局的优化调整

山地城市空间格局中，各片区的划分往往有较明显的地形或自然空间间隔，空间相对独立，内部功能相对完善。山地城市中多出现的"组团式"结构中的各个"组团"可以说是城市片区的一种类型。因此，片区层级下的适应用地功能布局的优化调整的目的主要是实现片区内部用地功能的协调与完善。

1. 用地功能的混合布局

用地功能的适度混合布局，能够提高城市空间运行效率。现有城市规划建设受过去强调功能分区的规划理论影响，同时要考虑规划管理和城市管理的便利性，因此，用地规划中缺少对于不同性质用地以及各类设施在同一空间用地范围内的混合布置的思考。随着城市的发展，城市活动及空间功能关系也日益复杂，这就在一定程度上影响了城市空间用地的综合效益。因此，在用地功能布局优化中，用地组织应注意针对城市用地现状进行规划调整，协调用地性质与用地布局，贯彻职住平衡、集约高效开发、混合土地使用等原则，实现城市土地功能的有机结合。

"短路径"是实现混合用地功能的策略之一。"短路径"即通过尽可能短的出行距离到达出行目标，功能混合是指居住、商业、行政办公等多样的城市功能在同一街区、同一地块甚至同一建筑中实现。以"短路径"为出发点，能够引导城市空间与用地向紧缩布局发展，从而降低交通通勤能耗与市政能源配送消耗，达到低碳生态的目的。而在城市片区层面，土地利用趋向功能混合，从而保证城市片区的一定范围内有不同性质、不同功能的社会空间，如居住、办公、购物、文娱、游憩等。其目的既在于实现高效的土地利用，又在于促进城市空间的高效与活力，营造"24 小时新城"（图 5-12）。例如，重庆大型聚居区规划中提出的"功能混合"即希望满足如下要求：一是在连片集中的居住用地区域适当穿插布局一些商业服务业和文化用地，规划定位一些商务商贸及大中文化设施，以就近带动城市活力并提供一部分临近居住区的就业岗位；二是在临近产业园区和商务商贸区的地段，规划成部分居住功能用地，可以通过市场引导或是政府主导的居住项目来实现，使城市空间范围内始终保持一定的活力，避免出现白天和夜间人气差距过大的钟摆式城市。但是需要注意的是，"短路径""混合"并不是意味着绝对的高密度，而是应在城市规模有限，并且能够容纳相应人口规模的前提下适度紧凑。单纯高密度的混合未必会带来最为节约高效的交通市政成本，其土地利用强度和人口密度必须在一个合理的关系范围内才有可能实现。

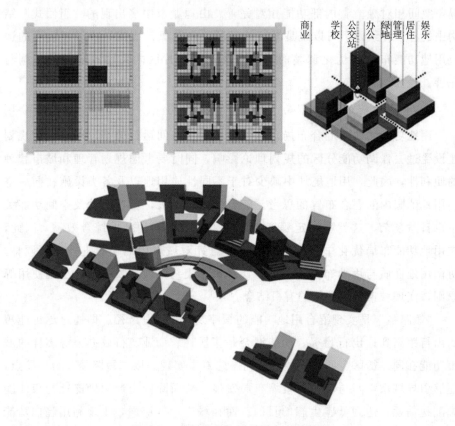

图 5-12　"短路径"用地混合布局示意

资料来源：严爱琼，王力国. 基于多样居住模式的重庆大型聚居区规划探索 ［J］. 城市发展研究，2013（07）.

"弹性用地"规划是实现混合用地功能的策略之一。用地功能优化要避免以前过于刚性的用地规划，在部分用地更新调整中，适当布局可根据需求灵活调整的"弹性用地"。弹性用地不是一种新的用地标准，而是对于用地功能属性的概括。在规划阶段使其用地性质具有一定的弹性，不受土地利用规划中用地性质的刚性束缚，地块功能可以根据城市的发展实现有机变化，这种动态弹性的要求也使得这类地块往往形成包含多种功能的混合用地，其中不同功能空间的开发规模比例也是可以动态调整的。这种做法尤其适合追求土地集约复合利用的片区和组团中心地段。

2. 城市空间内的职住平衡

职住平衡要求城市用地在规划布局阶段就考虑到产业用地、商业服务业用地同居住用地的综合协调，在就近原则下布局多种日常基本城市功能。职住平衡的城市空间布局能够减少长距工作出行，减少上班族在生活区和工作区之间每天钟摆般的奔波，进而缓解城市交通。可以说，职住平衡其实也需要通过城市功能用地的混合布局来实现。

需要注意的是，在山地城市中，由于各片区组团的相对独立性，各组团内部职住平衡情况以及各片区组团与城市整体间的职住平衡情况都会有较大差距，因此这种用地功能协调更多要在各片区组团范围内完成，需要针对各组团不同的情况进行用地功能布局的优化调整①，总的来说包含以下几个方面。

一是对于居住用地明显偏高的组团严格控制新增规划居住用地并提高居住用地的容积率。二是开展居住用地分区、分级研究，引导不同品质住宅圈层化、片区化布局。城市居住结构改善实行"分层布局"和"分散布局"并举。结合产业的类型、布局及不同收入水平人群的分布，分层次布局不同品质的居住用地（R1/R2）及相关配套设施，按社会需求对中高端住宅进行适度提档升级，开展一类居住用地（R1）布局的细化研究，合理引导高端居住分散化布局。三是切实保障就业用地和公共服务设施用地，保证各组团间公共服务设施用地的相对平衡。四是近期放缓商业商务用地的供应速度，调节混合用地中的商住比例。尤其是对于居住用地偏少、商业商务用地明显偏多的地区。五是多管齐下，加强交通支撑能力，解决好城市开发的弹性问题。对重庆主城区而言，单纯的人口或产业疏解不能完全从根本上解决城市职住问题，需要将优化职住深度平衡、促进产城融合发展、减少长距离交通出行作为城市规划的重要目标和手段；同时，以交通承载能力为"天花板"，严格控制土地开发强度，降低人口密度，大力优先发展公共交通。城市空间优化

---

① 例如从重庆主城区范围来看，目前产城用地比例为1∶1.24，总体处于合理区间内，但城市核心区就业用地比例偏低，城市拓展区部分组团居住用地不足；而目前总体职住比例为1∶0.91，也基本处于合理区间内。职住不平衡的现象主要出现在各个组团内部，部分组团间通勤交通存在"大进大出"的现象。有研究表明，就业用地与居住用地的比例即产居比位于1∶1—1∶2之间是比较合理的，就业岗位和需就业居住人口的比例即职住比位于1∶0.8—1∶1.2之间是比较合理的。[264]

实行"功能提升"与"结构调整"并举。

5.2.3 适应历史文化遗存的优化引导

历史文化遗存指的是片区城市空间中有着典型的时代印迹，有着一定历史文化意义或是能够体现所在空间历史特征的人工物质空间，可以是一座历经风雨的牌坊、一段坍塌的城墙、一幢古色古香的历史建筑，也可以是一条延续千年的历史街区，还可能是整片完整的古城风貌区。适应历史文化遗存的优化就是指对与其相关的城市空间区域中的城市空间形态、城市功能布局的调整都必须适应该历史文化遗存内容，并使该片区的城市空间结构或形态发展既不影响空间发展的诉求，又能协调相关历史内容的存在，这种适应协调包括完全保护、更新改造、风貌协调等情况。

1. 整体保护与功能更新

整体保护与功能更新主要是针对个体的历史建筑或构筑物。一方面进行保护修葺，包括风貌修改、结构性能改良等；另一方面进行功能更新，实现历史建筑的再利用，恢复建筑的活力。

保护修葺是基于建筑（或构筑物）损坏的现状而必须进行的空间维护活动。这种修复不仅仅是简单的复古，更是面对现实的重构；既要遵循"修旧如旧"的原则，再现修葺对象的历史风貌，又要应时代需求提升其质量，保证其更长久的存在，实现传统与现代的和谐共生。

功能更新是对历史遗存的建筑（或构筑物）功能进行针对性和选择性的调整，或者保留传统功能，或者赋予现代功能，从而延长建筑（或构筑物）的生命周期，维持历史遗存的活力。例如，调整一些古建筑原有的使用功能，将建筑本身开辟为博物馆或参观游览的对象，就是功能更新的典型做法，渝中半岛的湖广会馆正是如此。另外，重庆渝中区将位于七星岗通远门城墙遗址修葺维护后开放为城市公共游憩空间，也是赋予历史遗存一种现代功能（图 5-13）。

2. 更新改造与形态延续

更新改造和形态延续主要是针对在一定空间范围内，形成了自身空间肌理，具有群体空间形态特征的旧城街区，而这种能够反映历史或文化特征的空间形态必须由群体性的组合才能表现出来。许多古镇镇区、历史文化街区的保护与更新就是基于其整体风貌的更新维护与整体空间形态的延续。

图 5-13　重庆通远门城墙遗址

资料来源：上：华龙网．周之富摄；下：作者自摄

　　例如，重庆渝中区石板坡川道拐的旧城更新改造就是一次延续社区结构并恢复了城市片段记忆的一次较成功的设计。石板坡地段场地狭长、高差较大且建筑密度较高同时要符合重庆市城市规划技术管理规定的相关技术规范要求，该地区完全拆除新建将难以满足房地产市场开发的经济要求。因此地方政府选择了有限资金条件下的更新改造，在保留了原来极具特色的社区街道空间的基础上，将主要资金集中在对现有建筑外形进行的具有一定传统风貌特色的街区改造。改造后的居住环境，原有山城建筑风貌的展示以及协调有机的空间形态融合，得到了专业人士和社会群众的关注与良好反馈（图 5-14）。

　　3. 重点保护与总体风貌相协调

　　重点保护与总体风貌相协调主要是针对较大规模拆除后新建的旧城片区。这种对象区域往往是由于城市社会经济发展的诉求而需要大规模整体更新开发的城市空间，其整体保存下来并进行改造更新的价值相对不大，但其中又有一些必须重点保护的历史文化遗存。重庆渝中区凯旋路—白象街旧城更新规划就是一个典型案例（见图 5-15）。在旧城空间进行较大规模的开发与新建

图 5-14　更新改造后的石板坡

资料来源：上：杨宇振. 现代城市空间演化的三种典型模式：以重庆近代城市住宅群为例.
[J]. 华中建筑，2004（03）；下：作者自摄

的同时，不仅要保护与更新该区域中个别建筑，还要延续并表现出该区域具
有历史特征的空间肌理与建筑风貌。

（1）区域现状特征与保护内容

凯旋路—白象街项目位于渝中区下半城西侧，总面积约 75.3 公顷。北边
距解放碑中心商务区约 1 公里，南临长江；地形北高南低，东高西低，尤其
是南北向高差较大（最大高差达到近 30 米），呈现出典型的山地城市地形
特征。

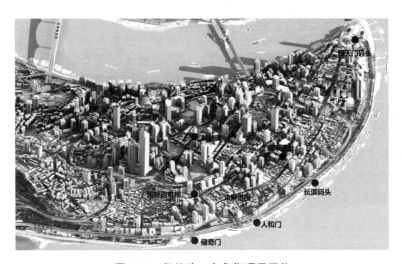

图 5-15　凯旋路—白象街项目区位

资料来源：作者根据重庆融创凯旋路项目（2013）相关资料绘制

　　丰富的历史文化内容是凯旋路—白象街城市片区最重要的现有空间特征，这一空间区域内拥有大量明清时期和开埠时期历史文化遗存（图 5-16）。这些丰富的历史文化资源虽然在一定程度上限制了城市再开发的空间，但是为该片区空间形态与风貌的更新优化方向做出了指引。

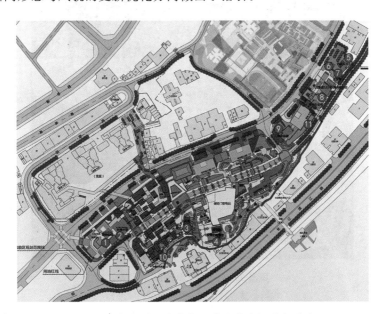

图 5-16　凯旋路—白象街历史文化资源空间分布

资料来源：作者根据重庆融创凯旋路项目（2013）相关资料绘制

（2）空间肌理与建筑风貌的协调

首先，延续原有城市空间肌理。以新建筑群塑造高密度、小尺度街区，规整道路界面，最终形成横街纵巷加部分院落围合的丰富的街巷空间结构，活跃街巷生活。同时在街道空间尺度与高宽比控制方面，参考原有街巷的高宽尺度比控制该片区街道空间形态。

其次，提取历史文化元素，传承建筑形态与风貌。在白象街尺度宜人、界面连续丰富的基础上，展现出开埠时期及民国时期东西方建筑文化相互交流和碰撞的风貌。在立面材料选取上，以青砖为主体外墙材料，并结合部分石材（图5-17）。对于李耀庭公馆、药材公会、汪全泰号等需要保护性修葺的建筑（图5-18），尽量采用原有施工工艺，使用原有材料进行保护修复。

图 5-17　优化更新后效果示意

资料来源：重庆融创凯旋路项目．2013

图 5-18　白象街历史建筑

左：药材公会；右：汪全泰号

资料来源：渝中区文化局

（3）适应山城地形特征的规划设计

这类规划的重点是垂直方向的设计与原有山城地形特征相适应。注意地面建筑结合地形高差布局，充分利用地下空间布局商业空间和停车空间，并在不同的层高设置直接面向城市道路的出入口。在步行组织方面，通过人行天桥和不同标高的地下人行通道将各个被城市道路分隔开的地块联系起来。

5.2.4　案例研究——重庆渝中区适应人工环境的相关规划优化

本案例研究以渝中半岛城市空间形态优化为主要内容。渝中半岛作为一个发展得非常成熟的城市区域，基于其客观人工环境条件的适应性规划必定是循序渐进、逐渐优化的。半岛城市空间形态优化需要充分结合其独特的两江环负、山城相融的环境特点，充分考虑城市空间中的建筑群空间形态、功能用地布局、历史文化遗存等内容，使之与现状相适应，从而在此基础上进行空间完善、优化，适当增减建筑、优化开放空间，实现对内发掘城市空间发展潜力，对外展示别致的山城形态景观，强化山城特色的同时保证其延续性。

（1）延续立体都会，强调疏密有致

立体都会是基于渝中半岛独特的山城地形，城市建立在山上的别致风景。鳞次栉比的高楼大厦结合山地地形，形成的层次分明、疏密有致、高低错落、依山就势的建筑布局形态，是美丽城市的"立体版"（图 5-19）。要延续这种"名城危踞层岩上"的雄奇之色，渝中区的城市空间形态优化必须结合山地特点，因地制宜选用建筑布局方式，避免大开挖、大平场，以点式建筑为主（相对板式、围合式等占地面积较小），层层叠踞，充分结合山地地形布局。同时，新建建筑还必须遵循重庆市相关技术规定，保证与已有建筑的合理间距以及景观遮挡关系。

图 5-19　渝中半岛

资料来源：重庆市规划展览馆资料图片

　　自然山体与城市的有机融合，为渝中区带来了良好的自然环境资源，也使得本就逼仄的发展空间更加拥挤。然而随着社会经济的发展，渝中城市更新发展需要不断深化，这对土地和空间的索取是不可避免的。尽管都是内部的空间拓展，只能通过内部挖潜与更新来实现，我们还是必须通过综合对比评价，适当加大适宜开发建设区域的规划建设强度，以满足城市发展对于土地和空间资源的需求，进而结合规划避免无序的城市扩张侵蚀枇杷山、鹅岭、李子坝公园等渝中区最重要的生态绿脉。这样既保护了城市原有生态空间格局，又为城市建设提供了发展空间，服务了社会经济的可持续增长。总而言之就是在保持城市建设用地空间高度集中的同时，严格保护自然生态空间，强化疏密有致的城市空间形态。

　　根据山地城市空间垂直方向分布的地形特点，划分不同的建筑控制区域，不同的空间区域实行不同的控制引导（图5-20）。第一，50年一遇的洪水水位以下区域除用于防洪的设施及码头提供水岸休闲娱乐活动的低层建筑外，不应建设永久性建筑物或构筑物。第二，较平坦的腹地区域，如解放碑区域和大坪—袁家岗区域，为适宜建设高层、超高层区域，可适当运用大尺度街区。第三，山体及陡坡保护区域，如佛图关公园、枇杷山公园、鹅岭公园、李子坝和虎头岩山坡、石板坡，除公共设施、休闲娱乐等景观建筑外，应严格控制在此区域建设开发，以保护自然山体形态。第四，缓坡过渡区域的新建建筑应依山地优势，采用高地高建、低地低建的原则，保持视廊、绿廊区域的通透，使建筑群不破坏山势，适宜建设高、多层建筑群。第五，在已定义为开发区域的城市陡坡地段，建议新建筑采用中低层、高层低密度开发，提倡传统民居、吊脚楼等依就山势的传统建筑形式。

山顶及陡坡保护区域
洪水位下滩涂区域
陡坡区域
缓坡过渡区域
较平坦的腹地区域

图 5-20　结合山地空间纵向的建筑控制引导区域划分

资料来源：作者自绘

（2）开城透绿，打造绿色通廊

在保护自然山体空间的基础上，注意山地景观环境的塑造，结合城市更新，选择有利于实现半岛内外景观通透性的空间区域进行改造，拆除（改造）部分有碍山地景观的旧建筑，实现开城透绿。《渝中半岛城市形象设计》（2003）中在半岛内与江面相对坡度较大的区域规划十八梯、东水门等七条绿色通廊，将江景引入城市中心，既增加了城市开敞空间，优化了城市人居环境，又能够更好地展示山城景观。（在 2009 年的重庆主城两江四岸滨江地带渝中片区城市设计方案中又将其优化调整至 11 条。）由于部分通廊在未来的实际操作中可能带来较大规模的拆迁，出于对已有城市环境的适应，在此后结合各通廊涉及地块的详细控制规划设计中均有一定程度的调整（图 5-21，5-22）。

（3）丰富公共开放空间，打造城市景观阳台

选择合适的地段增加开放空间，能够适当改善渝中区城市密度过高的现状，强化山城原有疏密有致的城市空间形态，也能扩展居民开展各项人文活动的场所。遵循《渝中半岛城市形象设计》（2003）[①] 和《两江四岸滨江地带渝中片区城市设计》（2009）中的城市景观阳台设计方案，利用渝中半岛的山

---

①　依托该设计形成的《渝中半岛城市形象设计规划控制管理规定》后来成为地方管理法规文件，也就成为渝中区城市空间格局规划优化的重要引导依据。

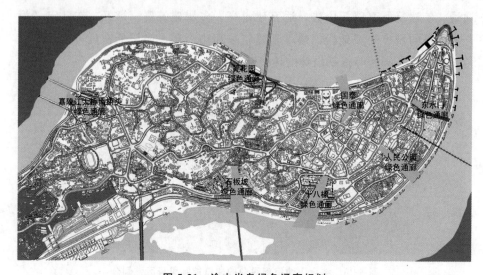

图 5-21 渝中半岛绿色通廊规划

资料来源：重庆市规划设计研究院.《渝中半岛城市形象设计》[Z]. 2003.

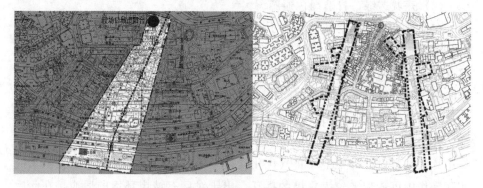

图 5-22 十八梯绿色通廊优化方案示意

左图为原半岛城市形象设计中规划的绿色通廊，右图为对原有设计的空间优化示意

资料来源：《渝中半岛城市形象设计》[Z]. 2003；重庆主城两江四岸滨江地带渝中片区城市设计. 2009.

地陡岩、高坎形成面向两江的 14 个城市阳台[①]。城市阳台的规划与选点均遵循以下原则：一是制高性原则，即在周边地段中处于高地，具有良好的景观视线；二是可达性原则，保证步行系统与这些平台的联系；三是公共性原则，能够有效服务于一定的城市片区；四是可行性原则，尽量不影响现状建筑，且满足城市更新的可实施性（图 5-23）。

---

① 现已建成洪崖洞、曾家岩、较场口等 8 处城市阳台。

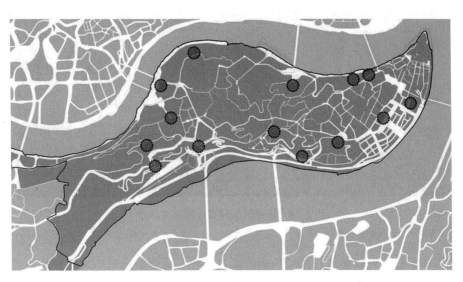

图 5-23　渝中半岛城市阳台规划

资料来源：作者根据《渝中半岛城市形象设计》（2003）相关设计内容改绘

（4）局部空间形态控制，便利岛外欣赏渝中半岛的景观特色[265]

想要更好地欣赏渝中半岛整体山城风貌，往往需要在半岛之外，比如嘉陵江以北的北滨路、长江南畔的南滨路以及南岸区和江北区的一些制高点。为了更好地体现山城风貌特色，也有必要从外部观赏的角度考虑城市空间形态的优化。外部眺望视角主要包括两类：一是沿滨江路的低视角观赏山城景观，二是从江对岸一些较高的建筑物或山体上，以较高的视角领略山城景观。在《重庆市渝中区美丽山水城市规划（2015—2020）》中，从外部眺望视角出发，选择了 14 处有代表性的外部眺望点（图 5-24），通过视线廊道分析判断主要视野范围内的城市形态景观是否存在较大的问题，包括自然山体的显露、城市天际线形态的起伏、建筑排布与山坡地形的契合、前景建筑是否形成"挡墙"对后景建筑形成遮挡等，并以此作为相应有问题区域的城市空间规划优化的重要参考。

（5）因地制宜，合理选择大街区与小街区模式

在一个城市空间中选择大街区模式还是小街区模式并不是绝对的，应该因地制宜，与客观的空间环境相适应。

大尺度街区的优势有四个方面：第一，能快速地形成标志性城市空间，有更好的识别性；第二，能确保街区内部空间被充分利用，创造灵活的内部布局形式，使街区内部空间与外部城市空间形成更好地相互联系；第三，适

图 5-24 渝中区外部景观眺望点示意

资料来源：上海大瀚建筑设计有限公司．重庆市渝中区美丽山水城市规划（2015－2020）[Z]．2015．

合超高层建筑，能够进行高容积率开发；第四，能够形成更加宽敞的步行道，形成更多的公共空间环境。因此，大尺度街区更适合整体再开发和新开发的商务集中的城市空间。在渝中区空间布局优化中，以商务功能为主的解放碑和化龙桥地区就适于大尺度街区。

小街区相对于大街区有着诸多优势：第一，可使社会交往更为活跃，更加安全；第二，能够增加临街商铺与街区公共服务设施；第三，能够更有效地疏解交通，减少城市拥堵；第四，能更好地适应地形。因此，小尺度街区更适合延续旧城空间肌理进行更新的城市空间，以及历史文化风貌保留区域。渝中半岛由于地形条件和历史沿袭等原因，许多旧城区域都保持了良好的小街区空间布局，因而在这些区域的城市空间优化中应延续这种小街区模式，促进土地混合利用，增强人行交通的安全性，加强建筑采光与通风保证。例如，十八梯、望龙门等旧城街区更新就比较适合选择小街区模式（图 5-25）。

5.3 小结

本章从生态和谐理念的客观适应视角出发，围绕适应人工环境的规划维度，分别从宏观城市层级与中观片区层级对基于人工环境适应的山地城市空间格局规划进行了探讨。这种适应客观人工环境的规划应包括城市空间结构与发展模式的延续，当前城市空间形态与用地功能布局的优化，以及交通系统相匹配与历史文化遗存保护等，其最终目的都是使山地城市空间格局更加

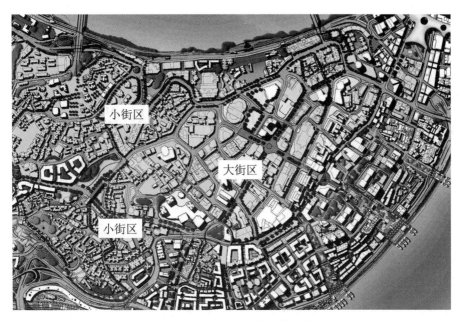

图 5-25　渝中区中的大街区与小街区

资料来源：作者根据《两江四岸滨江地带渝中片区城市设计》（2009）相关资料绘制

优化和完善。城市层级下这种人工环境的适应更多的是对现有宏观城市空间结构与空间发展模式的适应，这种适应表现为既有延续，也有优化调整；片区层级下适应人工环境的规划则更倾向于在城市空间格局内部，对一定范围内的空间形态和功能布局的优化。本章还围绕重庆主城区这一案例对象区域，以整个重庆市主城区为例阐述了宏观城市层级适应客观人工环境的山地城市空间格局优化；以重庆渝中区为例进行了中观片区层级的探究。

第六章

基于文化性引导的山地
城市空间格局规划

根据前文理论研究章节中生态和谐理念下文化性引导的主观协调分析，对山地城市空间格局规划中文化性的主观引导方面可以从塑造城市物质空间形象以及赋予物质空间文化意义。

城市文化研究中，城市空间、文化、人三者共同组成了一个互动的系统，被称为"城市文化生态系统"[266]。从学者对该系统的相关研究中可以得知，该系统结构由内到外可分为四个圈层[267]：圈层核心是人；第二圈层是"广义"文化，包括价值意识、社会习俗与科学技术等；第三圈层是城市空间，作为城市文化的外在物质表现与空间载体，包括各种物质环境；第四圈层是各种外部支持环境。生态和谐理念下城市空间格局中以文化性为引导的主观协调平衡，就是围绕文化性要素，充分发挥其能动作用，从而对城市空间格局产生积极主动的引导，即希望通过内部圈层的价值导向改变来引导外部圈层的内容改变（图 6-1）。

城市物质空间因为历史的、审美的、社会发展等原因，被赋予了文化信息，进而能够对城市空间的形成发展起作用；同时新的物质空间形态也可能由于人们的活动被赋予文化意义，进而成为文化性要素内容的空间表现。因此，对于文化性引导维度下的山地城市空间格局规划，可以从城市空间文化规划的方法赋予城市物质空间文化意义，其包含两方面的内容：一是在现有城市规划体系中明确提出文化目标体系，并在城市空间布局中落实各个文化结构单元，从而优化城市空间格局；二是一种文化导向的空间营造，改变或赋予城市空间格局中新的内容。城市层级的空间规划中以前者为主导，而片区层级的空间规划中后者则表现出更显著的作用。

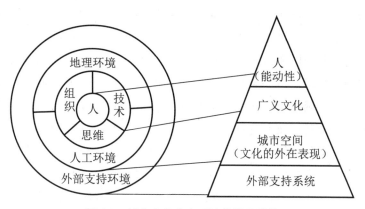

图 6-1　城市文化生态系统的圈层结构

资料来源：参考马世骏（1984）人类生态系统结构图改绘

6.1　城市层级基于文化性引导的山地城市空间格局规划

生态和谐下基于文化性引导的山地城市空间格局规划在物质空间上的落实要通过城市空间文化规划来表现，城市层级下城市空间文化规划应注重整个城市空间中文化体系内容的梳理，形成："城市空间文化主题—城市空间文化单元—城市空间文化元素"的城市空间文化体系，并围绕此体系，在物质空间上与城市空间结构、城市空间功能布局等城市空间格局系统中的重要因素相对应，进而引导城市空间格局的优化。

6.1.1　规划基础——城市空间文化体系

城市空间文化体系是城市空间中文化功能和文化价值的集合体，是城市空间中文化性引导在城市物质空间结构中的投射，梳理并认识该体系，是为了在城市规划设计中理解各种文化元素与物质空间以及在各种空间中的社会文化活动的相互关系，进而合理运用它们之间的组织影响。

1. 城市空间文化主题

城市空间文化主题以城市的社会文化理念和价值观为核心，是一个城市空间特质集中的体现，包括城市空间特色文化、特色功能、特色建筑、特色景观、特色精神等，是一个城市所追求的目标和价值标准在特定城市空间区域的反映，对城市空间的发展方向有引导作用。不同的城市空间区域可能有着相同的城市空间文化主题内涵，同一主题空间范围内也可能拥有不同的主题内涵。它是基于所在城市文化内核在相应城市空间范围内创造的，又作用于城市空间自身的塑造和发展，引导了一个城市空间发展的框架和方向。一个城市中各个区域的空间文化主题构成了城市空间文化体系结构的骨架，从内在的意义上推动了城市空间格局的形成、变化和发展前行方向。

一个空间文化主题下可能有一个或多个空间文化单元，当若干个空间文化单元组合成一个空间文化主题时，它们之间通常具有相应的内部联系，包括功能联系、交通联系、视觉联系、心理联系、观赏序列组织和文化项目集合等。

2. 城市空间文化单元

城市空间文化单元是指一定城市区域范围内发挥文化功能并显现文化价值的基本城市空间，比如一条历史街区、一个城市中心商业区等都可以是一个空间文化单元。

城市空间文化单元具有不同的空间尺度。根据空间文化单元界定的城市空间范围的大小来选择不同的空间尺度。例如一条数百米长的历史街区与占地数平方公里的城市中央公园在空间尺度上有着巨大差异，但我们可以认为它们各是一个空间文化单元。

城市空间文化单元具有不同的空间形态。这种空间形态是由其文化功能空间范围和其中的文化元素空间联系分布所决定的。例如重庆山城步道、南滨路滨江景区就是线型的空间文化单元，一些城市商业区、大型城市公园等则呈现为面状的空间文化单元。

城市空间文化单元可能包含不同的文化功能。在同一个空间文化单元中，可能既承载了城市历史文化，又体现了当代城市文化风貌；既具有文化功能，又具有商业功能。许多城市的旧城中心区就有类似的特点，例如重庆解放碑中心区，既承载了城市历史文化，又彰显了城市当代文化价值。

3. 城市空间文化元素

城市空间文化元素是指城市空间中具有文化功能或文化价值的实体单位，对其所在的城市空间营造具有引导性作用，是组成城市空间文化主题和城市空间文化单元的基本构成内容。它可以是一幢完整的建筑、一段街道、一个广场等。这种文化元素能发出一定的文化信息，即历史的、审美的、伦理的

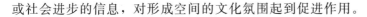

或社会进步的信息，对形成空间的文化氛围起到促进作用。

4. 城市空间文化的层级性表现

"城市空间文化主题—城市空间文化单元—城市空间文化元素"的空间文化体系在宏观城市层级多有所体现，在城片区层级也有可能体现。在一些规模较大或是文化资源和文化功能比较丰富的城市片区，同样可能具有多个文化主题区域，并富含众多空间文化单元，关于这一点在后文片区层级空间文化规划解析与引导中有详细的案例说明。研究对象的空间尺度存在差异，因此城市层级下更关注体系的空间结构，而片区层级下更关注体系内的空间营造，但并不代表这样的空间文化体系只存在于城市层级空间尺度。

6.1.2　规划策略——城市层级基于文化性引导的主要规划内容

依据前文所述，基于文化性引导的城市空间格局规划很大程度上是通过城市空间文化规划来表现的，因此以下研究就是围绕城市层级下城市空间文化规划的策略展开的，其重点在于更好地打造城市空间文化体系结构，进而优化城市空间格局。

1. 城市空间文化资源的梳理

在确定城市空间范围的前提下，掌握所有的空间文化资源信息是做好城市空间文化规划的基础。城市空间文化资源的梳理是对空间文化元素和空间文化单元的梳理与普查，既包括历史文化资源，又包括当代文化资源。这种梳理与普查不仅仅是统计名录似的列举，还应做到以下几点：第一，考察已知的城市空间文化资源的现实处境，看它们的维护状况是否存在问题，如何结合城市空间的优化而改善；第二，发掘有发展潜力的文化空间，是否能够在未来对城市空间的发展产生影响；第三，分析文化要素在空间文化结构体系中的存在，比如针对一些相对独立的文化元素点，是继续使其独立存在还是将其融入相应的文化单元，需仔细考量。

城市空间文化资源的梳理主要包含以下几方面的内容。

（1）历史环境

历史环境是城市经历长期发展积淀而成的物质环境，它包括以点状存在的历史建筑以及以面状存在的历史文化地区等，它是地方历史、社会观念、群体意识、传统习俗等诸多内容在空间环境上的反映，对于城市的文化认同和经济发展都具有极其重要的意义。首先，历史环境体现出了一种历久弥新的空间美学，因为地区、民族文化的差异而显现出多姿多彩的样貌；其次，历史环境中的文化性体现出一种社会传统的延续，是不同于现代化城市社会中的传统人际关系的。良好保存的城市历史环境融合了物质环境与文化氛围，是人与环境交融的场所。

（2）文化设施

文化设施是城市空间的重要组成部分，也是城市空间中文化规划的重点之一。刘易斯·芒福德曾在关于文化设施的内容中指出，学校、图书馆、社区中心等公共与文化设施的布置与其关系，是决定城市邻里的范围和计划一个完整的城市的第一步工作。[268]P. 格迪斯则认为城市基本的空间结构是受到文化设施和园林绿地设计的影响而形成的。[269]作为城市的重要组成部分，文化设施不仅仅具备满足居民文化需求的功能，更担负了承载城市文化精神的作用，在增加城市活力、促进城市经济增长和维护文化认同方面发挥着重要的作用。

（3）文创空间

文化及创意产业在城市产业发展中日益重要，其生产及消费空间——文创空间的规划与营造也成为目前城市功能空间布局研究的重点。比如，2005年在巴萨罗那召开的城市与区域规划者国际协会年会，首次提出了"为创意经济营造空间"的概念，与会者结合多个案例实践研讨了城市创意产业发展同城市空间营造的互动关系；2007年在香港召开的"创意产业与城市发展"国际会议，其主题就是探讨创意产业发展与城市空间更新的互动作用。另外，当前城市空间文化营造日益受到重视，许多商业金融空间和体育康体空间也被赋予并发挥了文化空间的作用。

（4）公共开放空间

公共开放空间在城市文化建设中扮演着重要角色——它是展示城市形象的窗口空间，也是城市中具有地标作用的重要场所，更是当地居民日常活动交往以及开展社会文化活动的常用场地。莎伦·佐金（Sharon Zukin）在其《城市文化》一书中就强调将公共空间的发展同城市文化紧密联系起来。哈罗德·史内卡夫则提出公共空间在促进文化设施良好利用的同时有效地增进了场所感的营造，同时也影响了城市空间的形成。[270]

2. 城市空间文化主题与单元的盘点和创造

城市空间文化的体系结构是由城市空间的文化主题与文化单元组织形成的，盘点、创造城市空间文化主题与文化单元是城市空间文化规划的使命。

盘点主要针对已有的文化主题和文化单元，判断其是否与现有城市空间发展相吻合，以及空间文化单元的空间结构关系如何。创造可以分两方面来看：一是在已有空间文化资源盘点的基础上，将空间文化元素（资源）演绎成空间文化单元，以及将不同的空间文化单元结合成具有文化意义和文化氛围的文化主题城市空间区域，实现城市空间文化内容的结构化；二是通过新的文化功能空间植入，打造新的空间文化单元，引导新的城市空间的塑造。这种新的文化功能空间引入可以是重大的文化设施，也可以是具有一定规模的文化片区。

依托市级重大文化项目创造城市空间文化单元，进而引导城市空间的发展是非常有效方式。大型的文化设施项目能够改善城市文化环境，提高城市竞争力，从城市层面上建立新的空间文化单元，增强城市整体的文化影响力；同时形成一个城市空间的聚焦点，吸引人群或相关产业向其聚集，进而引导城市空间用地的规划发展。例如巴黎就通过一系列的大型文化项目带动了城市建设发展，并确保其"欧洲经济和文化首都"的地位，其中包括 1979—1989 年间密特朗执政期间的 9 大重点项目：卢浮宫扩建、巴士底歌剧院、拉维莱特科学技术博物馆等，以及近年来通过国家图书馆带动巴黎左岸地区再开发等具有鲜明文化特色的发展项目。重庆悦来国际会展中心和中央公园的建设也通过市级文化设施项目发挥了带动北部悦来两江城市新中心的发展，加速城市空间格局向北拓展的作用。

打造城市重点文化地区，形成具有一定规模的城市文化片区，也是创造城市空间文化单元，促进城市经济提升，引导新的城市空间发展的有效途径。城市文化地区包含诸多称谓，包括城市艺术区、城市文化商业区、文化创意产业区等，往往是一些文化设施分布较为集中的地区，或是聚集了一定规模（或数量）的文化生产和消费场所，并且多会和其他一些城市功能混合存在。[172]一些优秀的城市历史地段或者工业遗产的更新再利用也会诞生城市标志性的文化地区，如北京 798、上海新天地等。诚然，文化地区并不是城市的新兴事物，用文化设施的集中设置来引导城市地区发展的策略早在 19 世纪末兴起的城市美化运动中就被有意识地运用，如芝加哥滨水地区的"文化地区"打造。不过，早期的这类改造主要注重对城市形象的改善和对文化生活的提升。20 世纪 60 年代末开始，用以改变城市衰败地区面貌、结合旧城更新的城市文化空间规划建设逐渐兴起，这些地区注重文化消费空间的建设，通过刺激文化消费和提升文化旅游来发展城市经济。20 世纪 80 年代后，文化生产和文化产业发展成为重点。而作为引导城市空间发展，优化城市空间格局的策略，城市文化空间优化可在旧城地区依托城市更新，引导城市空间的内部升级；在城市新区科学选址，达到完善城市功能，优化城市空间结构与功能空间布局的目标。

3. 构建和完善网络化的城市空间文化体系

构建和完善网络化的城市空间文化体系，就是要在城市空间范围内进行总体考虑，通过合理的物质空间优化，有效利用历史文化空间、公共文化设施、广场绿地等已有空间文化资源，适当规划和配置新的空间文化内容，将空间文化主题区域、空间文化单元以及各个空间文化元素有效地组织联系起来，形成独具特色的城市空间文化体系。这种网络化的城市空间文化体系能够增强城市和地区的适应性，提高当地居民生活环境的质量，增强地方认同；同时能够创造出更响亮的城市空间品牌，在吸引旅游、吸引投资和人才方面都具有积极的作用。

在城市空间文化体系网络化的构建中，用新的城市空间文化单元和文化元素联系各项已有的文化单元和元素，是促进文化氛围与形成网络空间格局的有效手段。例如 20 世纪 80 年代巴塞罗那的城市公共空间建设运动，旨在利用城市的闲置空地、街道边缘空间和被忽视的历史建筑等打造小型的街头广场和公园、步行小径。经过十余年的规划建设，再结合 1992 年奥运会前后一些大型文化设施的改造与兴建，到 20 世纪 90 年代中期，城市中基本形成了一个联系紧密的文化空间网络，整个城市被公园、广场、绿道等连接起来，进一步奠定了世界级文化城市的地位。

4. 山地城市空间文化结构形态在山地城市空间中的反映

通过城市空间文化体系的梳理、盘点和规划，将其内容落实到城市空间中，就在城市空间中形成了城市空间文化的结构形态。这种结构形态可以是各空间文化主题之间的联系表现，也可以是空间文化单元之间的联系表现，甚至是各空间文化元素之间的空间联系表现（当这些元素组合形成了一个空间文化单元时，表现出的就是这个文化单元的形态）。有学者对这种城市空间文化结构形态（图 6-2）做了总结，结合山地城市特点，山地城市空间文化结构形态主要有以下五种[168]。

（1）线状空间文化轴。若干空间文化主题或空间文化单元，乃至空间文化元素大致呈线状排列，主要空间节点串联起来，进而总体上形成一定长度的空

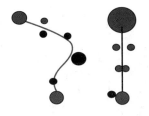

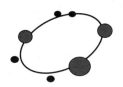

1.线状空间文化轴　　　　　　2.空间文化环状结构

3.哑铃式空间文化结构　　4.集中式空间文化区　　5.星座式空间文化结构

图 6-2　城市空间文化结构形态的示意

资料来源：黄瓴. 城市空间文化结构研究［D］. 重庆：重庆大学. 2010.

间文化带。为形成这个轴线，在城市规划与设计中还需要整合沿线的其他空间内容，使其形成能够突出轴线感的空间序列，如北京城市中轴线。

（2）山地空间文化环线。在曲线或环线方向上串联多个空间文化单元或文化元素形成特定的文化主题，当其封闭就成为环线形态，这也是线状空间文化轴的一种扩展与变形。这种环线往往具有明显的物质空间介质，如城市景观环路、护城河及城墙遗址、环城绿带公园等，如丽江大研古镇沿着水渠和支流形成古镇水系空间文化环带，重庆渝中区规划打造的环半岛古城墙文化空间带（图 6-3）。许多山地城市中还往往围绕自然山体形成这种空间文化环线结构。为了强化环线效果，有时还需要创造一些空间文化节点以加强其空间连续性。

（3）哑铃式山地空间文化结构形态。由城市中两个空间地位显著的空间文化单元或空间文化主题构建出具有空间关系上结构连线的两极，进而形成一个具有吸引力和聚合力的空间场所或空间区域范围。从空间文化单元来说，重庆人民广场地区的大礼堂和三峡博物馆两大元素构成的空间关系就具有这种代表性；而从城市文化主题区域来说，旧城保护、另建新城往往也形成这样的结构形态（图 6-4）。

（4）集中式山地空间文化结构形态。早期山地城市呈现出的团块状就是一种集中形态，许多城市中的古城片区就属于集中型的空间文化主题片区。

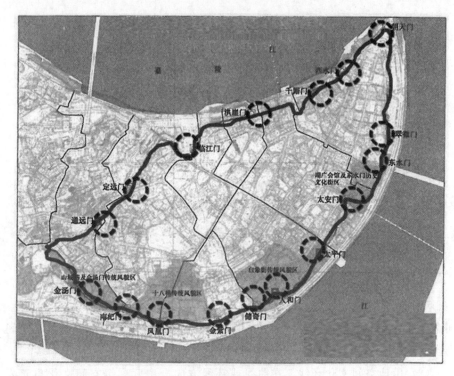

图 6-3　渝中区环古城空间文化环线

资料来源：作者自绘

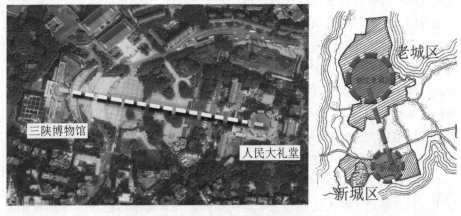

图 6-4　哑铃式山地空间文化结构形态示意

资料来源：作者自绘

随着城市规模的不断扩大，连续大面积成面、成片的空间文化板块也属于一种成规模的集中形态，如重庆的半岛历史文化主题板块、大学城文教主题板块等。

（5）星座式山地空间文化结构形态。多中心多组团的城市往往出现星座式空间文化结构，可能是多个空间文化单元或空间文化主题并行，也可能是数个次要的围绕一个相对中心的文化结构。比如重庆主城区现有的四个城市副中心与解放碑城市中心，彼此形成一个星座式的商业中心文化结构。这种星座式结构形态也不一定具有环绕与辐射关系，在一些组团城市中，由于各组团相对均衡，也可能形成一种散点式拓扑状形态（图 6-5）。

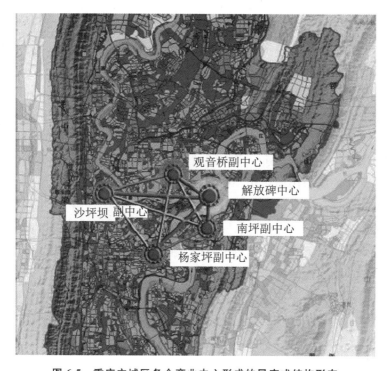

图 6-5　重庆主城区各个商业中心形成的星座式结构形态

资料来源：黄瓴. 城市空间文化结构研究［D］. 重庆：重庆大学. 2010

在山地城市空间中，由于自然地形的复杂性和地域文化的多样性，其空间文化结构形态多与城市空间结构相契合，其空间文化结构形态也需要通过富有特色的山地城市形态表现出来。山地城市中较多出现环线结构、哑铃式结构和星座式结构，环线结构多出现在环绕模式发展的山地城市中，星座式结构多出现在跳跃式发展的组团状山地城市中。

山地城市空间结构对城市空间文化结构形态的形成具有一定的限制，而城市层级下山地城市空间文化规划对山地城市空间格局具有引导性，可通过梳理和组织城市空间文化结构形态，建立起城市空间的文化场（黄瓴，2010）[168]；还可通过对文化要素的把握、文化单元的保护和创造，对其加以调控、强化和优化，实现各层次空间文化结构的优化，这种优化反映到城市空间结构中，进而协调并推动城市空间格局优化。当然，这种优化应考虑到山地城市空间格局中诸多要素内容的平衡。

6.1.3　规划案例——重庆主城区空间文化规划引导

城市空间文化规划的解析路径应遵循城市空间文化主题—空间文化单元—空间文化元素的体系结构，但在城市层级尺度下，能够有效体现在城市空间格局之中，并影响城市空间结构、空间功能布局的主要是城市空间文化主题。因此在整个重庆主城区的空间范围下，我们对于城市空间文化规划引导的研究主要集中在城市空间文化主题区域的规划及空间关系上，以及对部分空间影响显著的空间文化单元。意图通过本案例研究基于空间文化的分析，看到围绕文化性（物质空间）内容的城市空间文化规划对于重庆城市空间格局构建与优化的能动协调作用。简而言之，就是研究能够影响城市空间结构性内容的文化性空间。

为了更清晰地阐述，我们从文化性与功能性的角度将重庆主城区空间文化主题规划分为三大类：山城历史空间文化主题、当代城市功能空间文化主题、山城游憩空间文化主题。在这些文化主题涉及的城市空间区域内，有的城市空间可能会对应不止一个空间文化主题，例如，在渝中半岛，其既有历史文化主题，又有当代商业文化主题。

1. 围绕山城历史空间文化主题的规划

（1）城市历史文化资源梳理

4 个历史文化名镇、4 个历史文化街区、20 个历史文化传统风貌区、3493 处文物、314 处抗战遗址、365 处文物保护单位和 61 处优秀近现代建筑构成了重庆丰富而独特的历史人文资源（图 6-6）。[271] 历史文化资源是山城城市特色的灵魂，是城市民俗与社会文化意识引导的根基，是城市空间格局优化与发展必须重视的因素。从空间分布上看，这些历史人文资源主要集中在渝中半岛和围绕渝中半岛的江北、南岸区沿江区域。这些区域又恰好是城市的繁华区，呈现出历史与现在、传统与未来的时空交错，它们在一座城市空间里并存，有矛盾冲突，更有特色潜力。

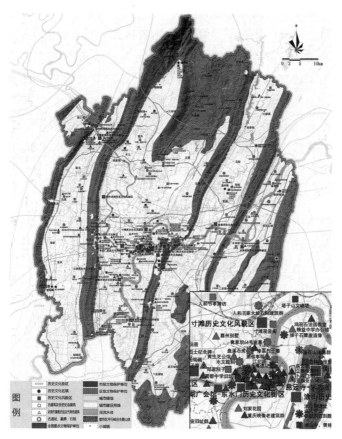

图6-6 重庆主城区历史文化资源分布

资料来源：作者根据重庆市城乡总体规划相关资料加工绘制

（2）城市空间文化结构解析与规划引导

围绕历史文化资源最为丰富的渝中半岛，规划形成突显城市历史的核心空间文化主题，其中的1个历史文化街区和9个历史文化传统风貌区都构成相应的空间文化单元①，各个历史遗址、传统建筑就是每一个文化元素。梳理、盘点和保护每一处空间文化资源，根据其代表的不同历史时期（主要是巴渝古城文化和抗战文化）制订不同的空间优化策略。同时，还要结合城市步道等公共开放空间的打造，将各个文化单元与文化元素有机串联起来，使

---

① 1个历史文化街区是湖广会馆－东水门历史文化街区；9个历史文化风貌区是巴县衙门－白象街、十八梯、打铜街、山城巷、洪崖洞、中山四路、李子坝大田湾和大礼堂历史文化风貌区。

其形成网络化城市空间文化体系。

在渝中半岛以外，依托 4 个历史文化名镇、3 个历史文化街区、11 个历史文化传统风貌区塑造历史空间文化单元①，并引导和协调所在城市空间的规划建设；挖掘、梳理和保护每一处历史文化元素点，它们可能是抗战遗址，可能是优秀近现代建筑，可能是历史文化名园等，发掘或引导它们之间可能的空间联系。通过城市空间文化结构解析与规划引导，最终明确重庆主城区从空间文化主题到空间文化元素的山城历史文化空间资源分布的空间体系结构，并以此为基础协调相关地区的城市空间规划。

2. 围绕当代城市功能的山地城市空间文化主题规划

重庆主城区围绕当代城市功能形成的空间文化主题主要是商业金融、科技教育和文化会展三类。

(1) 商业金融空间文化主题规划

商业空间文化主题具有非常明显的空间文化结构，与城市空间结构关系紧密。目前，重庆主城区内一主四副的城市中心形成了典型的星座状空间文化结构；而重庆城乡总规深化中，城市中心体系的规划就是公共商业服务中心的规划，将打造一主十副的城市中心。"积极推进解放碑—江北城—弹子石中央商务区的建设，重点布局商务金融、总部办公、文化创意等功能；大力发展悦来两江现代国际商务中心，重点布局国际商务、会议展览、文化创意等功能；完善观音桥、沙坪坝、杨家坪、南坪等现有城市副中心的服务职能，积极培育悦来、龙盛、西永、陶家、茶园、龙洲湾等新的城市副中心。"[265]除了城市副中心，一些组团中心则构成了商业空间文化单元。在重庆这种典型的组团城市中，商业空间文化主题和单元与城市空间结构呈现出紧密的联系与互动，具有商业功能的城市空间文化主题和文化单元多是城市中心或组团中心城市空间规划的基础②，并随着中心的形成得以强化与凸显（图 6-7）。

---

① 4 个历史文化名镇是龙兴镇、偏岩镇、丰盛镇、走马镇；3 个历史文化街区是磁器口、慈云寺—米市街—龙门浩以及金刚碑老街历史文化街区；11 个历史文化风貌区是山洞、涂山、南山—黄山、同兴、北碚老城、寸滩、鱼嘴、长安厂、重钢、鱼洞和木洞历史文化风貌区。

② 在城市空间格局的拓展过程中，新的城市副中心或组团中心的选址和初期发展往往会依托拓展空间内的原有街镇中心，而这些街镇商业中心所构成的空间文化单元是早于新的组团中心所存在的。随着城市空间的发展这些原有商业中心空间区域或原址更新，或是其中心功能被周边逐渐形成的新的商业和服务中心所取代。

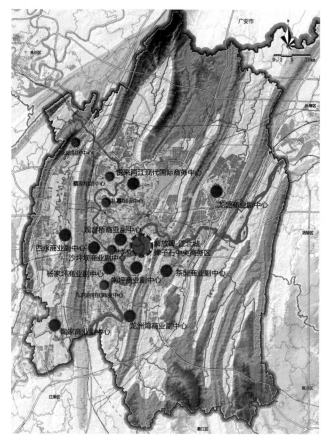

图 6-7 重庆主城区商业金融空间文化主题

资料来源：作者自绘

（2）科技教育空间文化主题规划

新的科技创新与教育功能为主的空间文化主题的形成多伴随着城市空间拓展的需求。一是大学城的建设往往是城市空间格局拓展的先导，能够有效地带动所在地区的发展，例如沙坪坝大学城的规划与建设就有效地带动了西部片区的城市空间发展。二是随着城市经济与产业发展的诉求，重庆主城区未来将大力发展科技创新产业与现代服务业，也有着向城市外围拓展空间用地的需求，例如水土和蔡家组团就规划形成了科技创新产业园区。三是随着产业升级与城市更新，城区内一些原有的工业功能空间转变为文创产业空间，成为城市新的空间文化主题区域，例如重钢地区。

《重庆市城乡总体规划（2007—2020）》中有着明确的引导："布局研发创

新功能，积极吸引国家级科研院所和跨国企业研发平台入驻，促进本地科研
院所和企业研发的升级和壮大，形成产学研一体化的国家级创新基地。建设
以水土—蔡家、沙坪坝学区、大学城—高新区、北碚学区为主体的环中梁山
创新集群。发挥沙坪坝、北碚学区的传统教育资源优势，依托大学城—高新
区良好的基础教育资源和信息产业优势，推动产学研一体化建设，扶持创新
型产业，打造企业创新孵化器（图6-8）。"

图6-8 重庆主城区科技教育空间文化主题

资料来源：作者自绘

（3）文化会展空间文化主题规划

文化会展空间文化主题对于城市空间发展有着重要的引导作用。能够形
成空间文化主题的文化会展设施（包括大型体育文化设施）通常都是市级重
大项目，或是多个文化设施集中在一定城市空间范围内，而这种重点文化设
施的布局往往能够带动所在城市空间的更新与拓展。关于文化会展空间主题
的规划，《重庆市城乡总体规划（2007—2020）》中也有着明确的引导："重点
在渝中半岛、磁器口、九龙半岛、重钢旧址、钓鱼嘴、唐家沱、悦来、北碚
等地区布局文化创意和文化消费功能，建设各级各类文化场馆和博览设施。
重点建设悦来重庆国际会展中心，完善南坪组团会展中心功能，在鸳鸯、石
桥铺等地建设专业会展设施（图6-9）。"

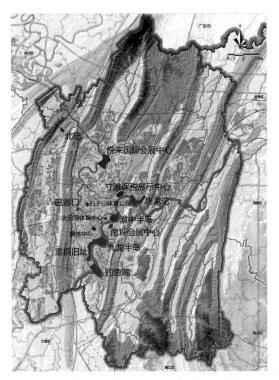

图 6-9　重庆主城区文化会展空间文化主题

资料来源：作者自绘

3. 围绕山城游憩空间文化主题的规划

这里的游憩空间文化主题区主要是指依托重庆两江四山的自然基底构建的滨江游憩文化带和位于众多自然山体上的风景名胜区和郊野公园。两江四岸的游憩空间文化主题带，集合了休闲娱乐、文化交往等众多城市功能，是重庆主城区最重要的带状文化主题空间，四条滨江带串联了众多文化单元与文化要素，也是城市空间形态设计重点控制区。目前重庆主城区滨江空间文化主题区域中，南滨路风景区、洪崖洞滨江文化休闲区、巴滨路滨江休闲区、北滨路餐饮休闲区等以形成具有相当品牌效应的文化单元。《重庆城乡总体规划（2007—2020）2014 年深化研究总报告》中就专门提到了依托山水资源打造游憩空间文化主题的规划：在保护的基础上充分发挥主城区文化和景观资源价值，构建依山傍水的文化交往空间体系，作为承载国际国内大事件、赛事盛会和区域性休闲娱乐功能的空间载体；重点在渝中半岛、磁器口、南坪、九龙半岛、重钢旧址、钓鱼嘴、唐家沱、悦来、北碚等地区布局文化创意和文化消费功能，建设各级各类文化场馆和博览设施；利用中梁山、铜锣山等四山及樵坪山等较大型城中山体建设游憩功能带（图 6-10）。

图 6-10　重庆主城区游憩空间文化主题

资料来源：作者自绘

6.2　片区层级基于文化性引导的山地城市空间格局规划

在城市片区层级，同样可以形成从城市空间文化主题到城市空间文化元素的体系，只是其空间范围分布可能相对集中，我们所关注的空间内容表达相对具体。而在片区层级尺度下，无论是围绕文化片区单元还是文化元素个体的城市空间优化，都表现出文化导向的空间营造，直接影响着对象区域的城市空间功能、城市空间形态等。在这里，城市空间文化引导旨在提出一套有针对性的策略，围绕文化空间的营造进而影响城市空间的营造，实现文化空间引导城市空间的目标。

6.2.1　规划基础——文化导向的空间规划营造

文化导向的空间规划营造，是文化性要素在物质空间中如何反映进而赋予城市空间格局新内容的方式。它表现出在城市片区层级下，城市空间文化规划对于城市空间格局优化的协调性引导。而这种文化导向的空间营造应遵循以下原则。

1. 尊重历史，开拓未来

城市空间文化元素的物质空间和实体，很大一部分都是凝结城市历史或展现城市地域文化特点的重要空间内容，必须得到充分的尊重与维护。在此基础上发掘并传承其文化符号与文化价值，引导未来城市空间的发展能保证对历史的延续。

2. 便捷可达，以人为本

城市空间中文化设施布局应相对齐全并形成分布合理、保证市民可达性的分级网络，体现服务便捷于民的人本精神。提供便利、公共参与性强、多样化的市民文化活动空间场地，如街头广场公园和各种市民文娱设施等，满足市民的文化活动需求。

3. 丰富多样，内涵充实

城市空间中众多的空间文化单元和空间文化元素组成了城市的文化景观节点与文化景观轴线，其保护与利用状况、周边空间环境的营造都从一个侧面反映出城市的底蕴与内涵。每一处场所都应该能够用空间语言生动、和谐地展现属于自己的或历史或现代的内涵与情节。

4. 因地制宜，特色鲜明

城市建筑与外部空间营造应充分彰显山地地域环境下的自然与人文特色，建筑形态、空间的造型和尺度应与环境构成有机整体，避免出现奇奇怪怪的城市空间或千城一面的现象，失去城市特色。

在山城重庆，文化导向的城市空间规划营造应当体现山城独有的坚韧与热情、浪漫与诗意，向山城人民传递山城历史的故事和当代的潮流风貌。使所有的文化资源都在城市空间中得到恰当的运用与演绎，使空间环境与文化蕴意水乳交融，让文化的印记烙在每一处城市空间，使文化遗产包括物质的、精神的都能永葆活力。同时在文化引导下更新、创造出更多新的城市空间，优化出人与环境更加和谐的城市空间格局，使文化的价值和力量在城市空间发展中得到充分的体现。

6.2.2　规划策略——片区层级基于文化性引导的主要规划内容

根据前文相关论述，城市片区层级下基于文化性引导的空间规划，主要是通过城市空间中文化导向的空间规划营造表现出来的，相对于城市层级下偏重于协调影响城市空间结构，该空间尺度下更侧重于协调引导空间内容与形态，规划对象也多是空间文化单元和空间文化元素。

1. 梳理和盘点片区内的文化单元与文化元素

梳理与盘点的内容与城市层级相同，需要注意的是，一方面要保护好城市空间内的文化资源；另一方面要利用好空间文化元素，结合城市空间优化，创造新的空间文化单元。

2. 营造文化空间环境的延续交融

在城市片区空间中，想要多个不同的空间文化单元和文化元素从空间上产生联系，形成整体连续的空间文化体系结构，可以通过建立空间文化单元的文化场所感，并将这种场所感加以延伸直至下一个空间文化单元或文化元素所在空间地段的方式建立空间联系。因此，在城市空间格局规划优化中，需要有目的地创造空间上的关联，使原本相对孤立的空间文化单元和文化元素，通过空间场所的延续达到和另一空间文化单元延续出的空间交融，产生自然的链接。联系可以是空间引导，也可以是视线引导。在重庆渝中区，打造环城墙步道和绿色立体公园的规划就是将城市片区内空间文化资源联系起来，实现系统化的文化空间环境。根据初步统计，目前渝中半岛城墙遗址两侧 300 米范围内共有 48 处各级文物保护单位、12 处优秀近现代建筑。结合城墙遗址的发掘恢复和环城步道的建设，以及新建文博场馆、城市休闲设施和活动空间的打造，可将众多历史文化资源点串联起来，开展极具特色的山地城市旅游观光与文化休闲活动，形成连贯与延续的环岛城墙文化空间带，将渝中半岛文化旅游潜力和历史城市魅力进一步激发和释放出来（图 6-11）。

图 6-11 渝中半岛环城墙文化空间带示意

资料来源：彭瑶玲，余颖等. 对渝中半岛古城墙保护与利用的建议［J］. 山地城乡规划，2015（01）.

　　而从空间营造的角度来看，文化空间环境的联系与延续还包括空间界面协调发展和空间文化介质创造。

　　（1）空间界面协调发展。在一个完整、统一的空间界面下，能够迅速形成区域性"文化特征"。如果将一类散布的空间文化单元放置在与它们统一的空间界面之下，不但会在它们之间形成某种空间结构上的系统联系，还会将整个区域从点状空间文化元素环境上升至线状或是面状空间文化单元环境，区域文化特征便突出了。这里的空间界面，主要分为空间立面和底面。立面体现在围合空间的建筑与构筑物立面上，包括尺度、材质、风格；底面则通常是街道地面，包括铺装、植物等。例如渝中区的中山四路，通过对整个街道界面实施重庆建筑风貌的改善，完美地从空间界面上串联了周公馆、戴笠旧居、桂圆等空间文化单元，在道路两旁高大的法桐掩映下，这些文化元素统一在抗战陪都时期历史风貌古朴、静谧的文化环境之中（图 6-12）。

　　（2）空间文化介质创造。空间文化介质的作用是将城市空间中分离的各个空间文化单元或文化元素联系起来，形成整体连续的空间文化体系，是一种联系空间或过渡空间。这个介质本身由于其在空间文化规划中的地位和作

图 6-12　重庆中山四路

资料来源：上图，重庆商报，2010 年 9 月 27 日。下图，作者自摄

用，也可能成为空间文化元素。从城市功能上看，城市道路、步行道路、广
场公园等都能成为空间文化介质。例如在重庆渝中半岛下半城片区中，解放
东路就是最重要的文化介质。它是下半城的交通干道，也是贯穿下半城的空
间文化主轴，串联了众多下半城的空间文化单元与文化元素。下半城空间文
化规划布局以及城市空间格局的优化都要围绕其展开，因此优化改善街道环
境，注重沿街立面打造，对于凸显其文化介质的作用非常必要（图 6-13）。又
如山城步道的打造，就将众多历史建筑、知名景点等空间文化元素联系了起
来，人们行进其中，感受着山城爬坡上坎的特点，又领略了城市历史文化的
脉络。这些步行空间既具备了空间文化介质的作用，又将众多文化元素串联
形成新的空间文化单元（图 6-14）。

3. 遵循山地城市社会文化习俗

（1）尊重市民日常生活习惯

特定山地环境下的城市空间形态无形中影响了人们在城市空间中的生活
状态、生活方式以及人们对空间的需求，久而久之长期生活其间的人们便形

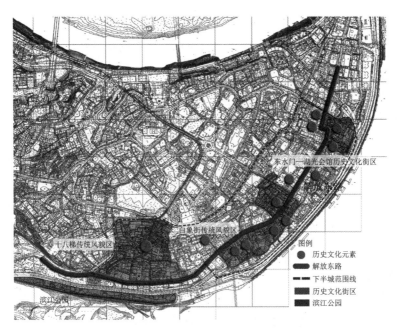

图 6-13　渝中区下半城解放东路空间文化串联示意

资料来源：作者自绘

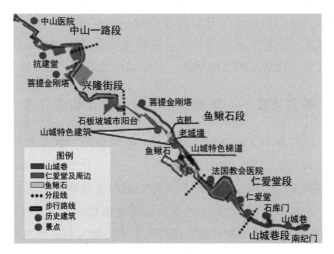

图 6-14　山城步道串联起众多空间文化元素

资料来源：重庆晨报，2005 年 8 月 27 日

成了某种生活习惯。城市空间文化规划引导下的空间营造要尊重城市市民生活习惯，营造体现山城地域文化的城市空间氛围。尊重市民生活习惯，最直接的表现就是要满足并方便市民日常生活，充分考虑人们居住、出行、社交、

游憩等日常生活习惯，引导空间构建与空间营造与人们的这些日常生活习惯、生活方式保持一致，尽可能地尊重并反映城市生活的地域特征。

（2）体现市民心理、行为特征

城市空间是显现和"展示"人们社会行为和活动的舞台，其空间营造和内容安排应该反映人们的行为特征。山地城市空间营造，必须结合山地城市居民的心理性格特点、交往与出行行为特征，以及群体性习惯和社会心态，优化打造相对应的城市空间。另外，满足当地居民的审美要求，也是契合市民心理、行为特征的一个重要方面。山地城市市民在空间形态与环境上的审美往往倾向于复杂与多样化，因此，城市空间形态的规划设计引导在空间的构成美学特征、场所的环境美学方面都应该更加注意空间流线的动态变化、空间形态的丰富多变，打造更加体现山地城市特色的城市空间环境视觉感受。

（3）满足市民精神文化生活需求

空间文化单元与空间文化元素所存在的城市空间区域往往是市民在日常生活中进行娱乐交往等活动较为频繁的具体场所，其规划营造不但要满足市民的物质生活要求，还要考虑市民的精神生活要求。应通过对城市空间的精心规划设计，使城市空间场所有助于市民更高质量的生活，能够更好地服务人们开展文化娱乐生活，进行社会交往活动，进而加强了城市中的社会、文化等信息的交流。需要特别注意的是，这种城市空间的营造应向有利于开展具有地方特色的文化活动的方向倾斜，促进城市地域文化的丰富与发扬。

6.2.3　案例研究——重庆渝中区空间文化规划引导

重庆渝中区有着丰富的空间文化资源，渝中区的空间文化规划也应遵循构建"城市空间文化主题—空间文化单元—空间文化元素"体系的路径，形成网络化的空间文化体系。按照各个文化元素与文化单元各自所具有的形态与内容特征，本着历史和现代相融合的原则将它们梳理、盘点，系统而全面地进行整理和组织，并围绕其各自的文化特色，明确相应所在城市空间优化与营造的要求。通过引导城市空间文化发展，形成城市所必须保有的文化空间结构脉络，并与城市空间格局优化相融合，与城市空间的发展更新相互促进。

1. 城市空间文化资源梳理

（1）大江大山的自然资源

奔腾交汇的两江，鹅岭、枇杷山、佛图关、李子坝等自然山体公园，珊瑚坝江心滩涂，既是自然景观，也是人文孕育的摇篮。当然，城立山上、山入城中的独特山城地貌是这个城市最大的自然财富。在这座城中，最高处的鹅岭山巅海拔达 394 米，最低处朝天门两江汇合的沙嘴角仅有 167 米，相对高差 227 米，坡降陡险，高差剧烈，何其壮美。曲折的道路、蜿蜒的街巷、绿色陡崖后的建筑、耸立山脊上的高楼，只能存在于这样的山城，而正因如此才会形成独具特色的壮丽的山城景观。

（2）历史人文资源

作为重庆城区历史人文资源最集中的区域，渝中区内共有 71 处历史文保单位、1 处历史文化街区、9 处传统文化风貌区，[265] 以及大量区级文保单位和未纳入文保名录的近现代优秀建筑、历史遗址等（图 6-15）。从空间布局上看，主要分布在渝中半岛古城范围内以及开埠后的新城曾家岩—上清寺—李子坝一带（图 6-16）。

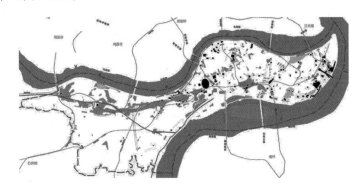

图 6-15　渝中区文保建筑与近现代优秀建筑空间分布剪影

资料来源：中国城市规划设计研究院西部分院. 渝中区发展战略规划［Z］. 2014.

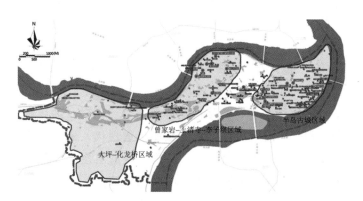

图 6-16　渝中区历史文化资源主要空间分布示意

资料来源：作者自绘

"九开八闭十七门"的古城范围内，集中了重庆城从巴渝古都到明清重镇再到民国陪都的不同时期的大量历史文化资源。比如半岛南部望龙门—白象街/解放东路一线，串联了一大批从古代到开埠时期的近代历史文化元素单元，包括聚兴诚银行旧址、巴县衙门、南宋鼓楼遗址、李耀庭公馆、重庆海关监督公署旧址、药材公会等；中部临江门—民生路—中山一路—两路口一线，是两江四岸城市设计中的渝中之脊，集中了包括新华日报营业部、大韩民国临时政府旧址、通远门城墙、菩提金刚塔、原国民政府立法院、枇杷山公园、鹅岭公园等空间文化要素单元；半岛北部端头洪崖洞—小什字—东水门一带，串联了历史和现代、文艺与商业、人工与自然的多种空间文化要素，包括打铜街金融机构旧址建筑群、罗汉寺、湖广会馆、东水门等。

曾家岩—上清寺—李子坝这一区域既是 20 世纪中叶抗战文化、国共合作、反内战斗争以及新中国大西南早期建设风云的历史舞台，又是当代山城重庆公共空间发展演变的实践证明。这里包括了八路军重庆办事处旧址、戴笠故居、桂园、嘉陵西村和嘉陵东村历史建筑群等诸多反映抗战文化和统战文化的历史文化空间，也是当前重庆市的政治中心，是市委、市政府所在区域。

渝中区西部的大坪—化龙桥片区历史人文资源主要集中在红岩村一带，包括八路军驻渝办事处、红岩革命纪念馆等重要历史建筑，是抗战时期中国共产党在重庆积极开展抗战和统战活动的见证。其余区域相对于渝中半岛城市开发建设较晚，基本上没有具有特别意义的历史文化资源。

（3）当代文化资源

当代文化资源主要是指新中国成立以后诞生、具有重要文化功能和意义的城市空间或城市建筑。现代都市风味十足的解放碑—较场口商业区，国泰艺术中心，朝天门广场，人民广场地段的三峡博物馆—人民大礼堂（图6-17），改造后的"重庆建筑风格"[272]十足的中山四路，新建的"重庆天地"等都展现了渝中区当代城市人文风貌，但它们又或多或少承载着历史的印迹，或是将历史的资源容纳其中，或是传承并书写着当下时代的风貌。例如，作为重庆历史与地理坐标的解放碑就矗立在城市最现代、最繁华的商业中心的高楼大厦中，它被林立的高楼淹没，却又是这些高层建筑群无法淹没的文化精神内核；大礼堂—人民广场既是历史的文化资源，又是当代的城市文化空间；中山四路是当代的文化改造，但披上了历史的文化外衣。正是历史与当代融为一体，确立了渝中区身处重庆城市中心区的地位。

图 6-17 人民大礼堂、三峡博物馆

资料来源：重庆市规划展览馆展览图片（张炳龙摄）

作为曾经孕育重庆的母城，而今重庆的"第一区"，渝中区历经三千年历史传承、山水交融、直辖后的迅猛发展，演变为一个独特的城市空间复合体。复杂的时空演变带来不同空间竞争共存的矛盾，也带来了时光交错的趣味，这在渝中半岛旧城中尤为突出。因此渝中区的城市空间文化规划不可能将现代人文风貌与历史文化资源分割开，而是要将其融汇联系起来，从整体上打造城市空间文化体系。

2. 城市空间文化规划引导

渝中区拥有丰富的城市文化资源，如何围绕并利用这些文化资源更好地推动城市更新发展是渝中区必须考虑的内容。生态和谐理念下基于文化性引导的城市空间格局规划就是要充分发挥城市空间文化资源的协调作用，对空间文化资源进行梳理、解析，进而引导城市空间格局的优化与发展。

针对渝中区的城市文化资源，我们可以从历史空间文化主题，当代城市功能空间文化主题两个方面引导和构建城市空间文化体系，并围绕这个主题架构，串联城市空间中的文化元素，盘点更新以及创造有意义的空间文化单元。在渝中区的城市范围内，各文化元素及文化单元围绕文化内涵骨架，在空间上相互联系，形成具有一定空间结构形式的空间文化体系，引导城市空间的规划营造，也为部分城市区域的空间拓展（以内部空间拓展为主，部分地区可能存在向外拓展）指引方向。

（1）围绕历史空间文化主题的规划引导

围绕渝中跨越千年的历史文化资源和独具特色的城市文化风貌，规划以巴渝文化、抗战文化和新重庆城市文化为主体的空间文化主题，构建从空间文化主题到空间文化单元的空间文化体系（图 6-18）。

图 6-18　渝中区文化主题空间格局

资料来源：作者自绘

巴渝历史空间文化主题，主要集中在渝中半岛古城空间范围内。整体外围方面，围绕古城墙遗址打造城墙遗址景观文化带，形成环线结构的空间文化单元，界定昔日重庆古城范围，给人以清晰的空间感知。内部围绕历史文化街区及风貌区盘点构建空间文化单元，依托重庆市城乡总体规划确定的湖广会馆—东水门历史文化街区及白象街、十八梯、打铜街、洪崖洞、山城巷等五个历史文化风貌区，在其范围内引导延续昔日山城空间肌理与传统街巷的空间形态，并体现不同时期的建筑风貌与风格。如洪崖洞历史文化风貌区主要体现吊脚、错叠等巴渝传统建筑风貌，山城巷历史文化风貌区则主要体现清末民初开埠时期建筑风貌等。在个体空间文化元素方面，保护和利用星罗棋布于渝中半岛上的文化元素，如若瑟堂、巴蔓子墓等，利用山城步道等将他们联系起来，形成延续、网络化的文化空间环境；同时围绕他们打造空间文化节点，呈现不同历史时期的城市记忆，带动城市空间功能与形态优化。

抗战历史空间文化主题，依托抗战时期历史文化资源较为集中的曾家岩—上清寺片区，以及鹅岭—李子坝—红岩村滨江一线（包含桂园、特园、重庆周公馆、八路军驻重庆办事处等大量抗战历史文化建筑），打造抗战文化长廊（线形空间文化轴）。针对这一区域的空间优化与营造，一方面要加强公共空间环境和步行环境的打造，使这一带状城市空间呈现出较强的连续性；另一方面，要在尊重、保护历史文化建筑的基础上，形成能够呈现文化主题特色的城市建筑风貌。目前，经过重庆市政府和渝中区政府的努力，曾家岩—上清寺一带已经形成了较为连续的"重庆建筑风格"城市风貌。

新重庆城市空间文化主题，以体现现代化重庆都市风貌为主，位于解放碑、化龙桥等商业商务中心区、城市公共服务核心区。形成解放碑—朝天门和化龙桥—大坪两个空间主题区域，解放碑、朝天门、化龙桥、大坪四个空间文化单元。以极富时代特色的高层建筑或建筑群为主体，突出城市空间的地标性，是城市空间结构的极核，是城市空间立面形态与天际线的引领。

（2）围绕当代城市功能空间文化主题的规划引导

遵循现有城市空间结构特征，结合城市功能布局，构建与渝中区城市空间发展趋势相契合的空间文化体系结构。依托渝中区城市功能的空间规划，提出"两极、两翼、三区"的空间文化结构形态，并根据其各自的功能空间特点，进而提出空间营造的规划方案（图6-19）。

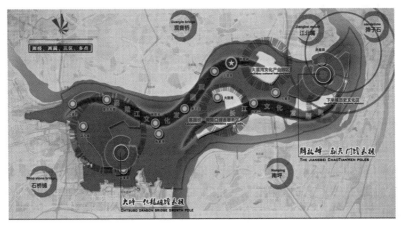

图6-19 渝中区空间文化结构规划示意

资料来源：中国城市规划设计研究院西部分院. 渝中区发展战略规划［Z］. 2014.

两极，指解放碑—朝天门增长极、大坪—化龙桥增长极，暨两大商业商务空间文化主题区域。这两极是渝中区的商业商务核心，聚集了渝中区的金融贸易、信息咨询、国际交流、时尚消费、现代办公等功能，是引领区域发展的经济高地。尤其是解放碑—朝天门增长极，不仅仅是渝中区，还是重庆全市的城市形象窗口，新时期山城风貌的最好展现。这两极空间所赋予的文化内涵应是"时尚现代、富于时代气息、面向未来"；空间形态应是高密度聚集、空间紧凑、体量突出、建筑形象鲜明。

两翼，指长江文化发展翼、嘉陵江文化发展翼，暨两大滨江休闲娱乐空间文化主题区域。在长江文化翼方面，要充分利用珊瑚公园、滨江公园等文化资源，结合各滨江功能构建空间文化单元，加强滨江地段更新改造，植入文化展示、运动休闲娱乐等功能。在嘉陵江文化翼方面，突出鹅岭、李子坝等山地公园空间特点，加强红岩村、重庆天地、佛图关、大田湾等空间文化单元的联系，培育旅游休闲、文化创意、体育健康功能。滨江两翼空间营造与形态优化上均要结合自然地形特点，突出山城、江城特征，利用滨江文化景观资源，升级旧有城市空间，开拓新的城市空间，加强滨江江畔与城市内部的通达联系。

三区，指下半城历史文化区、上清寺—两路口—菜园坝综合服务区、大溪沟设计创意产业园区，即历史空间文化主题区域、综合服务空间文化主题区域、文创空间文化主题区域等三大类型的空间文化主题区域。

下半城历史文化区是渝中区历史文化核心区域，空间文化资源丰富，应充分挖掘和保护历史文化资源，构建解放东路—白象街、十八梯、石板坡等空间文化单元，优化湖广会馆、谢家大院等重点空间文化元素，结合危旧房、棚户区改造，植入历史展示、文化体验、休闲娱乐、高端居住等功能，激发城市活力。空间优化与更新中要延续昔日山城空间肌理与传统街巷空间格局，留住历史岁月的空间印迹。上清寺—两路口—菜园坝综合服务区主要依托菜园坝城市综合交通枢纽、两路口轨道交通枢纽和重庆中心超高层建筑，培育交通枢纽、商业商贸、商务办公、旅游服务、休闲娱乐、电子商务等功能，促进文商旅融合发展，打造综合服务功能区。大溪沟创意产业园区是伴随旧城更新形成的新的文创功能空间，主要依托区域内设计传媒企业培育建筑与环境艺术设计、工业设计、文化创意、文化艺术等文创产业发展，既丰富了渝中区文化空间类型，又探索了旧城更新中产业空间发展的方向。这一区域的城市空间优化营造以渐进式更新为主，尽量不对原有空间做大拆大建式的改变。

"两极、两翼、三区"的空间文化结构形态，反映到城市空间中也可作为城市空间结构的一种表达，这充分表现了山地城市空间文化结构形态与山地城市空间结构的互动。

6.3 小结

本章从生态和谐理念的主观协调视角出发，围绕基于文化性引导的规划维度，通过分析对文化性内容在城市物质空间中的反映，以及城市文化的物质表现对城市空间的引导作用，提出对于文化性引导维度下的山地城市空间格局规划，可以使用城市空间文化体系规划的方法，并构建了城市空间文化主题—城市空间文化单元—城市空间文化元素的城市空间文化体系。

依托城市空间文化规划，本章分别从城市层级与片区层级的空间尺度下对基于文化性引导的山地城市空间格局规划进行了研究。指出了城市层级的规划侧重于城市空间文化结构关系，能够协调影响到城市空间结构性内容的文化性空间，即城市空间文化主题区域的空间发展与结构关系；而片区层级的规划侧重于文化导向的空间营造，直接影响着对象区域的城市空间功能、城市空间形态等内容。进而围绕不同层级提出了相应的规划策略方法，并分别以重庆主城区和渝中区为例对城市层级和片区层级进行分析，以说明山地城市空间文化规划对于山地城市空间格局构建与优化的协调引导作用。

第七章

基于社会性引导的山地
城市空间格局规划

　　结合前文社会性的影响要素分析，社会性引导可以从政治性、社会公平、社会交往、制度性、安全性等方面来看。其中，政治性引导主要来源于国家战略、政策等对于城市发展的引导，是城市空间规划行必须遵循契合的；制度性引导对于城市空间格局有着明显的能动作用，但其影响作用更多呈现出一种普遍性的特点，对山地城市和其他城市并没有本质上的差异。①

　　而社会公平、社会交往、安全性引导的影响都能够直接体现在城市空间中。基于社会公平协调引导的空间内容主要侧重于基本公共服务设施、公共交往活动空间等的空间公平规划；基于社会交往协调引导的空间内容主要侧重于公共开放空间系统的规划布局；基于安全性的协调引导主要体现在城市空间的适灾性规划（在这里的安全性主要针对自然灾害和事故灾害等适灾安全，不包括军事防御安全和预防社会犯罪安全）。因此，在本章基于社会性引导的山地城市空间格局规划探讨中，我们主要从社会公平、社会交往和安全适灾三个方面来展开，从而体现生态和谐理念下社会性引导对于山地城市空间格局规划内容的主观协调作用。

---

　　①　（当然许多山地城市也有着适应于自身发展的地方条例、技术规范和规划设计导则等，但这更多是制度内容上的不同，制度性要素对于规划引导的作用方式还是基本相同的：形成相应的法律法规内容和技术性内容，通过对城市规划编制与实施的许可和管理来实现。）

7.1　基于社会公平的协调引导——空间公平规划引导

空间公平是社会公平主观协调内涵在空间引导中的表现形式。这种社会公平的城市空间体现主要集中在基本公共服务设施的空间公平、居住空间公平，以及基本社会活动与交往的空间公平。空间公平规划就是要通过对城市空间的规划引导与优化调整，实现基本公共服务设施、居住空间、公共开放空间等内容的布局、规模以及空间关系的统筹安排与协调，在对象城市范围内形成更加优化合理的城市空间格局，进而更好地满足城市居民的需求。在不同的空间层级对象下，空间公平规划引导的侧重点也有所不同，我们将从城市层级和片区层级两方面进行分析阐述。

7.1.1　城市层级的山地城市空间公平规划引导

城市层级下的城市空间公平规划主要侧重于基本公共服务设施的空间公平和基本社会活动与交往的空间公平。基本公共服务设施主要是优化基本公共服务设施空间结构与布局体系，在公共服务设施分级中重点关注市级、区级设施空间布局[①]。基本社会活动与交往的空间公平主要关注公共开放空间的结构体系，以及在各个城市片区中公共开放空间的规模能否满足城市居民的需要[②]。

　　1. 分级布局基本公共服务设施，形成合理的基本公共服务设施空间体系

（1）基本公共服务设施的规划布局方式

城市中的基本公共服务设施是实现空间公平的基础，他们直接服务城市

---

　　① 参考《重庆市城乡公共服务设施规划标准》（DB50/T543－2014），以及重庆市主城区各类公共服务设施的专项规划中，将除教育设施以外的文化体育、医疗卫生、社会福利等基本公共服务设施分为市级、区级、居住区（街道）级、社区级，市级设施主要是在专项规划中的表述，规划标准中没有这一等级。中小学教育设施则没有设施分级，其规划配置标准是按照服务人口和服务范围所确定。

　　② 公共开放空间体系结构的相关内容主要在下一节基于社会交往的协调引导——公共开放空间规划中，本节中将不作为主要阐述对象。

居民的需求，其体系的完整与空间布局的完善也是城市格局中的空间公平是否实现的重要标志。其布局依据通常有以下几种。

第一，以人口规模为标准的基本公共服务设施布局。

在依据标准进行文化资源与设施的规划布局中，以人口规模为参照标准是一种最简单和直接的方式。这种方式往往出现在较早期的公共服务设施规划布局或是目标战略性的发展规划中。例如，1959 年英国艺术委员会在一份名为"在英国的艺术设施设置"的调查中列举了数条关于地区、城市、乡镇所需文化设施的原则，这是一份典型的以人口为参照的文化设施供应标准。[273]其中包括：每 15 万人应当拥有 1 处剧院；每 7.5 万人应当拥有 1 处适合演出交响乐和音乐会的大厅；每 5 万人应当拥有 1 处博物馆或美术馆等。2010 年上海市在城市文化设施的发展规划中参照纽约、巴黎、伦敦和东京等城市在 20 世纪 90 年代的文化设施人均水平，提出了以人口为标准的规划发展目标。其中包括：平均 1 万人拥有 1 个博物馆（包括不同的类型，如纪念博物馆、美术馆、展览厅等）；每 1 万人拥有 3 个电影院；每个社区中拥有人均 0.9 平方米的公共活动空间等。

第二，结合人口规模和空间距离的基本公共服务设施布局。

根据人口标准提供基本公共服务资源的方式能够对城市和地区文化设施的规划数量做出预计，但是无法解决公共服务资源空间如何布局的问题，因此，结合人口规模和空间距离的规划方式是目前最为常用的规划布局方法。在这种方法中通常会考虑到人口分布的中心和所在城市空间中的用地布局关系，考虑设施能够有效服务的空间范围和人口规模。例如重庆市 2014 年出台的《重庆市公共服务设施城乡规划标准》（DB50/T 543—2014）就是服务人口和服务半径相结合的布局判定标准。

第三，依据需求的基本公共服务设施布局。

以一定的人口规模和空间距离作为设施布局依据的方法在保证公共服务设施空间布局合理性的时候往往缺乏对动态需求的回应，因此，结合使用者的需求来规划公共服务设施的空间布局也是一种有效的补充方式。文体设施较多采用这种布局方式。

根据需求的规划布局要依托对目标城市空间的评估调查和对一定区域内不同人群的需求调查，同时围绕需求量集中的城市空间区域，对基本公共服务设施的空间关系与参与者进行意向调查，有效地对已有设施的使用进行评估，并确定新的发展方向。此外，还必须考虑已有公共服务设施的现状和使用情况，以其作为新设施规划布局的依据，处理好新旧设施之间的关系。例如，1991 年英国港口城市朴次茅斯所实施的城市文化和体育设施规划就是通过对不同活动和居民的调查来确定的（表 7-1，表 7-2）。

表 7-1　英国朴次茅斯市文化和体育设施使用状况调查

活动种类	使用者评价参与次数	居民参与的比例（%）	渗透率（PR）[①]
当代艺术	5.29	77	4.1
体育	17.75	53	9.4
展览	4.3	78	3.4
电影院	2.26	46	1.0
其他文化设施（博物馆、历史古迹、公园等）	7.88	90	7.1

资料来源：黄鹤．文化规划——基于文化资源的城市整体发展策略［M］．北京：中国建筑工业出版社，2010．

表 7-2　英国朴次茅斯市居民家庭关于文化和体育设施的调查

	同意	不同意	没有看法
如地区内有更多文化和体育设施，你是否会更加频繁地去参与	37%	31%	32%
学校的建筑是否应当更多地用于艺术活动	68%	9%	23%
已有的本地设施是否应当更多地举办文化和体育活动	63%	5%	32%
成人教育中心是否应当拓展用以举办文化活动	68%	5%	27%[①]

资料来源：黄鹤．文化规划——基于文化资源的城市整体发展策略［M］．北京：中国建筑工业出版社，2010．

依据人口规模和空间距离的基本公共服务设施布局是一种典型的自上而下的规划途径，它能较快地确定规划区域范围内公共服务设施的需求总量，这对于城市公共服务的空间公平判断、服务设施规划策略的制订具有积极的指导意义。但是依据人口规模的规划设计对动态需求缺乏回应，在注重数量的同时可能会忽略质量。反之，依据需求的公共服务设施空间布局规划是一

---

① 渗透率（penetration rate）是指在一定地理范围内，使用者参与某项活动的频率同当地居民参与的比例的乘积。渗透率越高，说明该项活动受当地居民的欢迎程度越高。

种自下而上的规划途径，能够较好地满足当地居民的需求，促进社会认同的建构，并且能够有效地提高设施的日后利用率（图7-1）。但是，依据需求的规划方式只能在有限的城市空间内开展，难以扩展到较大的城市范围，市级和区级层面对于公共服务设施的公众需求调查往往只能作为参考。因此，两者的结合是确定基本公共服务设施空间布局的有效途径。在确定新增公共服务设施总体数量上可以参考人口规模标准，在具体的空间布局上则可参考居民需求调查和设施受众人群调查。

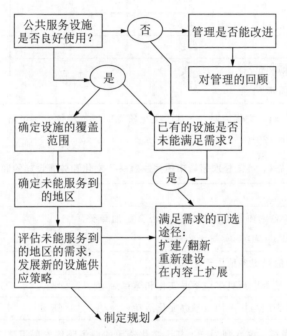

图7-1　依据需求的基本公共服务设施规划流程

资料来源：作者参照黄鹤. 文化规划——基于文化资源的城市整体发展策略［M］. 121相关流程图改绘，2010.

（2）基本公共服务设施空间结构与布局体系规划

在城市层级，基本公共服务设施的规划主要是打造或优化城市公共设施的空间结构系统，在具体布局上则重点关注市级和区级较大型服务设施。本书以重庆市主城区公共文化设施布局为例，阐述城市层级公共服务设施的空间布局规划引导。[276]

第一，公共文化设施布局现状。

该规划面对的公共文化设施是基本书化设施，主要是政府投资下的公益性文化设施，包括向全体公共开放的大型图书馆、博物馆、美术馆、文化馆（站）等。对于市级和区级设施所属用地主要是 A2 文化设施用地，同时兼顾 B3 娱乐康体用地。

重庆市主城区现共有市级文化设施 31 处，渝中半岛、北碚组团和两江四岸滨江地带较为集中，其他地区多散点状分布。区级文化设施在各区分布差异较大，比如渝中区数量较多，渝北区占地规模较大，大渡口区设施最少；江北、南岸、巴南以娱乐设施为主，沙坪坝、北碚以图书展览类设施为主。随着城市的快速发展，部分设施已是供不应求，规模亟须拓展。比如市文化宫、市少年宫的使用者接待量早已超过其设计规模①。同时，重庆作为国家中心城市，规划布局具有较大辐射能力的大型文化设施也是必要的。另外，受地形阻隔影响，部分市级设施服务范围会受到限制，这是在空间格局优化中需要考虑到的。

第二，公共文化设施空间结构规划。

根据城市未来发展与文化设施布局现状，结合城市中心体系与重点片区规划，本次规划提出"一心两带多点"的公共文化设施空间结构。"一心"指渝中半岛，从历史文化背景来看，这里是重庆母城文化的发源地；从大型文化设施布局现状来看，是传统大型文化设施密集区。"两带"是指沿长江、嘉陵江的两条文化设施发展带，沿长江文化设施发展带串联钓鱼嘴、黄桷坪、渝中半岛、江北嘴等文化设施密集区；沿嘉陵江文化设施发展带串联北碚、蔡家、悦来、北滨路等文化设施密集区。"多点"是指悦来、江北嘴、蔡家、北碚、西永、陶家、茶园、龙盛、钓鱼嘴、黄桷坪等多个文化副中心（图 7-2）。

第三，市级、区级公共文化设施规划要求。

规划在重庆市主城区形成"市级—区级—街道级—社区级"四级文化设施布局体系。在城市层面主要关注于市级和区级设施的规划要求。

市级公共文化设施方面，共布局市级文化设施 70 处。包括现有项目 31 处，规划项目 16 处、改扩建项目 3 处、在建项目 9 处，市级设施预控用地 11 处。市级大型文化设施项目是重庆对外文化交流的窗口、多元文化活动展示的空间、国家中心城市建设的战略平台以及地方历史文化传承的载体。在空

---

① 比如重庆市少年宫年均实际接待少年儿童总量达 20 万人次，8 年来已经累计接待少年儿童 150 万人次，远远超过了原设计容量，致使更多的少年儿童因市少年宫场馆容量饱和而被拒之于少年宫大门外。[274]

图 7-2　重庆主城区公共文化设施空间结构示意

资料来源：重庆市规划设计研究院，重庆市文化委员会. 重庆主城区公共文化设施布局规划［Z］. 2015.

间布局上，市级设施主要结合重庆市主城区的五个片区进行分布布局，保证每个片区都有一定数量的市级大型公共文化设施，并且形成不同的主导特色。其中，中部片区和北部片区是城市现有项目的主要建成区和重点发展方向，市级设施的分布也就更多；北部、东部和西部片区是新的城市拓展区域，可依托大型市级公共服务设施的规划布局带动所在城市空间的发展（图 7-3）。

区级公共文化设施方面，共规划区级文化设施 150 处。区级文化设施按照"保基本、兜底线"的原则，保障该片区的基本公共文化需求，如区级文

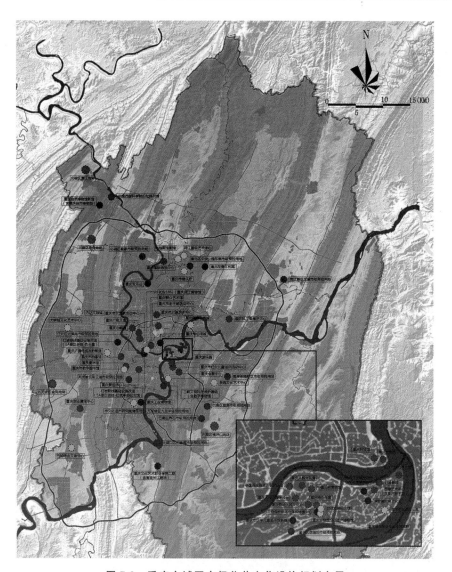

图 7-3 重庆主城区市级公共文化设施规划布局

资料来源：重庆市规划设计研究院，重庆市文化委员会. 重庆主城区公共文化设施布局规划［Z］. 2015.

化馆、图书馆、青少年活动中心等，同时注意彰显地方文化特色，如区级文化艺术中心等。在每个行政区，推进区级文化馆、图书馆、博物馆总馆建设，考虑到重庆山地城市特征显著，受山水阻隔、城市组团式布局的影响，总馆的服务范围尚不能覆盖整个行政区域，因此，可考虑在总馆服务范围未覆盖区域，依据人口规模，积极推进分馆布局。鼓励区级各类文化设施合建，形成综合文化中心，结合地方财力，量力而行，不宜"贪大求洋"。区级公共文化设施主要依托各个行政区的范围布局，要保证每个区公共文化设施的体系内容完整，并且依据各区现状设施布局情况与人口规模，确定新设施的规划布局以及现有设施的保留和升级改造（图7-4）。

图7-4　重庆主城区区级公共文化设施布局

资料来源：重庆市规划设计研究院，重庆市文化委员会. 重庆主城区公共文化设施布局规划［Z］. 2015

2. 关注公共开放空间体系，保证城市公共开放空间规模满足需求

城市中拥有足够的公共开放空间，是实现城市居民基本社会活动与交往

空间公平的基础。这类基本的公共开放空间包括各种大小不一、类型多样的城市公园、广场。在许多山地城市中，由于自然山体与城市空间紧密相融，许多城市建设用地边缘或是被建设用地包围其中的以自然山体为基础的生态公园、郊野公园等（以城市非建设用地为主，但部分也可能被纳入城市建设用地范畴成为城市公园绿地，如重庆的照母山公园）也是城市居民开展游憩交往等公共活动的重要空间场所，因此，我们认为与城市建设用地紧密相连，与周边居民日常生活关系密切的生态公园也应作为城市公共开放空间（图7-5）。

目前，国内关于公共开放空间的人均用地规模并没有总体的标准，一些开展了城市公共开放空间专项规划的城市提出了所在城市的建议标准。如深圳市提出的标准是不低于人均8.3平方米，杭州市提出的标准是不低于人均8平方米，这两个城市的公共开放空间用地只包括城市广场、公园和开放体育运动场地[①]。《城市用地分类与规划建设用地标准》（GB50137－2011）则明确人均绿地与广场用地面积（G）不应小于10平方米。重庆市在2015年编制的《重庆市主城区绿地系统规划（2014—2020）》中，则提出到2020年包含公园、广场用地的公共开放空间人均用地面积为9.7平方米，加上城市生态公园的人均开放空间用地面积为13.03平方米。可以说，山地城市应充分利用自然环境禀赋，为城市居民提供足够的公共开放空间，满足基本的社会公平需求。

而在保证人均用地规模的公共开放空间划分中，杭州、深圳等平原城市将城市划分为若干个片区，保证每个片区中人均公共开放空间面积基本满足要求。重庆市作为组团状结构突出的山地城市，则是以组团为单位的方式进行公共开放空间划分和调整，要求各组团的公共开放空间人均用地面积基本能够符合要求。

7.1.2 片区层级的山地城市空间公平规划引导

片区层级下的城市空间公平规划涉及基本公共服务设施的空间公平、基本社会活动与交往的空间公平和居住空间公平三个方面。由于片区层级涉及相对具体的城市空间形态与布局内容，空间可达性公平就成为这一空间尺度

[①] 资料来源：《深圳经济特区公共开放空间系统规划》（2006），《杭州市公共开放空间系统规划》（2007）。

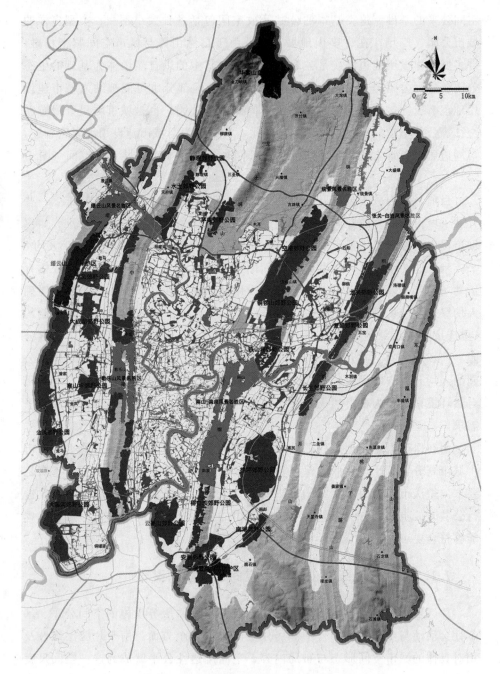

图 7-5 重庆主城区绿地开放空间系统规划

资料来源：重庆市风景园林规划研究院. 重庆市主城区绿地系统规划（2014—2020）[Z]. 2015.

下基本公共服务设施与公共开放空间布局的侧重点。另外，基本公共服务设施的空间布局优化，街道小型公共开放空间布局优化，以及居住空间关系协调也是片区层级下空间公平规划引导需要关注的内容。

1. 基于空间可达性的空间公平规划

空间可达性应用于基本公共服务设施的空间布局，旨在通过空间距离的可达性来描述基本公共服务设施配置的空间区位差异，反映不同区域的群体对相应公共服务的接近度是否公平。[275]常用的城市基本公共服务设施空间可达性研究的方法大致包括两种，多用于定性层面研究的调查统计分析法，包括问卷、访谈等，以及基于地理信息系统（GIS）的定量分析方法。GIS定量分析法便于形成较清晰的规划分析图，尤其适用于中小学、幼儿园、社区卫生站等对于可达性距离和时间要求较高的基本公共服务设施。例如渝中区就基于综合设施的空间可达性以及服务人口规模与范围，对渝中区小学规划布局及服务范围进行了综合优化协调研究[276]。

首先，根据《重庆市城乡公共服务设施规划标准（2014）》确定的小学服务半径500～1000米，分析渝中区范围内该服务半径下的学校（32所小学）覆盖区（图7-6）；同时基于泰森多边形分析①，结合渝中区居中用地布局，分析学校服务范围，找出区内所有居住用地所对应的最邻近的学校点。（图7-7）

其次，将学校服务半径覆盖范围与泰森多边形划分的服务区叠合分析，并结合山地地形条件，对学校服务范围进行修正调整，进而优化学校的空间布局规划。一是保证各个居住地块的完整性以及所属的社区的完整性；二是因为山地城市空间内各个点与学校的距离不一定是平面上的直线距离，学校的服务范围不能简单地由服务半径距离来确定，而要结合具体地形进行判断（图7-8）。

最后，在此空间范围基础上，结合相应学校规模，对服务范围内的居住用地规模的进行分析判断。根据《重庆市城乡公共服务设施规划标准（2014）》

---

① 泰森多边形，又称 Voronoi 图或 Dirichlet 图，是平面的一个划分，a、b、c、d、e ……为多边形的顶点，其控制点集 P＝｛P_1，P_2…P_n｝中任意两点都不共位，且任意四点不共圆。任意一个泰森多边形中，任意一个内点到该多边形的控制点 P_i 的距离都小于该点到其他任何控制点 P_n 的距离；任意边到共边多边形控制点的距离相等。[277][278]

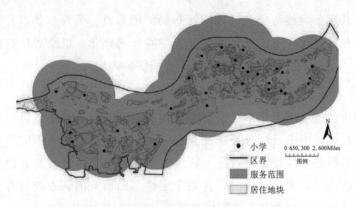

图7-6 基于1000米服务半径的小学覆盖范围示意

资料来源：作者自绘

图7-7 以泰森多边形初步划分的小学服务区

资料来源：余凤鸣，周杜辉．基于GIS的城市中心区教育设施布局规划研究——以渝中区小学校点布局专项规划为例［C］．2015中国城市规划年会论文集

图7-8 调整后的小学服务范围示意

资料来源：周杜辉，余凤鸣．基于GIS空间分析技术的教育设施服务区划分研究——以重庆市渝中区为例［J］．城乡规划，2015（06）．

中确定的学校服务规模，优化调整各个地区未来的居住用地开发规模，确保各个学校服务区域内的居住人口规模能够与之相匹配。这种结合片区内居住用地开发规模优化公共服务能力的做法，也很好地体现了基于空间公平的基本公共服务设施规划对城市空间规划的协调引导。

2. 基本公共服务设施的空间布局引导

片区层级下的基本公共服务设施的空间布局需满足两个要求，一是要遵循上位规划，确保市级、区级基本公共服务设施的空间落地及用地规划的合理；二是要明晰街道级和社区级基本公共服务设施的空间布局优化。这里我们以渝中区公共文化设施布局规划为例进行具体分析。[279]

（1）多功能混合使用，整合历史文化遗产

城市公共文化设施的多功能混合开发是当前公共文化设施发展与城市功能用地布局的趋势，能够多样化地完善设施功能，提高设施利用率。如文化设施结合城市商业、公园混合布局，既有充足的吸引力，利用率也高，可带动整片区域可持续发展。渝中区历史文化遗产丰富，利用历史文化建筑，活化更新，不仅可以高效利用城市资源，给建筑赋予新的活力，更能赋予公共文化设施新的体验，还可结合旅游线路，为文化建设寻求活力载体。

（2）确保市级、区级设施规划的空间落地及合理性

大型市、区级文化设施可适当集中布局形成集聚效应，提升片区文化形象，塑造文化品牌。依托市级文化设施，整合利用区级文化设施，充分发挥其效能，形成文化设施集聚的"渝中文化核心区"，集中展示城市形象。按照上位规划及相关标准要求①新增区级设施，注入新的文化元素和文化载体，提升区级设施品质，增添更多文化元素和功能。

（3）街道级和社区级基层文化设施均衡布点，保障基础民生需求

弥补功能缺失，完善街道级、社区级等基层文化设施，保障人民基本公共文化服务需求。这类基层文化设施要突出服务共享的均等化和空间可达性的公平便利。

最终形成了完善的、覆盖整个渝中区的"市级—区级—街道级—社区级"四层公共文化服务体系，其中：市级文化设施28处，区级文化设施12处，街道（居住区）级文化设施11处，社区级文化设施77处，上述均包含保留现状的设施和规划预控设施（图7-9）。

---

① 如《重庆市城乡公共服务设施规划标准》（DB50/T543－2014）.

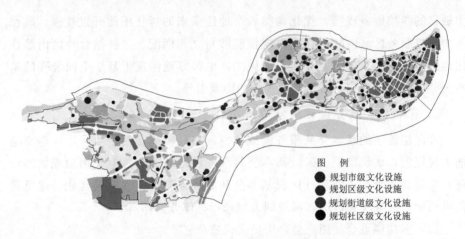

图 例
● 规划市级文化设施
● 规划区级文化设施
● 规划街道级文化设施
● 规划社区级文化设施

图 7-9　渝中区公共文化设施规划布局

资料来源：渝中区文化委员会，重庆市规划设计研究院. 渝中区公共文化设施布局规划（2015—2020）[Z]. 2015.

3. 街道小型公共开放空间布局优化

在片区层级下的城市空间中，一些小型社区广场、街头公园的使用频率更高，发挥的作用也更加明显，城市居民均等、便捷地共享了这些较小规模的公共开放空间，这更能体现出空间规划中社会活动与交往的空间公平。因此，空间规划优化的重点应是：第一，保障足够的总体面积规模和个体单位数量；第二，形成以多样化、小尺度空间为主体的均衡散布，加强各个公共开放空间之间的步行交通联系；第三，能够平等地为所有人提供使用开放空间和参与社会活动与公共交往的条件与机会（图 7-10）。另外，具体开放空间的规划设计还应考虑使用的舒适与方便，如日照、遮阳、通风等因素，相邻地块空间建设时注意标高设计与无障碍设计等，这样才能保证空间的吸引力。公共开放空间还应与周边城市空间环境有机融合，实现因地制宜、功能复合、形式多样的布局，比如山城的开放空间应适当依据起伏地形下打造趣味空间。

4. 居住空间关系协调——削弱居住空间分异

伴随着社会经济与城市化的快速发展，以及房地产开发建设加速，产生了居住空间分异，是一种不同人群在城市空间中趋向同质聚居，其居住区域呈现出空间分化的现象。居住分异与居住人群的收入水平、居民属性（包括社会风俗习惯、价值观、知识结构水平、年龄结构等）等密切相关。小规模的居住分异及具有相近属性居民的同质化居住，能够实现人们形成趋同性的

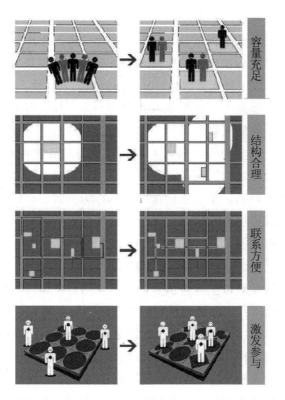

图 7-10　街道小型公共开放空间布局优化重点

资料来源：杨晓春、司马晓、洪涛，城市公共开放空间规划系统方法初探——以深圳为例 [J]. 规划师，2008（06）.

价值观，有利于促进邻里间的社会交往。但居住空间分异过于明显，尤其是收入差距带来的居住分异，则容易带来一系列社会问题，不利于社会公平。因此，基于社会公平引导下的居住空间关系协调，应利用空间引导的手段优化居住空间布局，促进居住区形式与人群的多样化，提倡混合居住，削弱居住空间分异。

（1）加强混合居住

混合居住模式是指不同收入水平、不同文化背景以及不同职业的群体和谐相处、互利互补，生活在一个居住空间区域中。国内外许多研究论述都指出，混合居住模式是有效减少居住空间分异的一种方法，对社会发展有重要意义 。

一是能够有效解决社会问题，实现和谐发展。有专家学者认为，混合居住模式是一种弱化阶层分化，引导人们进行跨阶层交往，并最终促进社会和谐发展理想的值得推广的手段。[280]

二是增加开发商的投资效益，具有市场化的可操作性。混合居住的居住区往往对应了多样化的住房类型，面对的是各层次的消费群体，潜在购买人群的广泛性一定程度上降低了房地产开发商投资的风险性。

三是能够一定程度上保障低收入人群公平共享社会资源。与中高收入人群的混合居住，能够使低收入人群一定程度上共享居住空间环境，进而提升其生活环境质量；也有利于低收入人群共享更多高品质商品性的社会服务，以及有机会接触更丰富的信息获取渠道。同时，"高收入阶层中多数人群的社会行为具有相对更严格、更明显的准则，其行为方式、言谈举止等往往能够一定程度上影响周边他人，这会无形中对其所在居住空间环境中的人群起到一种引导作用，因而能大大提高整个社区的素质水平。"[196]

（2）"小同质、大混合"的规划策略

居住空间分异是城市土地价值差的一种空间经济体现，也是相同社会属性人群趋同性的表现，因此绝对平均的混合居住是不现实的，"小同质、大混合"（又称"小聚居，大混居"）的规划策略是一种相对更为合理的规划手段。

"小同质、大混合"的规划在片区层级的城市空间中可分为两种：一种是不同层次的小区在城市片区中混合布局，促进城市片区中居住人群多元混合；另一种是各个社区内不同档次的住宅组团综合布局，相互融合，实现多元混合居住模式（图7-11）。[281]前者体现在不同档次的住宅小区在同一个城市片区或者居住区中相邻布局，共享公共服务设施与公共开放空间；后者体现在同一小区中不同档次类型的住宅组团结合布置，不同的人群在同样的环境中生活并相互影响。从片区层级的城市空间格局内容来看，"小同质、大混合"的规划策略也引导并影响了相关区域内城市地块布局和城市空间形态的塑造。

重庆市多个城市片区中的公租房规划都是基于"小同质、大混合"的策略案例，例如在两江新区龙兴片区规划中就将公租房以小规模组团形式穿插布局在商品房小区之间，在控制性详细规划阶段即综合统筹考虑与相邻居住区用地的关系，力求在多个居住空间区域内实现居住小区层面异质化，居住组团层面同质化的"小同质、大混合"模式（图7-12）。

另外，2016年2月公布的《中共中央国务院关于进一步加强城市规划建设管理工作的若干意见》中提出"我国新建住宅要推广街区制，原则上不再建设封闭住宅小区"，这将加强住区内外的社会交往与空间联系，从空间上强化混合居住模式，也会起到削弱居住空间分异带来的不利影响。

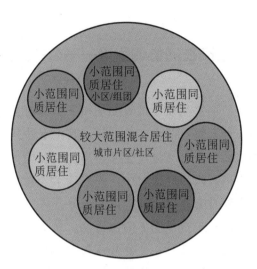

图 7-11　"小同质、大混合"居住示意

资料来源：作者自绘

图 7-12　两江新区龙盛片区中公租房布局示意

资料来源：重庆市规划研究中心，重庆市主城区公共租赁住房选址规划 [Z]. 2011.

7.2 基于社会交往的协调引导——公共开放空间规划

城市公共空间是社会交往发生的重要场所。结合前文社会性要素研究所述，公共空间包括室外开放空间和室内空间，其中室外开放空间是城市空间格局体系中的重要组成部分，与城市空间格局规划及优化的关系紧密。因此在针对山地城市空间格局规划的研究中，我们基于社会交往引导下的公共开放空间规划就是指室外具有社会交往功能的公共开放空间，主要包括城市广场、公园、绿地等，以及步行尺度下的生活性、景观性街道等。由于前一节关于空间公平的规划研究中已涉及了公共开放空间的空间共享性与空间可达性的相关内容，因此在本节中对于公共开放空间的研究主要集中于空间的系统结构规划、空间布局、具体空间形态优化等方面的内容。在不同的城市空间格局层级下，公共开放空间规划的侧重点也有所不同，城市层级侧重于系统结构的塑造，而片区层级则更偏重空间形态与内容的优化。

7.2.1 城市层级的山地城市公共开放空间系统规划

城市层级下的公共开放空间系统规划已经突破单一或局部城市空间限定，是城市空间区域整体化的概念，规划以公共开放空间这一要素系统的总体空间结构梳理、优化和构建为主。同时，规划还具有宏观战略性，需要为城市空间发展指明道路，为即将承担的城市功能、城市化进程中的城市空间拓展做出积极的引导。目的是在处理好城市公共开放空间物质环境的同时，实现经济发展、社会交往及文化传承。

1. 山地城市公共开放空间系统与城市空间结构的互动性影响

如前文社会性要素中关于社会公共交往的分析所述，山地城市公共开放空间结构不是独立的系统，而是城市空间格局的重要组成部分，它在城市空间格局系统的限定下，以自身演化影响着整个空间格局发展。从宏观空间视角来看，公共开放空间结构随城市空间格局的变化而变化：一是城市公共开放空间结构会随着城市空间的发展而呈现量的增长以及外延式扩张；二是随着城市空间不断增长，在社会经济发展"门槛"作用以及山地自然条件限定下，跳跃式发展成为绝大多数山地城市首选的发展模式，公共空间结构也随之跃迁分化出新的结构部分；三是内涵式拓展，一般表现为城市空间格局内部的空间优化过程，公共开放空间结构也随之优化变化。

山地城市中，由于自然环境的约束以及融合自然环境的人工环境的条件限制，山地环境的制约作用显得更加突出，公共开放空间跃迁式结构分化明显。自然环境的特殊性使得大多数城市空间结构的外拓从一开始就处于矛盾之中，山隔水断的自然本底使得每一次空间拓展都面临着土地与环境制约，因此，在旧城空间布局变得更为紧密，公共开放空间不得不容纳更多公众时，城市公共开放空间的拓展就不得不突破山地原有的自然限定。所以说，"开发区模式和跳跃组团模式是现今各个山地城市公共空间结构发展中普遍存在的形式"。[201]

山地城市公共开放空间结构系统随城市空间结构的变化而变化，但同时城市公共开放空间结构系统的发展也会影响并引领山地城市空间结构的发展。这种影响主要有两种情况。

一是公共开放空间发展前景可以预测，对城市空间结构的发展形成较为明确的影响。例如在山地城市中，许多自然生态区域能在城市化进程中保留下来并发展成为公共绿地空间，大多是由于山地条件所限不适于开发建设，而在规划设计中有意识地加以保留，限定用地方式。因此这种城市公共开放空间的功用也不会被轻易取代，山地城市公共开放空间系统拥有相对稳定的结构，城市空间结构发展方向也相对明确。

二是公共开放空间具有基本方向性的发展前景，但可变性较大。其原因就在于山地城市空间格局系统的复杂性。我们可以分析出各种作用机制及其作用路径、作用效果，但这些作用机制、作用路径，如政策、规划控制、相关开发商意愿等，相互交叉作用于城市公共开放空间系统时，还会受到诸多现实因素的影响，如公众意见、资金情况等。这些相关内容在实际运行中的往往还会产生相互促进或相互消除作用，进而造成结果与预测有较大的偏差。例如在旧城更新中，通常可以延续城市空间肌理形成相对明确的公共开放空间结构，但考虑经济因素以及与周边城市空间环境的衔接情况，可能会做出多种不同的改变（如城市广场和公园的增加与取消、街道结构的重新组织等），而这种改变就会对该区域的城市空间结构与空间形态等产生不同的影响。

2. 宏观城市公共开放空间结构规划体系的搭建

在城市层级下，搭建山地城市公共开放空间结构规划体系的整体框架，对城市整体发展意义重大，因此城市层级下的规划策略应从城市规划专业角度出发，为城市公共开放空间系统的空间布局、经济发展、社会文化功能等制订一系列策略。其主要内容应涉及城市游憩空间、重要街道广场、公园绿地等规划，以及一些宏观层面的专项规划，包括绿地系统规划、慢行系统规划等。

例如，深圳市于 2006 年编制了《深圳经济特区公共开放空间系统规划》，以促进社会交往、增添城市活力、体现社会公平为目标，从人均面积和步行可达范围覆盖两方面，对规划区内的公共开放空间（该规划主要是绿地空间、广场空间和运动空间三类）进行了系统的统计与梳理，并形成了可以用于规划控制引导的成果（图 7-13）。重庆市在 2014 年的城乡总体规划深化研究中提出了主城区综合游憩体系规划，充分结合山城特色，将城市公园、郊野公园、大型城市广场、四山游憩空间、滨江开放空间等整合起来，提出一系列规划策略，力图形成更加合理的城市游憩功能空间布局。

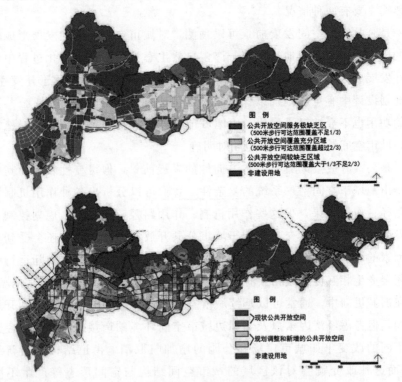

图 7-13　深圳公共开放空间系统现状与规划

资料来源：刘冰冰，洪涛. 公共开放空间规划与管理实践——以深圳为例［C］. 中国城市规划年会论文集. 2015.

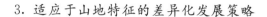
3. 适应于山地特征的差异化发展策略

山地城市公共开放空间的发展主要受到两个方面的影响：一是城市社会经济发展状况（许多山地城市，尤其是西部地区城市经济状况欠发达）；二是山地自然环境对城市空间发展用地的限制。这两个门槛约束一定程度上造成了山地城市公共开放空间的发展困境。差异化发展策略的提出，就是为了使山地城市公共开放空间发展由同质化的增加数量，转向提高公共开放空间的质量，从而促进社会交往以及城市空间文化的综合发展。其目标是将自然环境的负面制约转化为山地城市公共开放空间的特质，与其城市社会经济条件相适应，并走出一条不同于其他地域城市公共开放空间发展的道路。

例如，重庆市主城区四山生态休闲游憩规划就是将山地城市自然环境的负面制约转化为具有山城特质的城市公共开放空间系统的有效尝试。围绕重庆市主城区内的缙云山、中梁山、铜锣山、明月山四条山脉，从生态效益提升和休闲游憩发展的角度策划城市特色开放空间体系。

在生态效益提升方面，结合四山管制区要求①及四山区域的生态敏感性分析，在规划区内划定原生态保护区、次生态保护区和生态型开发区三种生态区域②，分别承担生态保护、生态提升和生态建设功能，分类别提出相应的规划控制要求。[282]

在休闲游憩规划方面，需要整合四山特色空间资源，划定游憩区，规划完善的游憩线路，提供公共交往与休闲游憩的空间载体。游憩区是一个相对完整、自成系统的旅游组织单元，根据山脉的内在差异性以及与城市空间距离的不同，游憩区的建设方式也应有所不同，从而满足不同的社会活动需求。每条山脉上的各个游憩区通过山体中的游憩步道或城市空间中的慢行系统串联起来，从整体上形成一个独特的山地游憩空间系统（图 7-14）。这一开放空

---

① 可参见前文 4.1.3 章节中相关阐述。

② 原生态保护区指生态功能突出、植被本底条件优越、生境敏感性强，需要对该区进行严格管控，进一步强化生态功能的区域；规划以严格保护控制为主。次生态提升区指生态功能退化迹象显现、植被覆盖率相对不足、生态遭到一定破坏，需要对该区进行生态功能提升，实现生态环境良性发展的区域；规划策略主要是增加森林面积、优化林相、修复废弃矿坑、退耕还林和发展生态农业。生态型开发区指除原生态保护区和次生态提升区以外的其他因保护生态环境和自然景观、合理提高公共休闲空间等需要限制开发建设的区域；规划主要探索生态开发区的绿色建设模式，包括微地形利用下可持续的场地建设、垃圾和农林废弃物的循环利用、基于生态保护优先的绿色基础设施建设等。

间系统规划既充分利用了自然山体资源，为市民提供了休闲度假与社会交往的空间场所，在人们心中强化了生态和谐的社会观念，又强化了四山的空间存在，将四山的自然价值与市民日常生活更紧密地联系起来，在人们心中强化了生态和谐的社会观念，使之形成四山自然空间不应被城市用地侵蚀的认知。

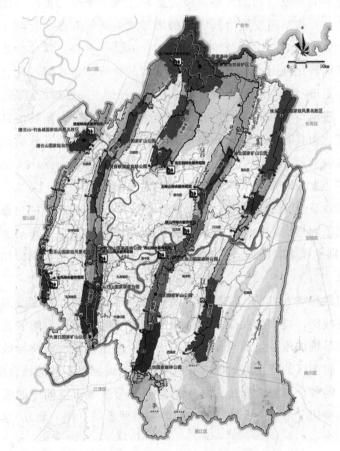

图 7-14　重庆主城区四山游憩休闲系统规划图

资料来源：重庆市规划局，中国城市规划设计研究院西部分院. 重庆主城区四山生态休闲游憩规划［Z］. 2015.

7.2.2　片区层级的山地城市公共开放空间规划引导

片区层级的城市公共开放空间是在城市局部区域的布局内容，更侧重空间形态与功能性，研究对象包括具体的街区街道、广场、公园等。相对于城市层级，片区层级的公共开放空间更突出以下特征：一是适从性，片区公共开放空间结构适应并遵从整体城市空间组织关系，在整体上形成和谐的公共开放空间环境，在片区内部实现对单个要素的功能突破；二是动态性，公共开放空间的形式随着城市空间的发展而变化，动态性地调整公共开放空间结构及功能，并在可预测的发展前景下影响所在城市的空间格局；三是可感知性，片区层级下具体的城市公共开放空间是通过具象的空间形态体现出来的，是人们能以视觉、触觉等感知的。片区层级下通过城市公共开放空间规划来协调引导其所在城市空间格局的优化与发展，必须结合这些特征提出相应的规划策略。

1. 增量拓展下的新城空间引导策略

在当前城市增量拓展的诉求增多、城市边缘空间不可避免地成为城市用地的趋势下，山地城市空间不断外拓的过程中有必要选择并运用好公共开放空间引导功能。在新的城市空间拓展区中，先行规划布局公共开放空间，既能够带动周边区域的土地开发，又能限定新城空间拓展方向，同时引导城市空间形态的形成。

在荷兰兰斯塔德市的空间规划中，将城市边缘的都市农业发展作为城市空间规划的一部分，使其成为提供多种公共社会服务功能的半城市化用地，其中农业生态旅游、托管型教育农场等成为城市边缘的公共开放空间，也成为一定程度上限定城市空间形态发展的约束空间。成都市城市空间拓展过程中也借用了这一理念，以"五朵金花"①都市观光农业休闲区为例，先期作为半城市化空间带动了周边区域的人气和经济效益，城市空间拓展到这一地区后，它们作为成型的城市绿楔很好地限制城市在该地区铺大饼似的扩张，维护和保障自然空间环境不受经济利益影响，有效引导该城市片区空间结构与空间形态按规划合理发展。

重庆中央公园规划则是山地城市中公共开放空间引导新城拓展的一个典型例子。为了带动城市北部空港新城的发展，重庆市先期开展了中央公园规划建设，随着中央公园带来的巨大人气，周边地块的开发得到了有效的带动

---

①　成都"五朵金花"是成都市东南部一处特色都市观光休闲农业区，面积12平方公里，是成都市在三圣乡举办"中国成都首届花博会"之际，集中财力，借势造势，将花博会周边的五个村庄在原来经营花卉的基础上，由政府统一规划，因地制宜，错位发展打造形成的。

（图 7-15）。目前中央公园的建成，也引导了周边地块相对有序的建设，同时引导了周边区域的城市空间形态的形成（如建筑限高、景观通廊等设计都必须与中央公园相协调）。

图 7-15　重庆中央公园带动城市空间拓展示意

资料来源：作者根据相关资料绘制

2. 存量优化下的旧城空间更新策略

旧城更新是城市空间的内涵式拓展表现，在旧城更新阶段，以单纯地扩大公共开放空间获得规模效应的城市空间优化模式显然不再具有优势，重塑城市公共开放空间机能，提高其运行效率成为更佳手段。在此思路下城市空间优化策略包括功能带动策略和形态带动策略。

功能带动策略就是通过优先赋予和强化建成区城市公共开放空间特定或

复合的功能，并利用功能内聚性来引导其所在片区城市空间格局内容的优化。借用旧城空间更新的机遇，或者在目标区域内中植入新的公共开放空间对旧有城市空间进行功能补充（比如植入城市公园或广场），或者通过空间功能的转移或延续获得更为完整的公共开放空间，运用这些手段对旧城公共开放空间进行功能植入或复合，达到优化所在旧城空间的目的（图7-16）。这样的策略能够对山地城市空间肌理起到整理并延续的积极作用，也能更好地适应当代社会公共交往活动多样化的需求。

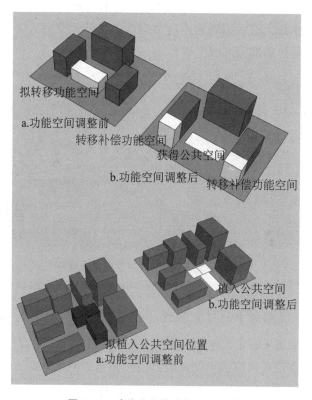

图7-16　功能空间转移与植入示意

资料来源：作者参考王中德，西南山地城市公共空间规划设计的适应性理论与研究方法［D］(2010)，相关内容绘制。

　　形态带动策略就是在旧城更新中，依据旧城片区现有的地形地貌、必须维系的山地环境、城市地块与路网结构等，对公共开放空间方向性的发展与分布进行预测，形成初步的公共开放空间体系结构的规划设计，并在此基础上对相应区域的城市空间建设进行优化、协调。简而言之就是城市设计中要先设计公共开放空间，再优化调整所在区域的城市建筑形态与布局。

《两江四岸滨江地带渝中片区城市设计（2009）》，依据渝中片区现有地形、地貌，考虑水系、水域对其的影响，根据城市结构，如地块大小、路网分割，并结合公共空间的功能、用途、分布，对渝中半岛旧城的公共开放空间系统进行了规划；而后根据公共开放空间的规划设计要求，对相应城市空间地块进行优化调整，进而引导整个片区的城市空间形态。这些公共开放空间包括：依托自然山体形成的城市公园，枇杷山公园、鹅岭公园等；重要城市广场，朝天门广场、人民广场等；嘉陵江、长江滨水开放空间；渝中之脊空间轴线，沿半岛山脊线串联起不同类型的公共开放空间；为加强滨江与腹地联系划分的绿色通廊等（图7-17）。

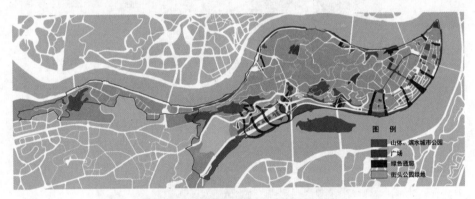

图7-17　渝中区公共开放空间系统规划

资料来源：英国PRP建筑师有限公司. 重庆主城两江四岸滨江地带渝中片区城市设计［Z］. 2009.

3. 具体地段空间中的可交往性

城市片区层级下各个具体的地段空间是社会公共交往最直接的空间载体，也是社会公共交往需求下的空间反映。由于地形因素的限制，山地地段空间中的公共开放空间多呈现出微型化、多元化的特点。"山地生活方式'外露'的特征促成了山地人民热爱交往、喜欢进行集体户外活动的行为特点；原始而强大的自然环境以及其所体现出的强烈质朴美感，也造就了山地城市人民热情耿直的共同性格特征。"[283]与此同时，由于山地缺乏平坦空间，同一个开放空间往往会承担多种公共交往活动发生地的作用。而由于地形限制，山地城市公共空间多呈现为破碎状，加上山城人民热情而喜爱交往的性格特点，地段空间中的社会交往活动还往往会呈现出随机性、临时性的特点。对应多元化、微型化、随机性、临时性的社会交往活动，一个适合交往的地段开放公共空间，空间的"可交往性"是其主要特征。人们的社会交往空间需求引导物质空间的发展与形成，而与此同时物质空间还能够对使用者起到引导、规范的作用，进而影响公共交往活动以及人的行为方式。一般来说，这种具有"可交往性"的公共开放空间规划塑造通常具有三方面的特点。

一是空间的属性强调物质空间和社会交往活动之间的关系。公共开放空间的目的是促进交往活动的发生而不是隔绝彼此联系，空间是社会交往活动的物质载体，社会交往活动意愿的外在表达也能间接影响空间的物质形态呈现。因此，良好的社会交往空间与居民的活动有互动性，二者互相适应，有机发展。

二是空间具有多元复合性的形态特征，且往往具有模糊的边界及不规则的形态。例如，提到一个"适合交往的公共开放空间"时，人们可以想到街角公园、公共建筑前的广场、某一段步道露台……它们都能够发生类似的交往活动。这些空间不一定有绝对的边界，也并非是为了交往这一目的而设计的，其间发生的交往活动有着相当的随机性；这些空间往往还有着其他的功能用途，比如交通、游憩、人流疏散等，这也可以算是多种空间类型的集合与重叠，表现出可交往的公共开放空间应有多义多功能的特点。

三是空间具有随机散布的特征。由于人的活动具有偶发性，所以与之对应的社会交往活动也具有随机分布的特点。山地地形条件的限制，使公共开放空间具有微型化、立体化的特点，这也使得"交往空间"的分散性布局特征更加明显，其空间分布的随机性以及与城市空间的复合性也更为突出。这些具体的微观公共开放空间能为所在城市片区增加活力，服务城市居民的社会活动。城市片区层级下的城市空间营造有必要将这些公共开放空间有序组织，形成结构系统与秩序。

从案例研究来看，渝中区大井巷—民生巷社区空间环境更新就是一个围绕公共开放空间营造引导的城市地段空间优化。

大井巷—民生巷地段包括大井巷社区和民生路社区东部达美城市花园和民生巷一带，位于渝中区解放碑街道，北区路与民生路、临江路之间，面积约3公顷，街区北瞰嘉陵江，东临魁星楼，南面是渝中半岛的交通干道民生路，路对面是半岛城市之冠新重庆宾馆（海航保利国际大厦），西面是有陡坎之隔的巴渝世家小区。街区地形南高北低，整个地段又居临江门魁星楼和临江路上方。地段内除达美城市花园的五栋高层建筑约建于2000年外，其他建筑大多建于20世纪70年代末至20世纪90年代初。

　　大井巷—民生巷地段内地形起伏，街巷变化复杂，是一个典型的多功能混杂的山城老街区，其中具有浓厚的重庆市井文化韵味。新华日报社营业部旧址、若瑟堂等历史文保建筑（图7-18），以及农工党重庆市委会都在该街区内。随着时光的流逝和快速城市化发展，该街区日趋老旧。2010年渝中区政府启动了老旧居住社区整治，该街区也成为整治更新的对象。

图7-18　若瑟堂和新华日报社营业部旧址

资料来源：上图：重庆市旅游局网络图片；下图：作者自摄

　　街区空间环境更新优化主要集中在公共开放空间营造与历史文化建筑修葺两方面，意图通过公共空间环境的改善来带动整个街区空间品质的提升（图7-19）。针对街区出入口缺乏特征标志，街区内路径景物杂乱、铺地简陋，公共开放空间和活动场地狭窄等问题提出相应的优化措施。具体包括：保护修缮历史文化建筑，围绕其形成可供人驻足、观赏的公共空间；在原有街区空间中开辟若干小广场作为空间节点，从而为居民提供更好的休闲和社会交往空间；整治街巷空间环境，增加景观小品设施与引导标志系统，从而为人们（包括当地居民和路人游客）营造更好的空间生活环境（图7-20）。

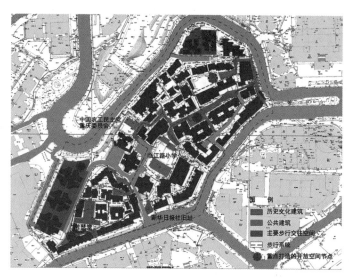

图 7-19　大井巷一民生巷地段公共空间优化分析

资料来源：作者自绘

图 7-20　大井巷和民生巷空间环境

左图，大井巷公共空间，资料来源：重庆晨报，2011 年 5 月 31 日

右图，民生巷公共空间，资料来源：作者自摄。

7.3　基于安全适灾的协调引导——城市空间适灾规划

　　基于安全适灾协调引导下的山地城市空间格局规划就是要在城市空间格局本体构建、优化，以及城市空间格局中各空间内容规划优化中提前考虑城市中突发灾害的可能性，以避免或能够及时应对突发灾害的空间规划优化，既有改造自然的"减灾"，又有顺应自然的"适灾"。李云燕将城市空间适灾总结为空间避灾、空间减灾、空间防灾、空间救灾和灾后重建几个部分[203]。以城市安全性为目标的城市空间适灾规划，就是要在城市空间规划建设中充分考虑避免灾害、防治减少灾害以及空间规划组织有利于灾后救援行动等要素，通过改造城市空间以避免某些灾害发生，或通过优化城市空间将受灾后的损失降到最低。

7.3.1 城市层级的山地城市空间适灾规划引导

城市层级的空间适灾规划要以整体统筹的视角，充分考虑整个城市空间格局体系如何实现避免灾害、减少灾害以及有利救灾。主要包括城市空间选址与布局、应急道路系统规划、应急避难场所规划、基础设施支撑系统规划。

1. 城市空间选址与布局，空间适灾引导下的提前防灾干预

（1）科学选址，规避灾害生成

城市空间拓展的选址过程中，应对所在地理空间进行科学合理的分析，选择潜在灾害最少、最有利于防灾的区域，规避易于发生灾害的发展方向。在山地城市，由于地形环境的复杂性和脆弱性，所以特别需要科学合理地选择城市空间用地。因此在城市规划初期要进行充分的分析评估，通过对所在区域水文、地质、地形等自然条件的分析，对生态环境进行生态敏感性评价，对潜在的地质灾害空间分布进行分析，进而避开存在潜在隐患等不适宜的用地区域，合理选址布局城市内各功能区域（图7-21）。同时，对于一些区域，还可以通过必要的人工措施改造，破坏孕灾环境形成的前提条件，以达到防灾的目的。这种规避灾害的规划选址与用地改造，一定程度上引导并限定了城市空间发展的方向及城市空间结构的生成。

（2）控制城市规模，增加开放空间布局

通常来说，城市中产生灾害的风险会随其规模的扩大而增加。同样的城市空间范围，开放强度增大，人口密度增大，更容易带来道路交通拥挤堵塞、市政基础设施超负荷等问题，这都会带来更多发生危险的可能性。同时，城市规模的扩张可能侵蚀更多的原生自然环境，使城市更接近地质灾害危险区，使得城市所处环境更容易引发自然灾害。因此，合理控制城市规模和开发强度一方面能够降低城市由于高密度特质所引发的灾害风险，另一方面，能够降低人口密度，减小灾害的影响人群，以及在灾害发生初期相对容易地将其控制在较小的空间范围。

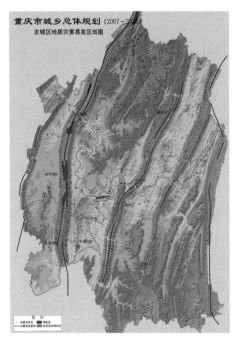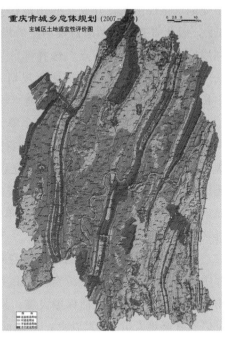

图 7-21 地质灾害评价及用地适宜性综合评价图

资料来源：重庆市人民政府. 重庆市城乡总体规划（2007－2020）（2011 年修编）[Z]. 2011.

另外，在用地布局方面，应增加开放公共空间如广场、公园等在城市空间中的分布。这些空间在方便居民使用的同时，对城市硬质空间起到了软化作用，在灾害发生时也能使居民就近疏散到这些开放空间，减少远距离疏散造成的二次伤害。虽然山地城市中的一些自然山体给城市带来了潜在的灾害隐患，但城市空间格局规划应该利用好大自然给城市带来的绿色开放空间，选择那些与城市相融且安全性较高的自然空间，使其成为城市避灾空间。

2. 应急避难场所规划，空间适灾引导下的减灾避灾空间

应急避难场所是城市空间适灾规划的重要组成部分，是城市灾害发生时人们能够暂避，并且有利于组织人员集散和展开灾害救援的城市空间场所，具有避灾、减灾和救灾多重作用。当前我国多数城市的应急避难场所规划主要是在城市现有基础上编制展开，其编制成果基于空间适灾的要求对城市建成空间和规划空间提出优化建议，进而起到协调引导城市空间发展的作用。

应急避难场所主要是利用城市中的开放空间进行布局，主要包括公园、大面积开阔绿地、广场、体育场、拥有较大室外开敞空间的学校等。山地城

市受地形条件限制，开放空间用地作为避难场所的有效面积相对平原城市较低[①]，因此需要充分考虑避难场所的规模，适当增加开放空间作为补充，同时利用好山与城相融的特点，选择部分可利用的自然开放空间改造为应急避难场所。城市层级的应急避难场所规划一是要划定应急避难单元，二是要确定中长期应急避难场所和短期应急避难场所的空间结构体系与空间布局。

应急避难单元的划定要求每个单元内的城市功能具有相对的独立性，承担的人口规模差距不大。山地城市多呈现组团状空间结构，各组团均有相应规模的用地空间，城市功能相对独立，可以有效结合组团布局划定避难单元。比如重庆主城区共分为 21 个组团，基本上可以将每个组团规划为一个避难单元，形成 21 个避难单元，每个避难单元依据规划人口与建设用地设立各级避难场所（图 7-22）。

中长期应急避难场所也是市级避难场所，配备有服务较大区域的救灾指挥中心、应急物资储备、综合应急医疗救援、空中救助点等大型应急装备与物资，设置较完备的生活保障设施，具备紧急避难和短期、中长期避难功能，可以安置避难人员 30 天以上，占地面积宜大于 10 公顷，服务距离为 5～10 千米。短期避难场所也是组团级避难场所，配备有服务一定区域的应急指挥站、应急物资、应急医疗救援等中型应急装备与物资，相应一定的生活保障设施，具备紧急避难、短期避难功能，可安置避难人员 3～30 天，占地面积宜在 2 公顷以上，服务距离为 0.5～2.5 千米。

3. 应急道路系统规划，空间适灾引导下的减灾救灾通道

城市应急道路系统规划主要依托现有及规划确定的城市综合道路交通体系进行构建，也常纳入应急避难场所规划，作为该专业规划的一部分。城市层级的应急道路系统规划侧重于城市对外疏散与内部跨区域联系通道，以及内部主要救援与疏散通道建设。对外疏散与内部跨区域联系通道用于灾时城市对外疏散与交通联系，城市内部跨区域救援以及物资装备通行，主要避难场所、医疗救护中心等防护据点之间的联系，主要由高速公路、城市快速路构成。城市内部救援与疏散通道主要利用城市主干道、部分交通性次干道，满足城市内部救援、物资装备通行等需求，同时能够承担部分人流疏散任务，通道的宽度必须满足大型救援设备通行及救援、疏散活动的开展。

---

① 山地城市中不同用地类型选作应急避难场所的有效用地面积折算系数为[284]：公园绿地 0.2，教育科研设计用地 0.4，广场用地 0.6，高尔夫球场 0.6，体育用地 0.6。

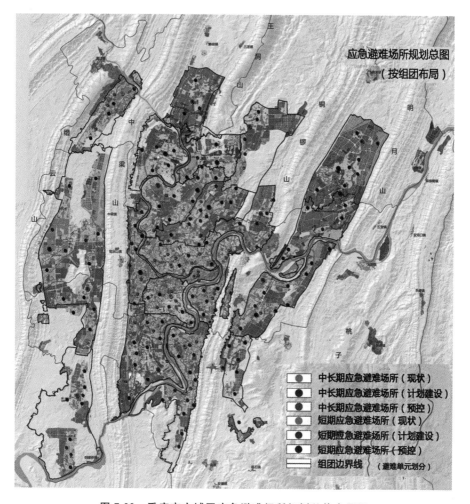

图 7-22 重庆市主城区应急避难场所规划总体布局图

资料来源：重庆市规划研究中心. 重庆市主城区突发事件应急避难场所规划（2007—2020）（2015 年修编）[Z]. 2015.

　　城市应急道路系统还必须注意形成网络化的体系结构，不能出现"一点堵死，成片瘫痪"的局面。在主要应急道路系统构成的大的网格框架中，每一个网格区域内还要充分考虑人群聚集程度、主要避难场所位置、区域内道路状况等因素，从干道到支路进行优选，构造网格区域内的"应急通道"（图 7-23）。

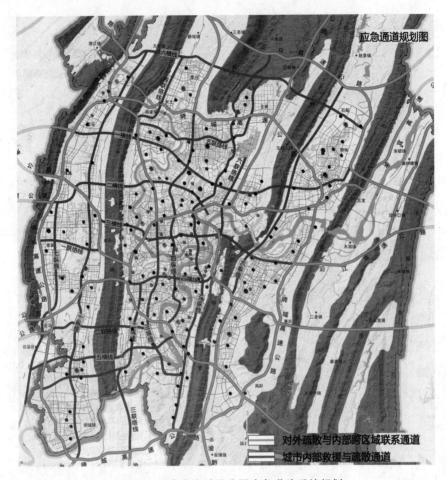

图 7-23　重庆市主城区主要应急道路系统规划

资料来源：重庆市规划研究中心. 重庆市主城区突发事件应急避难场所规划（2007—2020）（2015 年修编）[Z]. 2015.

城市应急道路系统规划依托城市综合道路交通体系规划而成，同时也影响着城市综合道路体系优化。在以减灾救灾为目标的道路系统规划过程中发现相应区域的道路规划（或建成道路）不利于救灾减灾，就必须对其进行优化调整，甚至会影响到周边城市空间的形态与结构。比如在山地城市道路现状多有干道密度较低、支路线形差、多断头路等问题，在基于安全适灾的目标引导下，需对其进行规划优化。

4. 基础设施系统规划，空间适灾引导下的减灾支撑系统

城市基础设施的抗灾能力是城市整体适灾能力的重要指标，灾害发生时

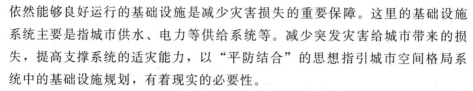

依然能够良好运行的基础设施是减少灾害损失的重要保障。这里的基础设施系统主要是指城市供水、电力等供给系统等。减少突发灾害给城市带来的损失，提高支撑系统的适灾能力，以"平防结合"的思想指引城市空间格局系统中的基础设施规划，有着现实的必要性。

一是适当增加供给能力，提高支撑系统的抗灾性。城市基础设施的建设及供给能力要随着城市的发展而提及。在经济条件允许的情况下，应适当增加基础设施支撑能力的富余量，在遇灾后部分系统受损的情况下，仍能保证基础设施的供给。

二是建构主辅系统，保障最低供给需求。辅助系统是对主系统的辅助和应急补充，当城市支撑主系统遭到破坏无法运转时，辅助系统要能够满足最低保障，进而提高基础设施系统的应变和抗灾能力。一般情况下，由"主"系统运作提供日常供应；灾时，若主系统出现中断、损毁，则由辅助系统代替主系统应急。在辅助系统规划中，应充分预计灾害可能性，结合人口空间分布，分区域建立辅助支撑保障，并与主系统相关联形成网络状支撑供应系统（形成网络状是要保证整个系统不会因为一处损毁而整体失效），使城市能够维持最低需求，不至于在灾害来临时，因瘫痪状态而导致次生灾害。

三是结合山地城市空间特点，进行区域控制与分散布局。山地城市空间多呈现组团状布局结构，支撑系统也可以与组团状对应分散布局。各个组团内的支撑系统与整个系统相联系，但又能够在一定时间内独立运行，当城市仅某个局部的生命线系统被破坏时，保证其他组团系统继续安全运行，将损害控制在最低限度内，进而提高城市应对灾害的能力。

四是提升基础设施系统的科技水平，依托技术进步提升防灾抗灾能力。比如通过先进的工程技术措施，消除滑坡、塌陷等地质灾害隐患；采用韧性与弹性更强的结构性材料，加强高层建筑的防风抗震能力；进一步优化管线、管道材料，增加管线抗损坏能力，以及使大部分管线实现地下综合管廊化等。同时，运用智能技术对基础设施进行实时监测、运用破损自动探测和危险切断装置，科学控制和消除灾害的风险隐患。

7.3.2　片区层级的山地城市空间适灾规划引导

片区层级的空间适灾规划要求片区空间范围内空间形态与空间布局要有利于避免灾害、减少灾害以及方便救灾，包括应急道路系统中的次支道路梳理，社区应急避难场所规划，建筑空间环境的适灾规划引导。

1. 社区应急避难场所规划

片区层级下的应急避难场所规划应遵循城市层级的规划布局要求，落实市级和组团级避难场所在片区空间中的布局及空间规划协调，并侧重于社区级的临时应急避难场所规划。具体要求为，配备应急休息区域，设置最基本的临时生活保障设施，可临时安置避难人员，占地面积在 0.05 公顷以上，服务距离为 500 米。社区级应急避难场所的选择同样以公园、绿地、（拥有较大室外开敞空间的）学校等公共开放空间为主，只是更加强调就近布局，全面覆盖所在城市片区，保证市民在紧急情况下能够迅速地疏散到达避难场所。

重庆市渝中区应急避难场所规划就是在山地城市建成片区中开展规划的典型案例。规划落实了上位重庆市应急避难场所规划中市级、组团级避难场所的空间布局，并以此为引导对部分城市空间地块进行了优化调整；充分利用现有公共开放空间，详细梳理并明确了全区的社区级避难场所，保证了其空间的基本覆盖与等效可达；结合城市应急道路系统规划进行了全区应急道路系统的梳理，一方面保证了片区内应急道路系统与城市应急道路系统的有效衔接，另一方面优化了次支道路系统，打通断头路，促进应急道路系统的网络化，并保证每一处应急疏散救助通道与每一处避难场所都能联系起来（图 7-24）。

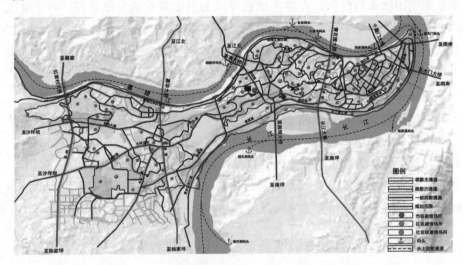

图 7-24 渝中区应急避难场所及应急道路系统规划

资料来源：重庆市规划研究中心. 重庆市主城区突发事件应急避难场所规划（2007－2020）（2015 年修编）［Z］. 2015

2. 应急道路系统的次支道路优化梳理

（1）优化塑造网络化的"绿色生命通道"

山地城市空间中，大网格干道与自发形成的小街巷的"二元"特征明显，由于地形原因多存在支路线型差、多断头路等问题。在应急道路系统的次支道路优化中应尽量结合山地地形坡度，通过增加支路、改善道路交叉口形式、打通断头路等方法，在大格干道内部形成山地城市条件下的网络化道路形式。在坡度较缓的空间地段尽量形成较规整的道路网格，在地形较复杂的地段也应采用"之"字式或环形螺旋式，尽量形成复杂曲线形的网络。另外，在山地城市中许多地形较陡的城市空间中，人员疏散必须依靠步行通道，因此能够发挥疏散救援作用的步行梯道、坡道也应纳入"绿色生命通道"网络中统筹考虑。

（2）防灾空间的道路可达性

防灾空间可达性是指城市空间中某点到达防灾空间的难易程度，这种难易程度很大程度上取决于道路通行状况，如果避难场所距离主要道路路程太远，则不易到达，不利于快速避难。山地城市与平原城市相比，道路可达性的区别主要在于地形坡度带来的复杂性。

山地城市因其地形的关系，任意两点之间，有可能在平面上很近，但存在地势的高差或阻隔，使得这两点之间的通行道路非常长或者无法直接到达。因此，避难场所的服务范围不能以简单的圆圈半径来确定，有可能是椭圆，有可能是不规则的曲线范围，也有可能是半径稍小的圆（如果只是简单的坡地地形的话，在同样投影距离上，山地城市由于地形坡度造成山地城市距离大于平原城市距离）。如果是步行应急通道，可以直接沿坡地而行，坡度就成为影响可达性的重要因素，有学者研究了坡度对步行速度的影响（表 7-3）。

表 7-3 不同坡度值对应的步行速度

平原步行速度	道路坡度	坡道步行速度
1.3m/s	20°	0.9m/s
	25°	0.8m/s
	30°	0.7m/s
	40°	0.5m/s

资料来源：胡强.山地城市避难场所可达性研究［D］.重庆大学.2010.

与此同时，山地地形的复杂性也造成道路在平面上存在曲折多变的情况，而这种蜿蜒曲折的道路其通达性与疏散能力相对平直的道路也会受到一定影响。

另外，在应急道路系统的可达性研究中，还要尽量避免防灾避灾空间只有唯一道路终端的情况，至少要满足两条道路方向的可达，一旦某一方向出现问题，需求点可以通过绕路到达防灾避灾空间。总之，片区层级下的防灾避灾空间的道路可达性规划研究，就是要综合分析应急避难场所布局、应急道路情况，发现可达性的临界点，并在此基础上进行相应的城市空间规划优化，包括调整道路、优化建筑空间形态布局、增加开放空间等，最终使所有城市空间都能够被避难场所的服务范围所覆盖。

（3）预留应急疏散道路的缓冲空间

山地城市空间中往往存在许多陡坎、护坡挡墙等，也会有许多靠近它们的道路。自然灾害发生后，往往可能带来滑坡、崩塌等阻断避难通道的情况，因此在作为应急道路的规划设计中应考虑留出缓冲空间，强化疏散救援道路的安全性（图7-25）。

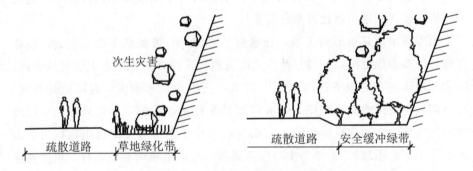

图 7-25　道路防灾缓冲空间示意

资料来源：胡强. 山地城市避难场所可达性研究［D］. 重庆：重庆大学. 2010.

3. 建筑空间环境的适灾规划引导

在片区层级下需要考虑部分地段空间中，避灾防灾目标引导下的建筑与其空间环境的关系，这也会影响所在区域的城市空间形态。一是在建筑外部空间环境中预留缓冲空间。例如在对山地城市中靠近陡崖的地区进行规划建设时，就必须充分考虑滑坡体的影响，划定安全建设范围，避开滑坡灾害的影响区域，在建设空间与灾害潜在区域间保持一定的缓冲空间（图7-26）。二是在空间形态规划设计时，发挥建筑对空间环境的围合和引导作用，引导灾害发生时人员的疏散，防止人员无序乱跑。并且，优秀的建筑外部空间环境设计可以引导人们的活动（驻足或通过），营造聚集人气的空间，避免形成阴暗僻静的不安全环境空间。

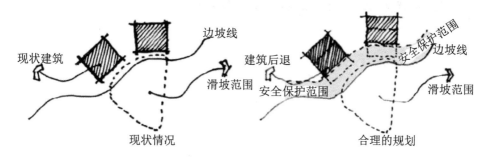

图 7-26　城市建设规避滑坡灾害空间示意

资料来源：李云燕. 西南山地城市空间适灾理论与方法研究［D］重庆：重庆大学，2014.

7.4　小结

本章从生态和谐理念的主观协调视角出发，围绕基于社会性引导的规划维度，分别从社会公平、社会交往、社会安全（适灾安全）三个方面，探讨了社会性目标协调引导下的山地空间格局规划内容与方法。

社会公平引导对应空间公平规划，主要分析了基本公共服务设施、基本社会活动与交往空间、居住空间关系的空间公平，其中在城市层级主要探讨了基本公共服务设施与基本社会活动空间的整体体系构建与需求满足；在片区层级则以渝中区中小学规划布局为例探讨了山地城市空间中基于可达性的空间公平，以渝中区公共文化设施规划布局为例探讨了基本公共服务设施的空间布局，另外还讨论了居住空间公平的核心问题——居住空间分异的规划解决策略。

社会交往引导对应的公共开放空间规划，在城市层级下主要探讨了山地城市公共开放空间系统规划及其与城市空间结构的关系；片区层级下主要分析了山地城市条件下公共开放空间的规划引导策略，以及具体地段空间中的可交往性规划引导。

社会安全引导对应城市空间适灾规划，分别从城市层级和片区层级提出了山地城市中的空间适灾规划引导策略，城市层级主要包括（基于提前防灾干预的）城市空间选址与布局、应急避难场所规划、应急道路系统规划和基础设施系统规划；片区层级主要包括社区应急避难场所规划、应急道路系统的次支道路优化梳理、建筑空间环境的适灾规划引导。

第八章

结　语

8.1　研究结论与创新点

　　论文从快速城镇化时代下山地城市发展面临的问题，以及生态文明建设视角下山地城市发展的要求为切入点，以生态和谐的城市空间格局规划理论构建为目标，以山地城市为研究对象，提出了对生态和谐理念和城市空间格局的基本认识，借助哲学与系统科学的认识将二者统一起来，发展出基于生态和谐内涵下的四位一体规划理念，结合山地城市空间格局规划的基本影响要素分析，提出了每一个规划维度下的相对应的规划策略与方法，并且以重庆市主城区为主要对象展开了多个案例分析，对规划策略和方法进行了具体的解释和验证。本书进一步补充和丰富了山地城市空间规划理论体系，对于我国山地城市规划建设实践具有一定的现实意义（图8-1）。

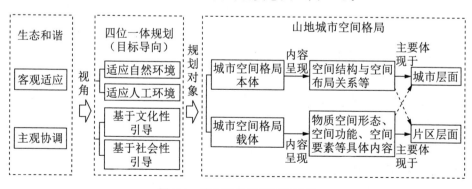

图 8-1　论文结论逻辑框架示意

资料来源：作者自绘

本书主要研究结论有以下几点。

（1）山地城市空间格局规划是基于城市空间格局的二重性展开的。城市空间格局既是空间物质要素的载体，又是空间关系本体，具有空间的二重性。作为空间本体，它是城市中各种物质要素的空间位置关系及其变化特征，是城市发展程度、发展阶段与内容的反映；作为空间载体，它涵盖空间形式内容中的各种要素对象，是土地利用与城市形态的重要内容。山地城市空间格局规划既是针对其空间本体的规划，又包含对其空间载体中内容的规划。

（2）理解生态和谐的内涵，从客观适应与主观协调的视角切入，将其应用于山地城市空间格局规划，是有意义且必要的。生态和谐是一种广义的整体性和谐，它并未局限于自然生态环境，更可用于理解包括社会经济活动等所有人类活动中的追求和谐、最优的状态，可抽象为客观适应与主观协调两大内涵。围绕生态和谐理念的内涵认识，论文总结梳理出山地城市空间格局规划的四大方面的影响要素，即自然环境要素、人工环境要素、文化性要素和社会性要素，并区分了其下各个不同子要素在不同空间层级下的表现，进而为规划方法的研究奠定了基础。

（3）山地城市空间格局四位一体的规划理念是以目标为导向的规划适应与规划协调。本书基于生态和谐理念下客观适应与主观协调的两大内涵，提出了四位一体的规划理念。在客观适应方面，适应自然环境的规划，就是要采取适宜的规划策略，实现城市空间格局的优化与发展与客观自然环境相互适应；适应人工环境的规划，就是要采取适宜的规划策略，保证城市空间格局的优化与发展遵循已有客观基础和现实条件。在主观协调方面，基于文化性引导的规划就是要通过空间格局规划，实现城市物质空间的规划营造遵循集体主观意识中的文化传承，凸显文化性内涵；基于社会性引导的规划则是要通过空间格局规划，在城市空间中实现社会公平、社会交往、社会安全等公众主观意识期许下的目标。

（4）基于山地城市空间格局体系的复杂性以及不同空间尺度下关注内容的差异性，按照两级尺度（城市层级、片区层级）进行规划策略和方法的研究。四位一体理念下四个维度的规划均是依此横向展开的，在不同的空间层级下根据不同的空间尺度特点和内容重点提出相适宜的规划策略与方法。同时，基于城市空间格局的二重性特点，城市层级的规划更侧重于城市空间格局本体，更关注城市空间结构关系；片区层级的规划更侧重于其承载的各种要素内容，更关注空间形态布局。

有俗语"分为之合，合为之分"，重庆市城乡总体规划中的功能区划"分"其实也是为了更好的"合"，是为了更好地推动区域统筹协调发展，实现全市发展一盘棋。本书在研究中将生态和谐的山地城市空间格局规划分解为不同的规划维度，也是为了从整体上更好地理解山地城市空间格局规划的内涵，也是一种为"合"而"分"的思路。

本书尝试性地提出了一套山地城市空间格局规划的内容与方法体系，总结起来有以下三个方面的创新点。

（1）借助系统性思维中的主客观视角，将生态和谐理念与城市空间格局系统性联系一起来。山地城市空间格局作为一个系统，包含主观要素与客观要素的关联与统一；生态和谐作为一种整体性的和谐理念，是对其所指特定系统的一种定性描述，涵盖客观适应与主观协调两大视角。将生态和谐的系统内涵与山地城市空间格局系统要素相对应，从客观要素的适应与主观要素的协调入手，保证山地城市空间格局向着生态和谐的系统发展，进而探索一种山地城市空间格局规划的新思路。

（2）构建了针对山地城市空间格局规划的四位一体规划途径。本书基于生态和谐理念下的客观适应和主观协调两大视角，通过对山地城市空间格局的系统性认知和山地城市空间格局构建的影响要素分析，结合当前重庆山地城市空间发展出现的问题，对山地城市进行空间特征与规划策略研究；提出山地城市空间格局优化可以围绕适应自然环境的客观适应维度、适应人工环境的客观适应维度、基于文化性引导的主观协调和基于社会性引导的主观协调四个规划维度，形分实合地搭建出一套自成体系的规划框架，以期在实际规划操作中对山地城市空间发展形成相对合理的规划引导。

（3）揭示了山地城市空间格局具有空间本体和空间载体的二重性，验证了影响山地城市空间格局规划的各种主客观要素在城市层级和片区层级两个空间尺度下具有不同的空间层级性表现。进而围绕四位一体的规划途径，将与四个规划维度对应的规划内容分别落实到城市空间格局的城市层级和片区层级中，梳理出一系列既针对城市空间格局本体，又针对城市空间格局载体相关内容的规划策略和方法，形成一套山地城市空间格局的规划内容与方法体系。

诚然，这一体系下的规划内容与规划方法均是在现有城市规划的相关内容、策略和方法基础上总结、归纳而成的，本书将其重新梳理、组织后，以四位一体的规划理念形式运用于山地城市空间格局及其相关内容的规划优化中，构建出一种不同视角下的山地城市空间规划研究体系（表8-1）。

表 8-1 生态和谐的山地城市空间格局规划体系框架

对应的城市空间格局尺度层级	生态和谐的山地城市空间格局规划					
	客观适应目标的规划引导（客观适应内涵）		主观协调目标的规划引导（主观协调内涵）			
	适应自然环境的规划维度	适应人工环境的规划维度	文化性协调引导的规划维度——城市空间文化规划	社会性协调引导的规划维度		
				基于社会公平——空间公平规划	基于社会交往——公共开放空间规划	基于安全适灾——空间适灾规划
城市层级的规划内容和方法	1. 城市自然山水格局维系； 2. 城市非建设用地系统规划	1. 适应城市结构，选择适宜发展的模式； 2. 城市功能布局优化； 3. 交通系统规划优化	1. 城市空间文化资源的梳理； 2. 城市空间文化主题与单元的盘点和创造； 3. 构建完善网络化的城市空间文化体系； 4. 山地城市空间文化结构形态在山地城市空间结构中的反映与互动引导	1. 分级布局形成合理的基本公共服务设施空间体系； 2. 保证城市公共开放空间规模能够满足需求	1. 城市公共开放空间系统与城市空间结构的互动影响； 2. 城市公共开放空间结构规划体系的搭建； 3. 适应于山地特征的公共开放空间差异化发展	1. 城市空间选址与布局，空间适灾引导下的提前防灾干预； 2. 应急避难场所规划，空间适灾引导下的减灾避灾空间； 3. 应急道路系统规划，空间适灾引导下的减灾救灾通道； 4. 基础设施系统规划，空间适灾引导下的减灾支撑系统

续表

对应的城市空间格局尺度层级	生态和谐的山地城市空间格局规划					
	客观适应目标的规划引导（客观适应内涵）			主观协调目标的规划引导（主观协调内涵）		
				社会性协调引导的规划维度		
	适应自然环境的规划维度	适应人工环境的规划维度	文化性协调引导的规划维度——城市空间文化规划	基于社会公平——空间公平规划	基于社会交往——公共开放空间规划	基于安全适灾——空间适灾规划
片区层级的规划内容和方法	1. 适应城市环境气候、优化空间形态组织； 2. 适应山地地形条件、引导空间布局； 3. 适应自然山水环境、保障山城空间特色	1. 适应已有城市空间形态； 2. 适应已有用地功能布局； 3. 适应历史文化遗存	1. 梳理和盘点片区内的文化单元与文化元素； 2. 营造文化空间环境的延续交融； 3. 空间营造遵循山地城市社会文化习俗	1. 基于空间可达性的空间公平规划； 2. 具体基本公共服务设施的空间布局引导； 3. 街道空间开放空间布局优化； 4. 削弱的居住空间分异居住空间关系协调	1. 增量拓展下的新城空间引导； 2. 存量优化下的旧城空间更新； 3. 具体地段空间中的可交往性彰显	1. 社区应急避难场所的规划； 2. 应急道路系统的次支道路优化梳理； 3. 部分具体地段中的建筑空间环境的适灾规划引导

8.2 本书的不足及后续研究设想

生态和谐的山地城市空间格局规划研究是一个涉及面广而又相对复杂的系统性研究，笔者在研究过程中借助了哲学与系统科学的思维方式来看城市空间问题，但由于笔者知识面的局限等原因，本书研究还不够深入，存在着些许不足。

首先，在规划维度和要素内容研究中是具有代表性的，而非完整性的。比如在基于文化性引导的规划维度下，论文主要选取了的空间文化规划作为主要研究内容；在基于社会性引导的规划维度下，论文主要从社会公平、社会交往及安全适灾三个方面进行了规划方法的研究。论文所选取的关注点都是具有明显物质显性，且空间规划手段能够直接引导影响城市空间格局的内容，而对于部分空间规划中体现稍弱的，包括社会文化习俗对于空间规划的主观引导、社会公共（预防犯罪）安全对于空间规划的主观引导等内容，本书在有限的篇幅中均较少涉及。

其次，主观协调内涵对应下的规划维度研究不够完善。论文中基于文化性和社会性的主观协调维度规划研究更多的是目标导向，即通过城市空间的规划优化实现各主观要素影响要求下应达到的目标；而缺少完全基于人的主观能动性对城市空间格局规划产生直接协调与影响的分析，说服力稍弱。

最后，理论研究的普适性体现还不够。本书以重庆市主城区和重庆市渝中区作为城市层级和片区层级的案例研究对象，具有较强的山地城市空间代表性，大量细节案例探讨也主要围绕上述空间案例对象展开。但重庆市毕竟只能作为山地城市的典型个案，本书中提出的规划方法与规划理念一定程度上还有待其他山地城市案例的验证。

在后续研究中，拟从以下几个方面就本书课题进行深化。

一是强化人的需求探讨。本书研究中的客观适应与主观协调主要是以目标满足为导向的，空间格局规划的内容与方法也均是基于此展开的。但任何城市空间规划中，人的需求才是出发点，生态和谐的城市空间格局规划研究要想进一步提升，就必须认识到人的主体作用，加强人的主观能动性作用对城市空间格局规划影响内容的分析研究，并将人的需求作为该理论研究的重要一极，这样才能从整体上认识并搭建理论框架的全貌，形成较为完善的理论研究成果。

二是从空间维度到时间维度的延展。本书围绕山地城市空间格局规划的研究主要是从空间层面横向展开的，基于生态和谐理念在两个不同的空间尺度层级下，从四个规划维度探讨了空间格局规划的内容与方法。然而从山地城市空间格局的特征来看，它还具有时空的演变性，是随着时间的推移而不断变化的。尽管本书对于城市空间格局的相关内容分析中考虑了不同时间阶段下的特征，比如不同时期山地城市空间结构发展的适应与引导，但还是缺少从时间维度这一专门视角就城市空间格局演变优化进行针对性的深入分析。后续研究若能将研究视角从空间维度拓展到时间维度，理论内涵将更加完整和丰富。

三是构建山地城市空间格局规划优化理论体系。拓展研究对象，进行普适性的研究和总结，建立系统性的山地城市空间格局规划认知体系，从哲学、科学和技术三个层面进行理论完善，以一般性和共性的研究系统总结山地城市空间格局具有的本质属性，并由此形成规划原则、规划要素、规划方法、空间类型等基本内容，奠定规划优化的理论基础。

四是加强同现行城市规划体系结合的探讨，延伸展开四位一体的规划理念如何转变为规划行动的研讨。只有与现行的城市规划体系充分地结合，才能使研究具有真正的用武之地；只有将规划理念落实到城市规划管理与规划实施等规划实践行动中去，才能真正体现理论研究之于实践行动的指导意义。我国的城市规划正处于一个大变革时期，面对着快速城市化推进过程中出现的各种问题，整个城市规划领域正在进行大范围的研讨和反思，变革现有的城市规划关注重点及体系以适应社会发展与改革的方向、适应我国政府职能的转变。在这个背景下，生态和谐的山地城市空间格局规划需要紧跟时代的步伐，影响并适应城市规划的变革，使其能够充分地在日常规划实践活动中发挥应有的作用。

附 录

作者攻读博士学位期间发表的论文

[1]　扈万泰，王力国，舒沐晖. 城乡规划编制中的"三生空间"划定思考
　　　[J]. 城市规划，2016（5）.

[2]　扈万泰，王力国. 重庆市总体生态城市格局构建及其发展规划策略
　　　[J]. 规划师，2014（5）.

[3]　扈万泰，王力国. 重庆城市发展新区小城镇产业发展探索 [J]. 城市
　　　发展研究，2015（6）.

[4]　扈万泰，王力国. 1949 年以来的重庆城市化进程与城市规划演变——
　　　兼谈城市意象转变 [C]. 2011 中国城市规划年会论文集，2011.

[5]　王力国，肖泳. 重庆构建总体生态城市格局思考 [C]. 2012 城市发展
　　　与规划大会论文集，2012.

[6]　王力国，苟琳，刘胜洪. "城市绿道"加"城市文道"——重庆渝中半
　　　岛步道规划浅议 [C]. 2014 中国城市规划年会论文集，2014.

参考文献

[1] 赵万民. 山地人居环境七论 [M]. 北京：中国建筑工业出版社，2015.

[2] 何梅，汪云等. 特大城市生态空间体系规划与管控研究 [M]. 北京：中国建筑工业出版社，2010.

[3] 杨颖. 适应"经济新常态"的"三种发展" [J]. 人民论坛，2014 (10)（下）.

[4] 刘举科，孙伟平，胡文臻等. 中国生态城市建设发展报告（2015）[M]. 北京：社会科学文献出版社，2015.

[5] 数据来源：重庆市规划局. 重庆城市发展年度报告（2014）[R].2015.

[6] 扈万泰，王力国. 重庆市总体生态城市格局构建及其发展规划策略 [J]. 规划师，2014 (05).

[7] 《国语·郑语》[M].上海：上海古籍出版社，1998.

[8] 《左传·昭公二十年》. 参见《四书五经》，陈戍国/点校，长沙：岳麓书社，1991.

[9] 《论语·子路》. 参见朱熹《四书章句集注》，济南，齐鲁书社，1992.

[10] 参见朱熹《四书章句集注》. 济南，齐鲁书社，1992.

[11] 张文. "和"——儒学的最高境界 [J]. 中国哲学史，1997 (04).

[12] 汤一介. "太和"观念对当今人类社会可有之贡献 [J]. 中国哲学史，1998 (01).

[13] 叶秀山. "和谐"——孔子和苏格拉底的共同"理想"[J]. 中国哲学史，1998 (02).

[14] 王锐生. 坚持可持续发展也需要弘扬中国文化 [J]. 中国哲学史，1998 (02).

[15] 赋斌. 现代西方哲学中的和谐思想 [J]. 河北师范大学学报（哲学社

会科学版），1999（03）.

[16]　李楠明．和谐思维与辩证法理论的创新［N］．光明日报，2005 年 8 月 23 日.

[17]　施德福．马克思主义辩证法与和谐思维——与李楠明同志商榷［J］．马克思主义研究，2008（05）.

[18]　陈玉和，张幼蒂．可持续发展社会运行机制：竞争·协同·和谐理论［J］．中国矿业大学学报（社会科学版）．2000（03）.

[19]　苗东升．在系统思维导引下构建和谐社会［J］．中国人民大学学报，2005（6）

[20]　日月河．和谐就是力量——兼评培根的"知识就是力量"［J］．自然辩证法研究，2005（10）.

[21]　黄志斌．绿色和谐管理论——生态时代的管理哲学［M］．北京：中国社会科学出版社，2004.

[22]　黄丹，席酉民．和谐管理理论基础：和谐的诠释［J］．管理工程学报，2001（03）.

[23]　张桂芬．近年来和谐研究综述［J］．哲学动态，2000（06）.

[24]　黄光宇，陈勇．生态城市理论与规划设计方法［M］．北京：科学出版社，2002.

[25]　曾坚，左长安．基于可持续性与和谐理念的绿色城市设计理论［J］．建筑学报，2006（12）.

[26]　张建涛．基于和谐理念的当地地域建筑释义［J］．南方建筑．2009（5）.

[27]　万艳华．社会转型时期城市规划新视角：和谐城市规划［J］．华中科技大学学报（城市科学版），2007（09）.

[28]　吴志强，刘朝晖．"和谐城市"规划理论模型［J］．城市规划学刊，2014（3）.

[29]　（美）戴维·波普诺．《社会学》（第十版）［M］．中国人民大学出版社，1999.

[30]　冯天瑜．文化生态学论纲［J］．知识工程，1990（4）.

[31]　黎德扬，孙兆刚．文化生态系统的演化［J］．武汉理工大学学报（社会科学版），2003（2）

[32]　黄天其，邹振扬．我国城市建设中的社会文化生态学问题［J］．重庆

建筑大学学报（社科版），2000（6）

[33]　（英）埃比尼泽·霍华德著．明日的田园城市［M］．金经元译．北京：商务印书馆，2010.

[34]　苏宝梅，刘宗贤，刘长明．和谐伦理学宣言——为了所有生物和非生物存在的和谐发展［J］．济南大学学报．2002（5）

[35]　黄婷．理性与生态和谐——斯多亚学派生态伦理思想研究［D］．南京：南京师范大学，2013.

[36]　黄志华．"人与自然和谐共生"伦理理念的若干思考［D］．武汉，华中师范大学，2007.

[37]　白志礼．生态和谐社会：社会观的创新［J］．生态经济，2010（1）.

[38]　王继明．生态和谐与和谐社会的系统研究［J］．系统科学学报，2010（6）.

[39]　欧阳志远．论生态寄托的社会协同功能——构建和谐社会的一个构想［J］．中国人民大学学报，2005（6）.

[40]　李明华．和谐社会中的人与自然［J］．学术研究，2004（11）.

[41]　张纯成．天人关系与人的生存［J］．河南大学学报：社会科学版，2004（7）.

[42]　路日亮．对自然、人和社会和谐发展的辩证思考［J］．哲学原理，2005（12）.

[43]　方世南．从生态政治学的视角看社会主义和谐社会的构建［J］．政治学研究，2005（2）.

[44]　包庆德，潘丽莉．人与自然的和谐：生态和谐关系研究进展［J］．中国矿业大学学报（社会科学版），2009（06）.

[45]　袁鼎生．生态和谐论［J］．广西社会科学，2007（2）.

[46]　A. Madanipour. Design of Urban Space：An Inquiry into a Socio-spatial Process. John Wiley & Sons, 1996.

[47]　（挪）诺伯格．舒尔茨（Norberg Schulz）著．尹培铜译．存在、空间和建筑［M］．北京：中国建筑工业出版社，1990.

[48]　王世福．面向实施的城市设计［M］．北京：中国建筑工业出版社，2005（6）

[49]　张庆顺，胡恒．建筑史中的空间概念史［J］．重庆大学学报（社会科学版），2002（09）.

[50] R·克里尔著. 城市空间 [M]. 钟山，秦家濂，姚远译. 上海：同济大学出版社，1991.

[51] 黄亚平. 城市空间理论与空间分析 [M]. 南京：东南大学出版社，2002.

[52] 谷凯. 城市形态的理论与方法——探索全面与理性的研究框架 [J]. 城市规划，2001（12）.

[53] 段进. 城市空间发展论 [M]. 南京：江苏科学技术出版社，1999.

[54] 宛素春. 城市空间形态解析 [M]. 北京：科学出版社，2004.

[55] 凯文·林奇著. 城市形态 [M]. 林庆怡等译. 北京：华夏出版社，2001.

[56] Foley L. D. An approach to metropolitan spatial structure，in Webber M. M. et al. （eds.）Exploration into Urban Structure，University of Pennsylvania Press，Philadelphia. 1964.

[57] Webber M. M. The urban place and non-place urban realm，in Webber M. M. et al. （eds）Exploration into Urban Structure，University of Pennsylvania Press，Philadelphia. 1964.

[58] Bourne. L. S. （ed.）Internal structure of the City，Oxford University Press，New York. 1971.

[59] Harvey D. （1973）Social Justice and the City. Basil Blackwell，Oxford. 1973.

[60] Knox P. L，Marston S. A. Places and regions in global context：human geography [M]. Upper Saddle River，NJ：Prentice Hall，1998.

[61] Knox P. L，Pinch S. Urban social geography an introduction（fourth edition）[M]. Englewood Cliffs，NJ：Prentice Hall，2000.

[62] 武进. 中国城市形态：结构、特征及其演变 [M]. 南京：江苏科学技术出版社，1990.

[63] 胡俊. 中国城市：模式与演进 [M]. 北京：中国建筑工业出版社，1995.

[64] 柴彦威. 城市空间 [M]. 北京：科学出版社，2001.

[65] 顾朝林，甄峰等著. 集聚与扩散-城市空间结构新论 [M]. 南京：东南大学出版社，2001.

［66］ 冯健. 转型期中国城市内部空间重构［M］. 北京：科学出版社，2004.

［67］ 郭鸿懋，江曼琦，陆军等. 城市空间经济学［M］. 北京：经济科学出版社，2002.

［68］ 江曼琦. 城市空间结构优化的经济分析［M］. 北京：人民出版社，2001.

［69］ 夏祖华，黄伟康. 城市空间设计［M］. 南京：东南大学出版社，1992.

［70］ 苏伟忠，杨英宝. 基于景观生态学的城市空间结构研究［M］. 北京：科学出版社，2007.

［71］ 钟业喜. 基于可达性的江苏省城市空间格局演变定量研究. 南京：南京师范大学［D］，2011.

［72］ Zipf G. K. The P1P2/D Hypothesis：on the intercity movement of persons［J］. Amer. Social. Rev.，1946（11）.

［73］ Herold. M，Couclelis. H，Clarke. K. The role of spatial metrics inthe analysis and modeling of urban land use change［J］. Computers Environment and Urban Systems，2005，29（4）.

［74］ Karen. C. S，Michail F. Quantifying spatiotemporal patterns ofurban land-use change in four cities of China with time series landscape metrics［J］. Landscape Ecology，2005，20（7）.

［75］ Medley K. E，Pickett STA，McDonell MJ. Forest landscape structure along an urban to rural gradient. Professional Geographer，1995，47（2）.

［76］ 张莉. 改革开放以来中国城市体系的演变［J］. 城市规划，2001（4）.

［77］ 曾辉，邵楠，郭庆华. 珠江三角洲东部地区景观异质性研究［J］. 地理学报，1999（3）.

［78］ 姜丽丽. 辽宁省港口城市空间格局及整合发展研究［D］. 长春：东北师范大学，2011.

［79］ 邵大伟. 城市开放空间格局的演变、机制及优化研究——以南京主城区为例［D］. 南京：南京师范大学，2011.

［80］ 周维权. 中国古典园林史［M］. 北京：清华大学出版社，1999.

［81］ 傅礼铭. 山水城市研究［M］. 武汉：湖北科学技术出版社，2004.

［82］ 吴良镛. "山水城市"与 21 世纪中国城市发展纵横谈［J］. 建筑学

报，1993（06）.

[83] 邢卓. 结合自然山水的总体城市设计研究——以陕西安康为例［D］.
西安：西安建筑科技大学. 2003.

[84] 黄光宇. 山地城市学原理［M］. 北京：中国建筑工业出版社，2006.

[85] 俞孔坚，李迪华. 反规划途径［M］. 北京：中国建筑工业出版社，
2005.

[86] 赵万民. 我国西南山地城市规划适应性理论研究的一些思考［J］. 南
方建筑，2008（4）.

[87] 徐小东. 基于生物气候条件的绿色城市设计生态策略研究［D］. 南
京：东南大学，2005.

[88] 徐坚. 山地城镇生态适应性城市设计［M］. 北京：中国建筑工业出版
社，2008.

[89] 陈玮. 现代城市空间构建的适应性理论研究［M］. 北京：中国建筑工
业出版社，2010.

[90] 苏振宇. 生态和谐的新城规划及实践——以昆明呈贡新城规划建设为
例［D］. 重庆：重庆大学，2008.

[91] 贺善侃. 倡导生态文明［N］.《文汇报》，2006 年 5 月 15 日.

[92] 雷诚，范凌云. 生态和谐视角下的山地步行交通规划及指引［C］. 2008
城市发展与规划国际论文集. 2008：73-76

[93] 王海天，盛逵. 在城市道路交通规划中检查环节优化、生态和谐的规
划理念［J］. 城市，2010（4）.

[94] 钟海燕，郑长德等. 新区域主义与和谐城市空间构建［J］. 城市规
划，2006（6）.

[95] 李秉毅. 构建和谐城市——现代城镇体系规划理论［M］. 北京：中国
建筑工业出版社，2006.

[96] 李赶顺，张玉柯，长谷川达也. 循环经济与和谐生态城市［M］. 北
京：中国环境科学出版社，2006.

[97] 朱春玉. 生态城市理念与城市规划法律制度的变革［D］. 青岛：中国
海洋大学，2006.

[98] 李浩. 基于"生态城市"理念的城市规划工作改进研究［Z］. 中国城
市规划设计研究院，博士后研究工作报告，2012.

[99] 高艳芳，孙正国. 生态和谐与日常幸福：都市"非遗"保护的观念与

策略——以武汉"非遗"的层级规划为例 [J]. 华中师范大学学报（哲学社会科学版），2013（6）.

[100] 秦红岭. 城市规划————一种伦理学批判 [M]. 北京：中国建筑工业出版社，2010.

[101] 李阊魁. 城市规划与人的主体论 [D]. 上海：同济大学，2007.

[102] Hagerstrand T. Innovation diffusion spatial process [M]. Chicago：University of Chicago Press，1968.

[103] Haggett P.，Cliff A. D. Locational Models [M]. London：Edward Amold Ltd，1977.

[104] Friedmann J. Regional development poliey：A case study of Venezula. Massachusetts：MIT Press，1966.

[105] Sehmidt Seiwert. New Disparties in Spatial Development in Europe [M]. Springer Berlin Heidelberg，2009.

[106] 崔功豪，王本炎. 城市地理学 [M]. 南京：江苏教育出版社，1992.

[107] 邓先瑞，徐东文，邓魏. 关于江汉平原城市群的若干问题 [J]. 经济地理，1997.

[108] 张京祥. 城镇群体空间组合 [M]. 南京：东南大学出版社，2000

[109] 顾朝林，张敏. 长江三角洲城市连绵区发展战略研究 [J]. 城市问题，2000（1）.

[110] 李晓西，卢一沙. 长江三角城市群空间格局的演进及区域协调发展 [J]. 规划师，2011（1）.

[111] 景建军. 空间结构效益对城市群形成的作用机制 [J]. 山东行政学院学报，2008（6）.

[112] 侯鑫. 基于文化生态学的城市空间理论——以天津、青岛、大连研究为例 [M]. 南京：东南大学出版社，2006.

[113] 王富臣，钱小玲. 城市空间发展的科学与技术维度 [J]. 华中建筑，2002（1）.

[114] 邱建华. 交通方式的进步对城市空间结构、城市规划的影响 [J]. 规划师，2002（7）.

[115] 张莉，陆玉麒，赵元正. 基于时间可达性的城市吸引范围的划分 [J]. 地理研究，2009（3）.

[116] Antrop M. Changing patterns in the urbanized countryside of West-

ern Europe [J]. Landscape Ecology, 2000, 15 (3).

[117]　Meeus J. How the Dutch city of Tilburg gets to the roots of the agricultural "kampen" landscape [J]. Landscape and Urban Planning, 2000, 48 (3-4).

[118]　Forman R. T. T. Landscape Ecology [M]. Harvard University Press, 1986.

[119]　Macdonald K. A. Ecology's last frontier: study urban areas to monitor the impact of human activity [J]. Chron. Higher Educ. 1998, 44.

[120]　Maurer U, Peschel T. The flora of: elected urban land-use types in Berlin and Potsdam with regard to nature conservation in cities. Landscape and Urban Planning [J], 2000, 46 (4).

[121]　李团胜, 肖笃宁. 沈阳市城市景观结构分析 [J]. 地理科学, 2002 (6).

[122]　俞孔坚. 论城市景观生态过程与格局的连续性, 城市规划, 1998 (4).

[123]　田光进, 张增祥, 张国平. 基于遥感与 GIS 的海口市景观格局动态演化 [J]. 生态学报, 2002 (7).

[124]　赵晶. 上海城市土地利用与景观格局的空间演变研究 [D]. 上海: 华东师范大学, 2004.

[125]　陈晓军, 张宏业, 任国柱. 北京城市边缘区建设用地空间格局与区域生态环境效应——以房山区平原地区为例 [J]. 城市环境与城市生态, 2003, 16 (6).

[126]　禹莎. 基于景观格局优化的城市生态带功能布局研究——以杭州市为例 [D]. 上海: 复旦大学, 2009.

[127]　Fabos J. G. Planning the total landscape: a guide to intelligent landuse [M]. Boulder: Westview Press, 1979.

[128]　Forman R. T. T. Land Mosaics: the ecology of landscape and regions [M]. Cambridge: Cambridge University Press, 1995.

[129]　Vincent I. Evolutionary dynamics of urban land use planning and environmental sustainability in Nigeria [J]. Planning Perspectives, 1999, 148.

[130]　Honachefsky W. B. Ecologically based municipal planning [M]. BocaRaton, FL：Lewis Publisher，1999.

[131]　Whitford V，Ennos A R，Handley J F. City form and naturalprocess-indicators for the ecological performance of urban areasand their application toMerseyside，UK [J]. Landscape and Urban Planning，2001，57.

[132]　舒沐晖. 城市非建设用地规划理论与实践：以重庆都市区为例 [M]. 北京：中国建筑工业出版社，2013.

[133]　欧阳志云等. 大城市绿化控制带的结构与生态功能 [J]. 城市规划，2004（4）.

[134]　汪永华. 环城绿带理论及基于城市生态恢复的环城绿带规划 [J]. 风景园林，2004（53）.

[135]　Searns R. M. The evolution of greenways as an adaptive urban landscape form [C] //J. G. Fabos，A. Jack（Eds.）. Greenways：The Beginning of an International Movement. New York：Elsevier，1995.

[136]　Walmsley A. Greenways and the making of urban form [C] //J. G. Fabos，A. Jack（Eds.）. Greenways：The Beginning of an International Movement. New York：Elsevier，1995.

[137]　沈清基. 环境革命与城市发展. 城市规划，2000（4）.

[138]　俞孔坚，王思思，李迪华，等. 北京城市扩张的生态底线——基本生态系统服务及其安全格局 [J]. 城市规划，2010（2）.

[139]　汪劲柏. 城市生态安全空间格局研究 [D]. 上海：同济大学，2006.

[140]　许田. 西南纵向岭谷区生态安全评价与空间格局分析 [D]. 呼和浩特：内蒙古大学，2008.

[141]　程婕. 天津城市生态安全格局研究 [D]. 北京：北京林业大学，2006.

[142]　蔡青. 基于景观生态学的城市空间格局演变规律分析与生态安全格局构建 [D]. 长沙：湖南大学，2011.

[143]　龙宏，王纪武. 基于空间途径的城市生态安全格局规划 [J]. 城市规划学刊，2009（6）.

[144]　周锐，苏海龙，钱欣等. 城市生态用地的安全格局规划探索 [J].

城市发展研究，2014（6）．

[145]　　［美］刘易斯·芒福德著．城市发展史——起源、演变和发展 ［M］．宋俊岭，倪文彦译．北京：中国建筑工业出版社，2005．

[146]　　［美］阿摩斯·拉普卜特著．常青，张昕，张鹏译．文化特征与建筑设计 ［M］．北京：中国建筑工业出版社，2004．

[147]　　［美］欧·奥尔特曼，马·切莫斯．文化与环境 ［M］．骆林生，王静译．北京：东方出版社，1991．

[148]　　Sharon Zukin. The Cultures of Cities ［M］. Cambridge：Blackwell Publishers，1995.

[149]　　［法］皮埃里·布尔迪厄．文化资本与社会炼金术 ［M］．包亚明译．上海：上海人民出版社，1997．

[150]　　Jusin O' Connor. Popular Culture，Cultural Intermediaries and Urban Regeneration. In Tim Hall，Phil Hubbard ed. The entrepreneurial city：geographies of politics，regime，and representation. New York：Wiley，c1998

[151]　　Sharon Zukin. Space and Symbols in an Age of Decline. In The City Culture Reader. Malcolm Miles，Tim Hall，Lain Borden（ed）. New York，NY：Routledge，2004.

[152]　　［英］迈克·费瑟斯通．消费文化与后现代主义 ［M］．刘精明译．南京：译林出版社，2000．

[153]　　张鸿雁．城市形象与城市文化资本论 ［M］．南京：东南大学出版社，2004．

[154]　　曹仿桔．城市文化经营与城市规划 ［C］．规划 50 年——2006 中国城市规划年会论文集，2006．

[155]　　谢植雄，叶妙君．文化经济与城市经济发的关系分析 ［J］．人文地理，2014（12）．

[156]　　Peter Jackson. Maps of Meaning：An Introduction to Cultural Geography. London：Unwin Hyman，1989.

[157]　　周尚意．英美文化研究与新文化地理学 ［J］．地理学报，2004，59（10）．

[158]　　Mitchell D. Cultural geography：a critical introduction ［M］. UK：Black-well Publishers Ltd，2000. Xiv

[159]　〔美〕R. J. 约翰斯顿主编. 人文地理学词典 [M]. 北京：商务印书馆，2004.

[160]　Tuan Y F. Space and Place：The Perspective of Experience. Minneapolis：University of Minnesota Press，1977

[161]　周尚意，戴俊骋. 文化地理学概念、理论的国际关系之分析 [J]. 地理学报，2014，69 (10).

[162]　李倩菁，李琦慧. 新文化地理学视角下的城市公共空间分析 [J]. 城市地理，2015 (16).

[163]　孔翔，钱俊杰. 浅析文化创意产业发展与上海田子坊地区的空间重塑 [J]. 人文地理，2011，26 (3).

[164]　汤茂林. 文化景观的内涵及研究进展 [J]. 地理科学进展. 2000，20 (1).

[165]　张捷，张宏磊，唐文跃. 中国城镇书法景观空间分异及其地方意义：以城镇商业街区为例 [J]. 地理学报. 2012，67 (12).

[166]　窦文章. 文化传播的空间基础及模式分析 [J]. 人文地理，1996，11 (4).

[167]　王康弘，耿侃. 文化信息的空间扩散分析 [J]. 人文地理，1998，13 (3).

[168]　黄瓴. 城市空间文化结构研究 [D]. 重庆：重庆大学，2010.

[169]　朱文一. 空间·符号·城市：一种城市设计理论（第二版）[M]. 北京：中国建筑工业出版社，2010.

[170]　王承旭. 城市文化的空间解读 [J]. 规划师，2006 (4).

[171]　董静. 城市文化空间的现状及发展趋势 [D]. 青岛：青岛大学，2012.

[172]　黄鹤. 文化规划——基于文化资源的城市整体发展策略 [M]. 北京：中国建筑工业出版社，2010.

[173]　沈璐. 从文化产业的振兴到城市文化空间的塑造——以柏林为例 [J]. 上海城市规划，2012 (6).

[174]　顾宗培. 北京城市文化空间的解读与更新利用 [D]. 北京：中国城市规划设计研究院，2012.

[175]　包书月. 北京文物保护单位时空分布及其对城市文化空间结构的影响 [D]. 北京：首都师范大学，2012.

［176］ 张宝秀，张妙弟，李欣雅. 北京中轴线的文化空间格局及其重构 ［J］. 北京联合大学学报（人文社会科学版），2015（4）.

［177］ Johnston R J，eds. The Dictionary of Human Geography ［M］. Blackwell Publishing：Oxford，2000.

［178］ Lefebvre H. The Production of Space ［M］. Oxford：Basil Bleckwell，1991.

［179］ Harvey D. Social Justice and the City ［M］. Baltimore：The Johns Hopkins University Press，1975.

［180］ Soja E. W. Annals of the Association of American Geographers ［J］. 1980，70（2）.

［181］ Knox P. Urban Social Geography：An Introduction ［M］. England：Pearson Education Limited，2000.

［182］ （美）马克·戈特迪纳. 城市空间的社会生产 ［M］. 任晖译. 南京：江苏凤凰教育出版社，2014.

［183］ Pickvance C. The rise and fall of urban movements and the role of comparative analysis ［J］. Environment& Planning D：Society & Space，1985，3（1）.

［184］ （加）简·雅各布斯著. 美国大城市的死与生 ［M］. 金衡山译，南京：译林出版社，2006.

［185］ Schnell I，Benjamini Y. Globalization and the Structure of Urban Social Space：The Lesson from TelAviv ［J］. Urban Studies，2005，42（13）.

［186］ Elvin K Wyly. Continuity and change in the restless urban landscape ［J］. Economic Geography，1999，75（4）.

［187］ Stefan Buzar，Ray Hall，Philip E Ogden. Beyond gentrification：The demographic reurbanisation of Bologna ［J］. Environmentand Planning A，2007，39（1）.

［188］ 虞蔚. 城市社会空间结构的研究与规划 ［J］. 城市规划，1986（6）.

［189］ 张庭伟. 城市的两重性和规划理论问题 ［J］. 城市规划，2001，25（1）.

［190］ 黄亚平. 城市规划与城市社会发展 ［M］. 北京：中国建筑工业出版社，2009.

[191] 柴彦威，陈零极，张纯. 单位制度变迁：透视中国城市转型的重要视角 [J]. 世界地理研究，2007，16（4）.

[192] 郭强，杨恒生，汪斌锋. 城市空间与社会空间的结构性关联 [J]. 苏州大学学报，2012（01）.

[193] 杨贵庆."社会生态链"与城市空间多样性的规划策略 [J]. 同济大学学报（社会科学版），2013（08）.

[194] 金广君，刘堃."社会-空间"辩证视角下的城市空间再认识 [J]. 规划师，2009（11）.

[195] 黄晓军. 城市物质与社会空间耦合机理与调控研究 [D]. 长春：东北师范大学，2011.

[196] 王哲. 转型期基于社会公平问题导向型的城市规划研究 [D]. 天津：天津大学，2013.

[197] 黄晴. 城市公共物品与城市发展利益分配的空间正义：中国城市更新带来的挑战与机遇 [D]. 山东：山东大学，2011.

[198] （苏）B. P. 克罗斯乌斯著，钱治国等译，城镇与地形 [M]. 北京：中国建筑工业出版社，1982.

[199] 黄天其. 山地城市空间结构演变的生态学控制. 山地城镇规划建设与环境生态 [C]. 北京：科学出版社，1994.

[200] 黄耀志. 山地城镇生态特点及自然生态规划方法初探. 山地城镇规划建设与环境生态 [C]. 北京：科学出版社，1994.

[201] 王中德. 西南山地城市公共空间规划设计的适应性理论与方法研究 [D]. 重庆：重庆大学，2010.

[202] 吴勇. 山地城镇空间结构演变研究——以西南地区山地城镇为主 [D]. 重庆：重庆大学，2012.

[203] 李云燕. 西南山地城市空间适灾理论与方法研究 [D] 重庆：重庆大学，2014.

[204] 徐坚. 山地城市空间格局构建的生态适应性——以滇西地区为例 [J]. 城市问题，2006（6）.

[205] 冯红霞. 山地城市交通与地形及土地利用协调方法研究 [D]. 西安：长安大学，2014.

[206] 孙结松. 山地城市空间结构与交通模式相互关系研究 [D]. 重庆：重庆交通大学，2014.

[207]　罗瑾. 山地城市空间扩展的特征及模拟研究——以重庆主城区为例 [D]. 重庆：西南大学，2014.

[208]　［英］D. 肯特. 建筑心理学入门 [M]. 谢立新译. 北京：中国建筑工业出版社，1988.

[209]　徐坚. 论山地城市的边缘效应开发 [J]. 城市问题，2005（增刊）.

[210]　Damien Mugavin. Urban Design and the Physical Environment: the Planning Agenda in Australia. TPR, 1992.

[211]　刘宛. 城市设计实践论 [M]. 北京：中国建筑工业出版社，2006.

[212]　王力国. 城市地段空间生态设计研究 [D]. 郑州：郑州大学，2010.

[213]　贝塔朗菲. 一般系统论 [M]. 林康义，魏宏森译. 北京：清华大学出版社，1987.

[214]　钱学森. 论系统工程 [M]. 山海：上海交通大学出版社，2007.

[215]　冯之浚. 软科学纲要 [M]. 北京：生活·都市·新知三联书店，2003.

[216]　丁圣彦. 生态学——面向人类生存环境的科学价值观 [M]. 北京：科学出版社，2004.

[217]　苗东升. 系统科学精要（第2版） [M]. 北京：中国人民大学出版社，2006

[218]　席酉民. 和谐理论与战略 [M]. 贵阳：贵州人民出版社，1989.

[219]　夏海山. 城市建筑的生态转型与整体设计 [M]. 南京：东南大学出版社，2006.

[220]　［美］伊恩·L. 麦克哈格. 设计结合自然 [M]. 天津：天津大学出版社，2006.

[221]　吴人坚，陈立民. 国际大都市的生态环境 [M]. 上海：华东理工大学出版社，2001

[222]　［美］理查德·瑞吉斯特. 王如松，胡聃译. 生态城市 [M]. 北京：社会科学文献出版社，2002.

[223]　［英］Matthew Carmona，Tim Heath，等编著. 城市设计的维度 [M]. 冯红，袁粤等译. 南京：江苏科学技术出版社，2005.

[224]　黄天其. 开发生态学与山地城镇的可持续发展 [C]. 97 山地人居环境可持续发展国际研讨会论文集. 北京：科学出版社，1997.

[225]　陈玮. 现代城市空间建构的适应性理论研究 [M]. 北京：中国建筑

工业出版社，2010.

[226]   王志禄. 统筹人与自然和谐发展的哲学意蕴 [J]. 石油大学学报：社会科学版，2004 (6)：38-40.

[227]   张京祥. 西方城市规划思想史纲 [M]. 南京：东南大学出版社，2005.

[228]   汪丽君. 建筑类型学 [M]. 天津：天津大学出版社，2005.

[229]   T. A. 马克斯，E. N. 莫里斯著. 建筑物·气候·能量 [M]. 陈士辚译. 北京：中国建筑工业出版社，1990.

[230]   罗二虎. 秦汉时期的中国西南 [M]. 成都：天地出版社，2000.

[231]   吴良镛. 人居环境科学导论 [M]，北京：中国建筑工业出版社，2001.

[232]   管彦波. 西南民族聚落的基本特征探 [J]. 中南民族学院学报（哲学社会科学版），199 (4).

[233]   彭瑶玲，钱紫华. 重庆市主城区密度规划控制研究 [C]. 2010 中国城市规划年会论文集.

[234]   郝凌子. 城市绿地开放空间研究 [D]. 南京：南京林业大学，2004.

[235]   陈纪凯. 适应性城市设计——一种实效的城市设计理论及应用 [M]. 北京：中国建筑工业出版社，2005.

[236]   郭鸿懋. 城市空间经济学 [M]，北京：经济科学出版社，2002.

[237]   （芬）伊利尔·沙里宁著，顾启源译. 城市，它的发展衰败与未来 [M]. 北京：中国建筑工业出版社，1986.

[238]   陈立旭. 都市文化与都市精神——中外城市文化比较. [M] 南京：东南大学出版社，2002.

[239]   石坚. 保护城市历史，延续城市文脉 [J]. 规划师，2003 (07).

[240]   陈锋. 城市广场·公共空间·市民社会 [J]. 城市规划，2003 (9).

[241]   毕凌岚. 城市生态系统空间形态与规划 [M]. 北京：中国建筑工业出版社，2007.

[242]   罗震东，张京祥，韦江绿著. 城乡统筹的空间路径——基本公共服务设施均等化发展研究 [M]. 南京：东南大学出版社，2012.

[243]   王丽娟. 城市公共服务设施的空间公平研究——以重庆市主城区为例 [D]. 重庆：重庆大学，2014.

[244]   城市规划管理与法规（2011 年版） [M]. 北京：中国计划出版

社，2011.

[245]　张忠国. 城市成长管理的空间策略 [M]. 南京：东南大学出版社，2006.

[246]　任志远. 21 世纪城市规划管理 [M]. 南京：东南大学出版社，2000.

[247]　冯现学. 快速城市化进程中的城市规划管理 [M]. 北京：中国建筑工业出版社，2006.

[248]　杨荣南，张雪莲. 城市空间扩展的动力机制与模式研究 [J]. 地域研究与开发，1997 (2).

[249]　杨培峰. 城乡空间生态规划理论与方法研究 [M]. 北京：科学出版社，2006.

[250]　彭征. 重庆市中心城区土地利用/覆盖变化及其对地表温度影响研究 [D]. 重庆：西南大学，2009.

[251]　该部分内容参考了：重庆市规划局，重庆市规划设计研究院. 重庆市主城区美丽山水城市规划 [Z]. 2015.

[252]　重庆市水利局. 重庆市主城区城市防洪规划（2006—2020）[Z]. 2007.

[253]　重庆市规划局. 两江四岸滨江地带城市设计 [Z]. 2010.

[254]　数据来源：重庆市规划设计研究院. 渝中区分区规划（2012 年）[Z]. 2013.

[255]　英国 PRP 建筑师有限公司. 重庆主城两江四岸滨江地带渝中片区城市设计 [Z]. 2009.

[256]　重庆晨报.《立体山城！渝中规划 18 条步道》[N]. 2014 年 12 月 15 日.

[257]　重庆市规划局，重庆市规划研究中心. 重庆主城两江四岸滨江步道规划 [R]. 2011.

[258]　（瑞士）J. 皮亚杰.《发生认识论原理》[M]. 王宪钿译. 北京：商务印书馆，1997.

[259]　黄光宇. 山地城市空间结构的生态学思考 [J]. 城市规划，2005 (1).

[260]　扈万泰，王力国. 城乡规划编制中的"三生空间"划定思考 [J]. 城市规划，2016 (5).

[261]　李泽新，李治. 西南山地高密度城市的空间结构与交通系统互动关系研究 [J]. 西部人居环境学刊，2014 (4).

[262]　该部分内容参考了：重庆市规划局. 中国城市规划设计研究院西部分院. 重庆市城乡总体规划（2007—2020）2014 年深化研究总报告 [R]. 2014.

[263]　该部分内容参考自：重庆市人民政府. 重庆市城乡总体规划（2007—2020 年）[Z]. 2014.

[264]　重庆市规划设计研究院. 重庆市主城区产城融合研究报告 [R]. 2015.

[265]　该部分内容参考了上海大瀚建筑设计有限公司编制的《重庆市渝中区美丽山水城市规划》（2015—2020）[Z]. 2015.

[266]　高巍. 北京学——从城市文化生态学到城市社会学 [J]. 北京联合大学学报，2003 (1).

[267]　侯鑫，王绚. 文华生态学及其在城市文化研究中的意义 [C]. 2008 中国城市规划年会论文集，2008.

[268]　（美）刘易斯·芒福德. 城市文化 [M]. 宋俊岭，李翔宁，周鸣浩（译）. 北京：中国建筑工业出版社，2009.

[269]　Patrick Geddes. City development：a report to the Carnegie Dufermline Turst/ With an introd. By Peter Green New Brunswick，N. J：Rutgers University Press，1973.

[270]　哈罗德·史内卡夫. 都市文化空间之整体营建——复合使用中的文化设施 [M]. 刘麓卿，蔡国栋译. 台北：创兴出版社，1996.

[271]　资料来源：重庆市规划局. 大江大山，开放人文——重庆特色与规划 [Z]. 2012.

[272]　扈万泰，宋思曼. 城市规划视角下的"重庆建筑"探析 [J]. 建筑学报，2011 (12).

[273]　G. Evans. Cultural Planning：An Urban Renaissance. Routledge：London and New York，2001.

[274]　案例资料参考自：重庆市规划设计研究院，重庆市文化委员会. 重庆主城区公共文化设施布局规划（2015—2020）[Z]. 2015.

[275]　顾鸣东. 公共设施空间可达性与公平性研究概述 [J]. 城市问题，2010 (5).

[276]　案例资料参考自：重庆市渝中区教育委员会，渝中区规划与发展研究中心. 重庆市渝中区中小学布局规划（2015—2030）［Z］. 2015.

[277]　参见程林，王法辉，修春亮. 基于 GIS 的长春市中心城区大型超市服务区分析［J］. 经济地理，2014（4）.

[278]　参见牟乃夏，刘文宝等. 地理信息系统教程［M］. 北京：测绘出版社，2012.

[279]　案例资料参考自：渝中区文化委员会，重庆市规划设计研究院. 渝中区公共文化设施布局规划（2015—2020）［Z］. 2015

[280]　王彦辉. 走向新社区——城市居住社区整体营造理论与方法［M］. 南京：东南大学出版社，2003.

[281]　严爱琼，王力国. 基于多元居住模式的重庆大型聚居区规划探索［J］. 城市发展研究，2013（07）.

[282]　参见重庆市规划局，中国城市规划设计研究院. 重庆主城区四山生态休闲游憩规划［Z］. 2015.

[283]　熊唱. 表意的还原——重庆山地城市元素空间文化内涵研究［D］. 重庆：重庆大学，2007.

[284]　资料来源：重庆市规划研究中心. 重庆市主城区突发事件应急避难场所规划（2007—2020）（2015 年修编）. 2015.

后　记

八年前，我来到重庆求学，初见山城便惊叹于其独特的"赛博朋克"式的美感，透过阴郁而多雾的天气，只见磅礴两江环绕之间，巍峨的山与城相融。自此求知于山城、生活于山城，并有幸拜于恩师扈万泰教授门下，关于山地城市空间规划的研究也成为我博士阶段学习的重点方向。后来与老师在一次关于"生态的山地城市格局该是怎样"的讨论后，模糊中我似乎触到了一个可以走下去的方向，之后老师寥寥几句点拨，便有了本书"生态和谐的山地城市空间格局"的题目。

本书是从生态和谐的视角对山地城市空间格局规划的一次探索与总结。由于本人知识面的局限等多方面原因，研究还不够完全深入，还存在着些许不足，仅希望其能为城乡规划学科中关于山地城市规划领域的研究贡献出绵薄之力。

如今本书成果完成，掩卷长思，八年多时光里的一幕幕浮现在脑海，有激动，有彷徨，有兴奋，有懊丧，回忆起这段艰辛的奋斗历程，我最要感谢的人就是我的恩师扈万泰教授，是恩师不断给予我信心和勇气，不断给予我激励和教诲，让我能最终坚持不懈走到现在。从本书的选题构思、提纲拟定，到初期成书，再到一次次的修改，直至最终定稿，都凝聚着导师的心血，恩师的言传身教，是我终身的财富，更是鼓舞我不断前行的动力。短短数言，自是谢意难表，唯有永记师恩。

感谢李和平教授在博士研究生学习期间和本书写作期间给予我的悉心关怀与帮助指导，这份指导对我的学术成长有着重要的引领作用；感谢徐煜辉教授、谭少华教授、邢忠教授、黄天其教授在本书思路与内容上给予的建议；感谢孙国春老师、张辉老师、李海琳老师、王萍老师自我博士研究生入学以来的帮助和热情关心；感谢哈尔滨工业大学深圳研究生院宋聚生教授、重庆市规划局余颖总规划师在研究与成稿中给予的热心帮助和专业指导。

感谢在我的资料收集与该书写作过程中提供帮助的重庆市规划局、重庆市规划展览馆、重庆市规划研究中心、重庆市规划设计研究院的各位同仁，特别是重庆市规划展览馆桑东升馆长、重庆市规划局南岸分局张超林局长、重庆市规划设计研究院何波副总工程师、重庆市规划研究中心林立勇主任、许骏副主任和李小彤副主任的支持，以及之于我亦师亦友的舒沐晖博士在该书写作上对我的大力帮助和启发。

感谢我的父母，感谢他们多年来对我的养育、支持和关怀，是他们用辛勤的汗水换来我求知的机会，也是他们给了我一直向前的动力与勇气。感谢我的爱人彭沔在我写作期间对我的理解，以及在生活上对我无微不至的照顾，她的默默付出让我少了许多后顾之忧，能够更加坚定地前行。

感谢多年陪伴自己的同门兄弟姐妹，付帅、徐嘉、雍娟、王剑峰、刘宇、宋思曼、左雪梅、李廷君、邹胜蛟、周安然，感谢你们在学习和生活上给予我的诸多帮扶和鼓励，感谢你们这些年来陪我一起走过。同时，还要深深感谢在我这些年求学之路中，在生活上一直给予我关照和帮助的师母杨艳红女士。

本书完成，只是这阶段的积累告一段落，但也是人生新一段征程的开启。再次感谢那些曾给予我真诚的鼓励和有力支持的师长、亲人和友人们，你们是我最坚实的后盾。无以为谢，只有加倍勤勉为报……

老老实实做人，踏踏实实做事，路漫漫其修远兮，吾将上下而求索。

王力国

2018 年 9 月于重庆